3ds Max+VRay
创建之美
实战教程

■ 主　编◎郭甲润　王明瑞

副主编◎王小倩　陶熙文

郜四勤　李加州

ZHEJIANG UNIVERSITY PRESS
浙江大学出版社
·杭州·

图书在版编目(CIP)数据

3ds Max＋VRay 创建之美实战教程 / 郭甲润，王明瑞

主编. -- 杭州：浙江大学出版社，2025. 6. -- ISBN
978-7-308-26423-5

Ⅰ．TU238-39

中国国家版本馆 CIP 数据核字第 2025W1T508 号

3ds Max＋VRay 创建之美实战教程

主　编　郭甲润　王明瑞

责任编辑　沈巧华

责任校对　高士吟

封面设计　雷建军

出版发行　浙江大学出版社

　　　　　（杭州市天目山路 148 号　邮政编码 310007）

　　　　　（网址：http://www.zjupress.com）

排　　版　杭州星云光电图文制作有限公司

印　　刷　杭州高腾印务有限公司

开　　本　787mm×1092mm　1/16

印　　张　17.5

字　　数　437 千

版 印 次　2025 年 6 月第 1 版　2025 年 6 月第 1 次印刷

书　　号　ISBN 978-7-308-26423-5

定　　价　50.00 元

前　言

    3ds Max 是应用广泛的三维设计软件,它能帮助用户突破行业设计中复杂制作流程的桎梏,从而将精力集中于创作理念的实现。3ds Max 的雏形是运行在 DOS 系统下的 3D Studio,到 1996 年正式转型为 Windows 操作系统下的桌面程序,被命名为 3D Studio Max;2005 年正式更名为 Autodesk 3ds Max。

    Autodesk 3ds Max 2016 是一款非常优秀的三维建模渲染与动画制作软件。3ds Max 2016 因其基于 PC 的低配置要求、灵活的建模方式、支持插件的扩展功能的特点,被广泛应用于影视、广告、3D 游戏、建筑室内外表现、工业设计等领域。本书介绍了 3ds Max 2016、VRay 的基本使用方法和效果图的基本理论知识,同时通过经典的实例介绍不同模型效果图制作的具体思路和方法,融入了作者在实际工作中获得的实战经验和技巧。

    本教材在编排上,注重理论与实践相结合,采用案例教学模式,突出实践环节。每个项目设置了引言、思政要素、项目目标等模块,每个任务设置了任务描述、任务分析、知识准备等模块;每个项目还搭配了项目小结和项目考核,意在提高学生学习兴趣,促进学生的全面发展。

    本教材具有以下特点。

    (1)本教材为新形态教材,配备丰富的数字资源,整合多平台优质精品课同步视频教程。每个案例均配套专属精品微课解析,以"一案一微课"的形式构建知识锚点——微课内容紧扣案例背景、核心知识点及拓展应用,深度拆解案例逻辑,形成"案例研读—微课精析—实践迁移"的学习闭环。数字资源随书附赠,方便学生同步学习。

    (2)校企协同,跨专业联合培养应用型人才。本教材案例全部来源于专业设计师和企业专家的工作实践,以及一线教师的教学实践。

    (3)凝练课程思政元素并将其融入教学资源,对接新业态、新技术、新工艺。教材内容依托项目式案例,育训结合,融入课程思政。让学生通过完成任务,达到学会软件技能的目的,实现学习目标。打造职教人新课程。

    本书由郑州信息工程职业学院郭甲润、王明瑞担任主编,王小倩、陶熙文、郜四勤、李加州担任副主编。张亚东、于艳芳、徐杰、李莉、李慧、马晓娜、王冰蓝、丁文波等参编,为本书的编写、精品课的制作和维护等提供了大量帮助,在此一并表示感谢。

    由于作者水平有限,书中难免存在疏漏之处,欢迎广大读者和同仁提出宝贵意见。

编　者

目　录

项目一

3ds Max 基础

引言

本项目主要让初学者熟悉 3ds Max 的操作界面,了解操作界面中各工具的功能和使用方法,掌握 3ds Max 的基本操作,为后续学习打下基础。本项目包含两个任务,任务一主要介绍 3ds Max 的操作界面,系统介绍了对操作界面的使用技巧和软件的常用功能;任务二则围绕 3ds Max 的基本操作展开,重点介绍常用的基本操作,涵盖变换对象、克隆对象、对齐对象等操作。

思政要素

对于初学者来说,只有循序渐进、专注用心地学习,才能逐步掌握所学知识。

项目目标

通过学习 3ds Max 的操作界面和常用基本操作来调整模型并完成模型陈列的制作。
(1)培养专注用心的学习精神。
(2)掌握 3ds Max 操作界面中的功能和用法,以及常用操作工具的操作方法。
(3)学会在视口中调整模型对象,并对模型进行复制、缩放等基本操作。

任务一　3ds Max 的操作界面

视频 1-1
3ds Max
的操作界
面

任务描述

在学习建模之前,要学会对模型进行观察,通过观察三维模型,掌握 3ds Max 的操作界面中标题栏、菜单栏、工具栏、功能区、视图区、命令面板、动画控制区等的功能和用法,快速了解并熟悉 3ds Max 的操作界面。

任务分析

观察三维模型时,需要在顶视图、前视图、左视图、透视图中对模型进行移动、旋转、缩放等操作,以便观察到三维模型的细节。

⊙ 知识准备

一、知识链接

1. 3ds Max 的操作界面

熟悉 3ds Max 操作界面中的主要工具。

2. 视口导航工具

掌握对视图区的控制方法,学习使用窗口右下角的视口导航工具。

3. 视口显示方式和视口布局

了解各视口中不同对象的显示模式,如线框模式、真实模式等,并会调整视口布局。

4. 3ds Max 中常用的文件操作

学习文件菜单中对文件的新建、重置、保存、合并等常规操作。

二、操作技巧

在对模型进行操作时,常用的鼠标操作,往往不够快捷,需要学习一些快捷键以使操作更快捷。

缩放:鼠标中键上下滚动。

移动:按住鼠标中键并移动。

环绕:Alt＋鼠标中键。

最大化显示视图:Alt＋W。

视口配置:Alt＋B。

视图切换:顶视图 T,前视图 F,左视图 L,透视图 P。

一、3ds Max 的操作界面简介

3ds Max 2016 的操作界面与以前版本相比有很大的变化,有助于减少视觉疲劳,保护用户的眼睛健康。在工具按钮布局方面,有许多更利于操作的改变,有利于提高用户工作效率。

启动 3ds Max 2016,界面如图 1.1 所示,启动后会跳出欢迎窗口,如图 1.2 所示,可通过单击相关图标了解相关内容。

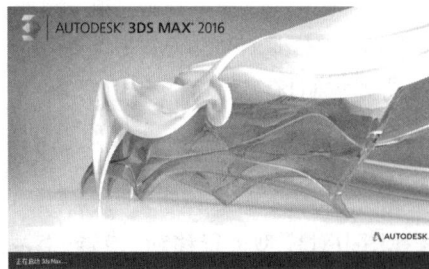

图 1.1　启动界面

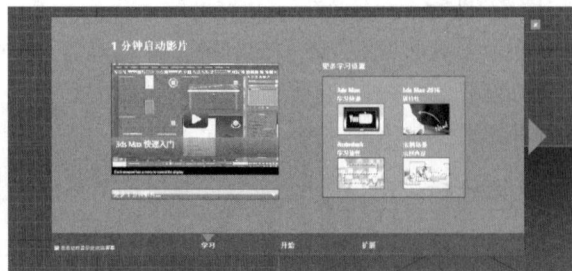

图 1.2　欢迎窗口

关闭欢迎窗口后,出现 3ds Max 2016 的默认操作界面,如图 1.3 所示。该界面主要由标题栏、菜单栏、工具栏、功能区、视图区、命令面板和动画控制区等部分组成。

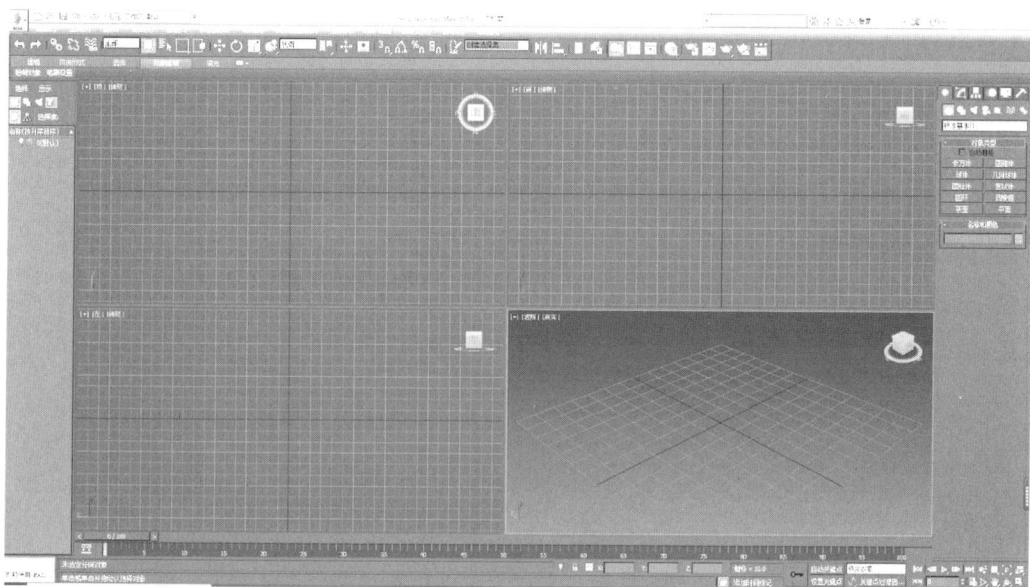

图 1.3　默认操作界面

(一)认识 3ds Max 2016 的界面

1.标题栏

标题栏位于工作界面的顶部。用于显示当前打开的.max 文件的名称和保存路径,以及当前使用的 3ds Max 软件的版本号。

标题栏左侧是应用程序按钮,应用程序按钮相当于之前版本的文件菜单按钮。单击应用程序按钮,系统会弹出一些关于文件的相关命令,从中可以选择执行新建、重置、打开、保存、导入、导出等对当前场景文件的操作,如图 1.4 所示。

标题栏右侧是快速访问工具栏,有一些常用的文件管理命令,如新建场景、打开文件、保存文件,以及撤销场景操作和重做场景操作等。

2.菜单栏

菜单栏包含了 3ds Max 的大部分命令,即大部分命令都可以在菜单栏中找到。单击某个菜单名称,会弹出一个相应的下拉菜单,单击其中某个命令,即可执行相应操作。如图 1.5所示,命令名称后有"..."的,表示单击该命令将会出现一个能对相关内容进行操作的对话框;命令名称后有">"的,表示该命令有下级菜单;命令右侧的字母或数字代表该命令的快捷键。

3.工具栏

工具栏为用户列出了一些常用的命令按钮。用户利用这些按钮可以快速执行命令,从而提高设计效率。

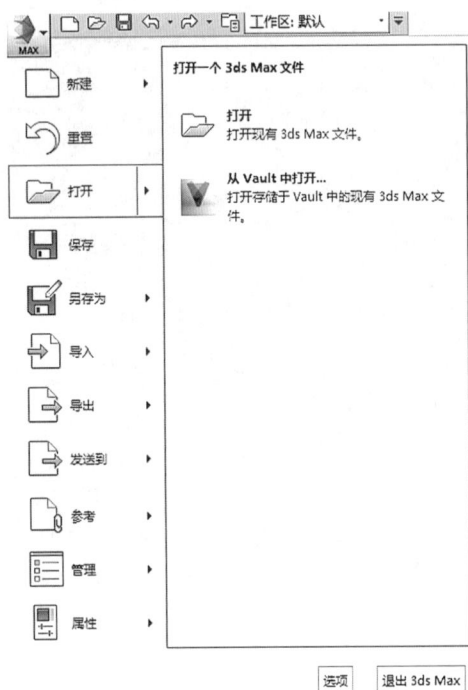

图1.4 应用程序按钮

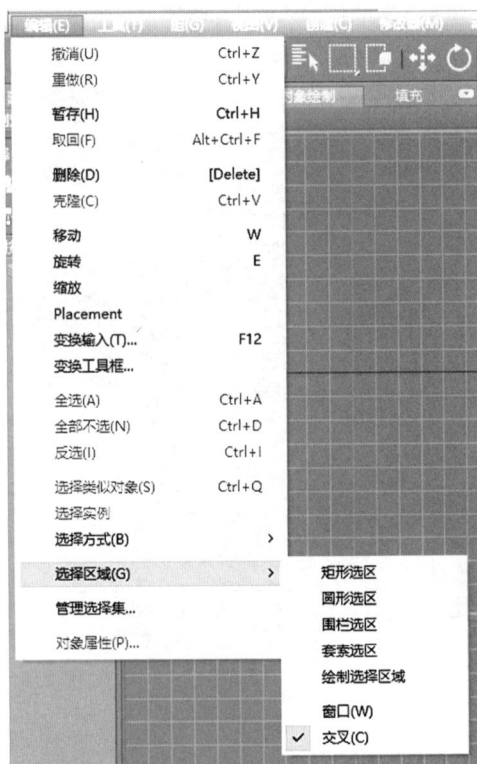

图1.5 菜单栏

4.功能区

功能区界面的形式是高度自定义的工具栏,功能区包含选项卡"建模""自由形式""选择""对象绘制""填充"等。每个选项卡都包含许多面板和工具,它们显示与否取决于选择对象。如"选择"选项卡的内容因活动的子对象而改变,用户既可以通过单击鼠标右键决定显示哪些面板,也可以让面板独立浮动在界面上。此外,"建模"选项卡的"多边形建模"提供了"修改"面板工具的子集。

5.视图区

在3ds Max中,视图区位于窗口的中间,占据了窗口界面的大部分,是3ds Max的主要工作区。

在默认情况下,视图区包含4个视口(见图1.6),分别显示顶视图、前视图、左视图和透视图。顶视图是指从场景上方俯视的画面,前视图是指从场景前方看到的画面,左视图是指从场景左侧看到的画面,透视图是指场景的立体效果图。

6.命令面板

命令面板是3ds Max的核心部分,从左向右依次有"创建""修改""层次""运动""显示""工具(应用程序)"6个命令。

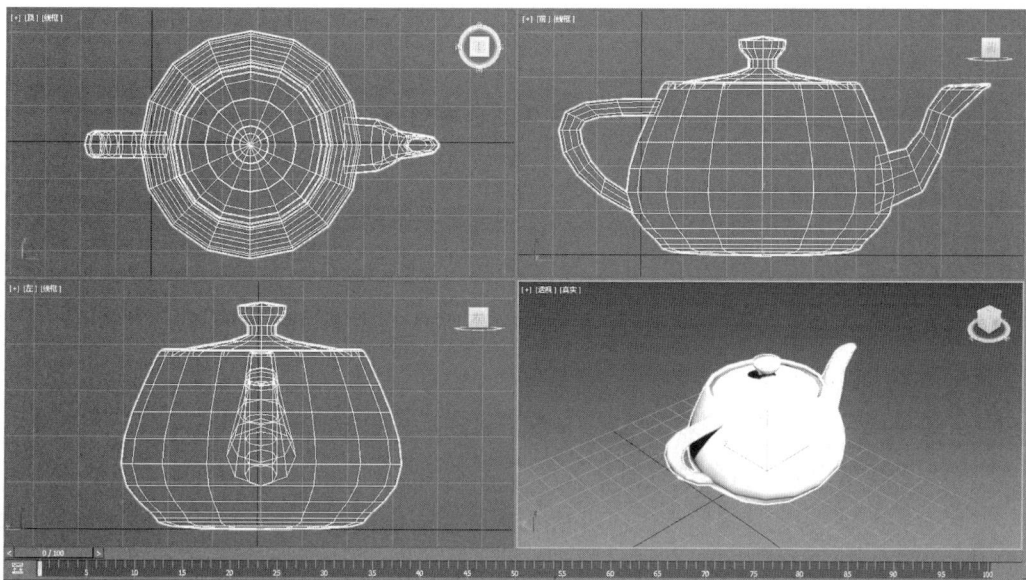

图 1.6　视图区

7. 动画控制区

动画控制区(见图 1.7)位于屏幕的下方,包括时间控制区、时间滑块和轨迹条,主要用于在制作动画时进行动画的记录、动画帧数的选择、动画的播放和动画时间的控制等。

图 1.7　动画控制区

(二)视口导航工具

工作界面的右下角为视口导航工具(见图 1.8),包含 8 组命令按钮,这些按钮的主要功能就是控制视图的显示效果,使用户更好地对所编辑的场景对象进行观察。单击一个视图调节工具按钮时,该按钮底色变为蓝色。

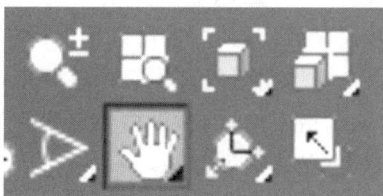

图 1.8　视口导航工具

缩放:单击该按钮,在任意视图中按住鼠标左键不放,上下拖动鼠标,可以拉近或退远视图场景。

缩放所有视图:该工具的功能与缩放工具基本相同,但其操作对象是所有可见视图。

最大化显示:将所有可见的对象在活动透视图或正交视图中居中显示。常用于在单个视口中查看场景对象。

最大化显示选定对象:将选定对象或对象集在活动透视图或正交视图中居中显示。常用于在复杂场景中对小对象进行浏览。

所有视口最大化显示:将所有可见对象在所有可见视口中居中显示。常用于查看每个视口场景中的各个对象。

所有视口最大化显示选定对象:将选定对象或对象集在所有可见视口中居中显示。常用于在复杂场景中对小对象进行浏览。

缩放区域:能够对在视口内通过拖动所框选的矩形区域进行放大或缩小操作。当活动视口是透视图或用户视图时,该控件才可用。不可用于摄影机视图。

平移视图:拖动鼠标可在与当前视口平面平行的方向移动视图。

环绕:将视图中心用作旋转中心。若选定处靠近视图边缘,则此对象可能会旋出视图范围。

选定的环绕:将当前所选的中心用作旋转的中心。当视图围绕中心旋转时,选定对象将保持在视口中的同一位置上。

环绕子对象:将当前所选子对象的中心用作旋转的中心。当视图围绕中心旋转时,选定对象将保持在视口中的同一位置上。

最大化视口切换:单击该按钮,当前视图将全屏显示,便于用户对场景进行更精细的编辑操作;再次单击该按钮,可恢复原来的状态。

(三)视口显示方式和视口布局

1.视口显示方式

在视图下拉菜单中可选择视口中对象的显示方式。默认情况下,透视图以实体着色方式显示,其余三个视图以线框方式显示。同时,也可以手动调整视口中对象的显示方式。单击视口左上角"真实"按钮,系统会弹出明暗处理视口标签菜单,菜单中有多种显示方式。

真实:显示为实体模型,并显示指定的材质,可用于创建灯光的阴影效果。

明暗处理:显示为实体模型,将对象阴影忽略。

一致的色彩:显示为平面类型,无高光。

边面:显示模型的真实效果和线框。

面:显示模型的边面效果。将几何体显示为面状。

隐藏线:将模型以灰色显示,线框为黑色。

线框:以线框模式显示模型。

边界框:将模型以完全封闭的最小框显示,不着色,可以加快场景的渲染速度。

粘土:将模型显示为均匀的赤土色。

2.视口布局

1)拖曳鼠标改变布局

将鼠标移动至视图分界线或 4 个视图的交界处,待光标变为双向箭头或十字箭头时,拖曳鼠标可改变视图的布局。在视图分界处单击鼠标右键,单击弹出的"重置布局"按钮,即可重新恢复默认布局。

2)利用菜单命令改变布局

单击"视图"菜单,找到"视口配置",在弹出的对话框中单击"布局"标签,如图 1.9 所示。选中某一种布局方式,单击"确定"按钮,关闭对话框,视图即可按所选布局方式显示。

观察点视口标签:在这里可以进行多种视图切换。摄影机视图是常用的视图,可用于观察和调整摄影机的拍摄范围和拍摄视角。

灯光视图:用于观察和调整聚光灯的照射情况,可设置高光点。

只有在有摄影机和灯光的视口中才能使用摄影机视图和灯光视图。顶视图、底视图、前视图、后视图、左视图、右视图 6 个视图显示的是场景对应方向的观察情况,主要用于创建和修改对象。透视图与正交视图主要用于观察对象的三维效果。

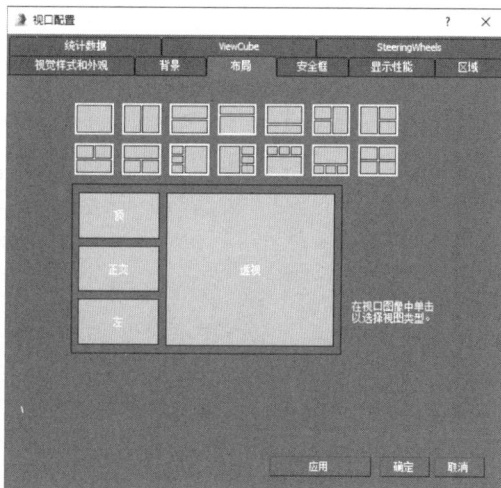

图 1.9 视口配置

ViewCube 导航控件:提供视口当前方向的视觉反馈,以便调整视图方向以及在透视图与其他视图间进行切换。初学者可以通过 ViewCube 导航控件来理解和调整场景中的方向。已经能熟练运用"Alt+鼠标中键"的创作者,也可将它关闭。单击某个视图左侧的加号按钮,打开常规视口标签,找到 ViewCube 子菜单下的"显示 ViewCube"就能将它关闭。如有需要,也可以再次打开。通过常规视口标签菜单也可对当前视口的栅格进行隐藏或让其显示。

(四)3ds Max 中常用的文件操作

(1)新建:单击左上角的快速访问工具栏中的"新建场景"或应用模块中的"新建"选项,系统会弹出 4 个选项,即"新建全部""保留对象""保留对象和层次""从模板新建"。

新建全部:原有场景清空,创建新文件夹,原有设置参数保留。

保留对象:保留当前场景中来自前序文件的所有对象。

保留对象和层次:保留对象的同时,保留对象与对象之间的层次关系。

重置:场景清空,设置参数全部恢复为默认状态。

(2)保存:保存当前的 3ds Max 文件为.max 源文件,这类文件只能在 3ds Max 中打开。在保存类型中,可以选择将当前的文件保存为早期的版本,如 2013～2015 版本,默认为 2016

版本。3ds Max 是高版本向下兼容低版本文件的。

（3）导出：当要生成一个与其他软件相关的一种格式，例如生成一个能在 Maya 中使用的文件格式时，就要用到"导出"菜单。3ds Max 提供了很多导出格式，如 FBX 格式，该格式能实现 3ds Max 和 Maya 之间的文件互导。不同的文件相应地有不同的合作软件，可根据需要导出不同文件。

（4）合并：当要将其他文件中的对象导入当前场景中使用时，就可以使用"导入"菜单下面的"合并"功能。先选择要导入对象的外部文件，在打开的"合并"对话框中选择要导入的对象，单击"确定"就可以并入 3ds Max 中。

课堂实例 观察战斗机模型

（1）在 3ds Max 中打开战斗机模型，如图 1.10 所示。

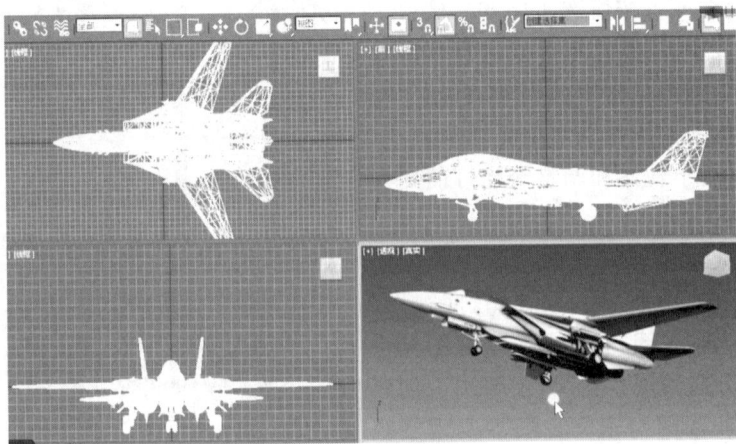

图 1.10　场景模型

（2）使用工作界面右下角的视口观察工具进行观察，如图 1.11 所示。

图 1.11　视口观察工具

（3）有两种常用的缩放工具，即缩放工具 和缩放所有视图工具 。使用缩放工具可进行单视图缩放观察，如图 1.12 所示。也可使用缩放所有视图工具对所有视图进行缩放观察。

（4）使用最大化显示选定对象工具 可以将选定视口中的模型进行最大化显示，如图 1.13 所示。使用所有视口最大化显示选定对象工具 ，可以将所有视口中的模型进行最大化显示，如图 1.14 所示。

图 1.12　缩放观察

图 1.13　最大化显示选定对象

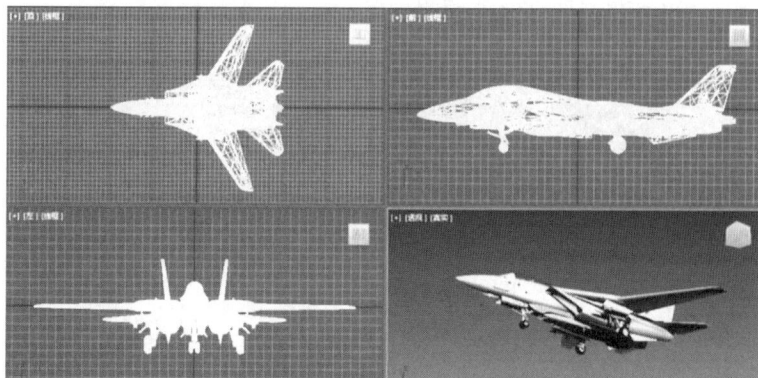

图 1.14　所有视口最大化显示选定对象

（5）使用平移视图工具 ✋ 可以将视口中的模型进行移动观察，可将该工具和缩放工具结合使用，方便观察，如图 1.15 所示。

图 1.15　移动观察

（6）使用环绕子对象工具 可以对当前对象进行旋转观察，如图 1.16 所示。

图 1.16　旋转观察

（7）使用最大化视口切换工具 可以将选定的视图进行最大化显示，方便操作和观察，如图 1.17 所示；也可将视图恢复至原来的状态。

图 1.17　最大化视口切换

任务二　3ds Max 的基本操作

视频 1-2
3ds Max 的
基本操作

任务描述

通过对模型陈列的制作,学会 3ds Max 中编辑对象的常用基本操作,如选择对象,移动、旋转和缩放对象,对齐对象,克隆对象,群组、冻结和隐藏对象等操作,并掌握 3ds Max 中坐标系、捕捉工具的使用。

任务分析

模型陈列的制作过程中,克隆操作是重要环节,其中"阵列"工具是常用的克隆工具之一。借助"阵列"工具,能够便捷地创建一维、二维、三维的模型阵列。在阵列生成过程中,模型不仅可以实现位置移动,还能进行旋转与缩放变换。此外,通过变换克隆、镜像克隆等其他操作,同样可以完成模型阵列的制作。

知识准备

一、知识链接

1. 坐标系

3ds Max 2016 中共有 9 种坐标系,本任务重点讲解世界坐标系和局部坐标系。世界坐标系主要用来确定对象在场景中的位置,局部坐标系是对象自身的坐标系。

2. 选择对象

编辑对象前首先要选择对象。选择对象的方式有单击选择、拖动选择、按名称选择、按材质选择等,用户可灵活选择。

3. 常用的变换操作

移动、旋转、缩放对象是创建模型时常用的操作,通称为变换操作。

4. 对齐对象

可以将场景中的两个对象,按照指定的方式对齐。

5. 轴心点控制

轴心点用来定义对象在旋转和缩放时的中心点。使用不同的轴心点,可使变换操作产生不同的效果。

6. 克隆对象

克隆对象就是复制对象。3ds Max 2016 提供了多种克隆对象的方法,有变换克隆、阵列克隆、镜像克隆等。

7. 捕捉工具

利用捕捉工具可以极大地提高工作效率,3ds Max 2016 提供了三种捕捉工具,即位置捕捉工具、角度捕捉工具和百分比捉工具。

8.群组、冻结和隐藏对象

使用群组对象工具可将多个对象组成一个群组进行整体操作。使用冻结对象工具可将对象冻结使其无法被编辑。使用隐藏对象工具可将对象隐藏,使其不可见。

二、操作技巧

(1)通过"窗口/交叉"开关,能够对拖动选择对象时的选择方式进行调整。具体来说,就是可以决定压框线部分所涉及的对象是否被选中。

(2)将选择的对象旋转并克隆一圈时,打开角度捕捉开关,设置旋转角度数值和复制数量,可以快速复制出一圈间隔均匀的对象。

一、常用的基本操作

(一)坐标系

在 3ds Max 中,系统提供的工作环境是一个虚拟的三维空间,用户在操作中要清楚地知道对象处在什么位置,这就需要参考空间坐标。

在 3ds Max 虚拟三维空间中,用 X 轴、Y 轴、Z 轴来定义空间方向。在对象的移动、旋转和缩放等过程中,决定各种变换的方向。空间中 X 轴、Y 轴、Z 轴彼此以 90°角的正交方式存在,X 轴、Y 轴、Z 轴的交点为坐标中心,即原点(0,0,0),空间中的每个位置都有对应的坐标值。当选择了某个对象时,视图就会显示代表 X、Y、Z 三个矢量轴的坐标三角轴,三个轴的垂直交点为所选对象的轴心点。对象的旋转、缩放等变换均以其轴心为中心进行。

(1)世界坐标系:用来确定对象在场景中的位置。视图栅格中两条黑色粗线的交点为世界坐标系的原点。

(2)局部坐标系:对象自身的坐标系。默认情况下,局部坐标系与世界坐标系的轴向相同,原点为对象的轴心。用户可自行调整对象的局部坐标系的原点位置和坐标轴向。

(二)选择对象

选择对象是各种编辑操作的基础。如在执行对象的移动、旋转、缩放等操作时,首先要选中对象。

(三)移动、旋转、缩放对象

常用的变换操作包括移动、旋转和缩放。

1.移动对象

(1)在平面上创建一个茶壶,如图 1.18 所示。

(2)单击工具栏中的 ⊕ (选择并移动)按钮。

(3)单击茶壶,选中坐标三角轴中的 X 轴并拖动,茶壶就会在平面上沿着 X 轴方向来回移动,如图 1.19 所示。对 Y 轴、Z 轴的操作同理。

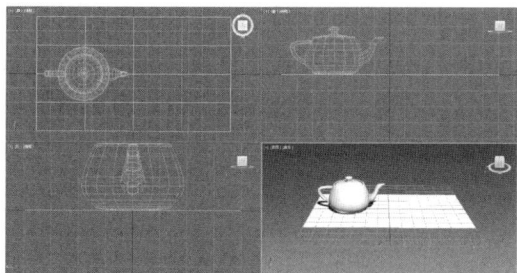

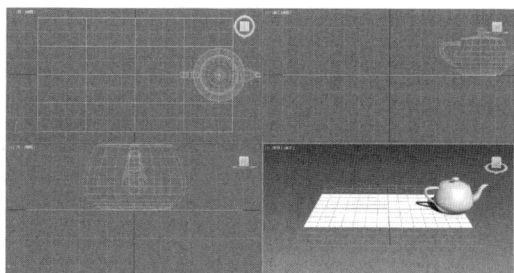

图 1.18　创建茶壶　　　　　　　　　图 1.19　X 轴向移动茶壶

(4)在 按钮上单击鼠标右键,系统弹出"移动变换输入"对话框,在"绝对:世界"下的 X 轴、Y 轴、Z 轴中分别输入任意数值,茶壶就会移动到与数值相对应的位置。

2.旋转对象

单击主工具栏中的 (选择并旋转)按钮,在选定的对象上就会出现旋转坐标。旋转坐标用 3 个圆圈表示,如图 1.20 所示,分别代表 X 轴、Y 轴、Z 轴。将光标移到某个圆圈上,该圆圈会变为黄色,按住鼠标左键拖动即可使对象只沿该坐标轴旋转。可根据需要分别在顶视图、前视图、左视图中旋转对象。

图 1.20　旋转坐标

3.缩放对象

单击主工具栏中的 (选择并均匀缩放)按钮,选定的对象上就会出现缩放坐标,如图 1.21 所示。坐标轴之间的梯形面,分别是 XY 平面、YZ 平面、ZX 平面。将光标移动到坐

图 1.21　选择并缩放

13

标系中间时,会出现一个黄色的三角形,按住鼠标左键并拖动,就能实现比例缩放。如果只沿某一坐标轴进行缩放,只需将光标移动到该坐标轴的顶点处,当该坐标轴线变黄时按住鼠标左键拖动,即可实现沿该坐标轴方向缩放。鼠标移动到某个梯形平面上时,该梯形平面会变为黄色,按住鼠标左键拖动,即可将缩放限制在该平面内。

(四)对齐对象

使用对齐对象工具可以非常方便地将场景中的两个对象按照指定的方式对齐。除了对齐对象的位置外,还可以利用对齐方向对齐两个对象的局部坐标系。利用匹配比例,可匹配两个对象的缩放比例。

(1)在视图中创建茶杯、茶壶,如图 1.22 所示。

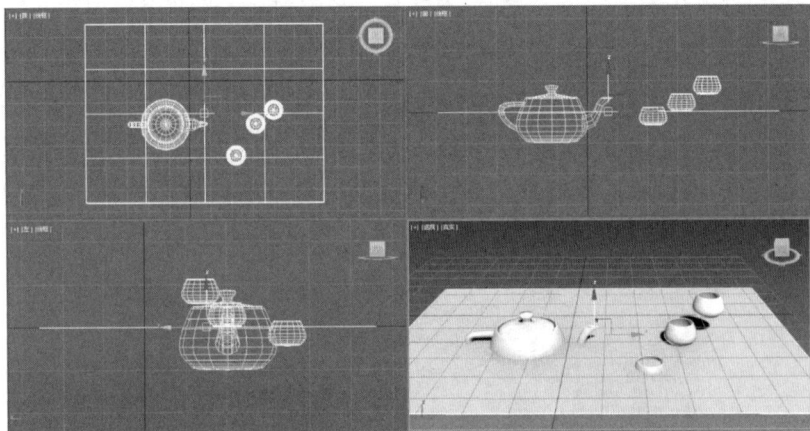

图 1.22　创建多个对象

(2)选择茶壶,在工具栏中单击 ▣（对齐）按钮。

(3)将光标移到平面模型上并单击,对齐效果如图 1.23 所示。

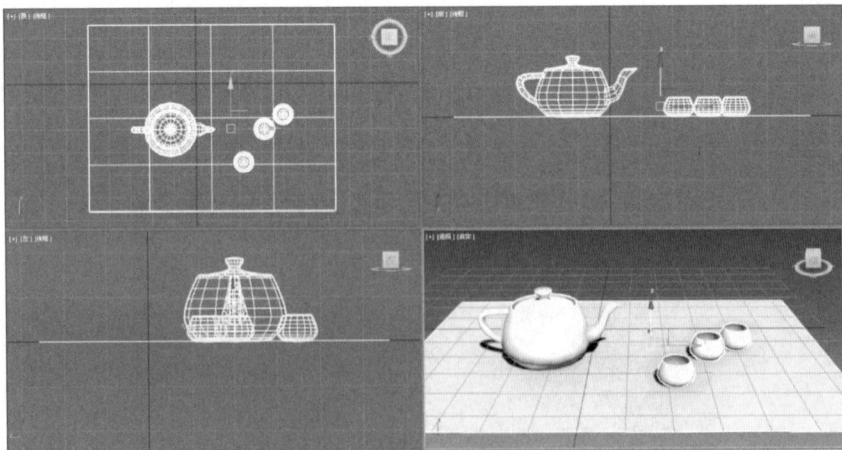

图 1.23　对齐效果

（4）单击平面模型，系统弹出"对齐当前选择"对话框，在"对齐位置（世界）"选项组中，X 轴、Y 轴、Z 轴表示方向上的对齐。设置对齐属性，单击"确定"按钮，如图 1.24 所示。

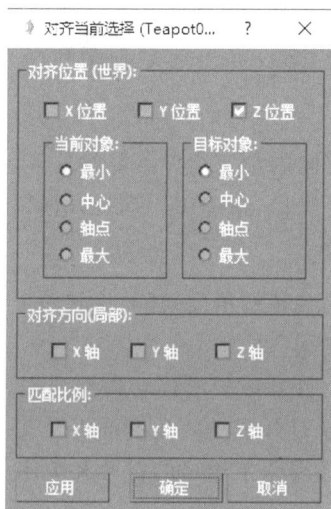

图 1.24　"对齐当前选择"对话框

（五）轴心点控制

轴心点用来定义对象在旋转和缩放时的中心点。轴心点的控制包括三种方式：使用轴心点、使用选择中心、使用变换坐标中心。

1. 使用轴心点

把选择对象自身的轴心点作为旋转、缩放的中心。如果选择了多个对象，则以每个对象各自的轴心点为中心进行变换操作。

2. 使用选择中心

把选择对象的公共轴心点作为所选对象旋转和缩放的中心。

3. 使用变换坐标中心

通过拾取坐标系统，把拾取对象的坐标中心作为所选对象旋转和缩放的中心。

（六）克隆对象

1. 变换克隆

变换克隆指通过移动、旋转或缩放操作，来创建对象的副本，包括移动克隆、旋转克隆和缩放克隆。放大、缩小坐标可分别按"＋""－"键实现。

2. 阵列克隆

利用阵列工具，可以按一定的顺序和形式创建当前所选对象的阵列。对象阵列可以是一维的、二维的或三维的。克隆对象的同时可以进行旋转和缩放操作。

3. 镜像克隆

镜像克隆指使用常用的镜像工具进行克隆。常用于创建对称性对象。例如，制作人体模型，只需做出人体的一半，然后利用镜像克隆复制出另一半即可。

(七)捕捉工具

捕捉工具是功能很强的建模工具,熟练使用该工具可以有效地提高工作效率。捕捉方式分为三类:位置捕捉(3D 捕捉) 3ₙ 、角度捕捉 ♠ₙ 和百分比捕捉 %ₙ 。

1.位置捕捉

位置捕捉工具能够在三维空间内锁定用户需要的位置,如栅格、切线、轴心、中点、面等,便于用户进行创建、编辑、修改等操作,帮助用户捕捉几何体的特定部分。

2.角度捕捉

在角度捕捉工具中可以设置旋转的角度间隔,旋转角度间隔对复制对象非常有用。

角度捕捉工具的使用方法如下:

(1)移动捕捉快捷键:S,用于打开或关闭移动捕捉开关。

(2)角度捕捉快捷键:A,用于打开或关闭角度捕捉开关。

(3)快捷键:G,用于控制所选视图主栅格的打开和关闭。

3.百分比捕捉

在百分比捕捉工具中可设置缩放和挤压操作时的百分比间隔。如果不打开百分比捕捉工具,系统会以 1% 为缩放比例间隔进行缩放。可以在百分比捕捉按钮上单击鼠标右键,在弹出的"栅格和捕捉设置"对话框中设置想要的百分比间隔,如图 1.25 所示。

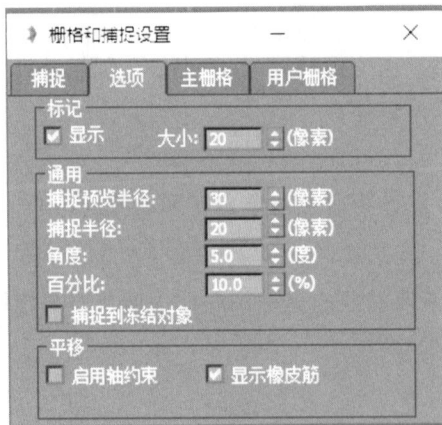

图 1.25 栅格和捕捉设置

(八)群组、冻结和隐藏对象

1.群组对象

群组对象是将多个对象组成一个群组,之后在进行操作时,将该群组作为一个对象进行操作。其优点如下:

(1)方便管理场景:将多个相关对象组合为一个群组,可使复杂场景中的对象结构更清晰,便于用户查找和选择特定对象集合。

（2）统一操作对象：对群组进行移动、旋转、缩放等变换操作时，群组内的所有对象会一起移动、旋转、缩放，避免了对每个单独对象逐一操作，提高工作效率。

（3）组织层级结构：可创建嵌套组，形成对象的层级关系，便于对不同部分进行分层管理和控制，如制作大型建筑场景时，可将不同楼层或区域分别组合，再将这些群组组合成更大的群组。

（4）辅助动画制作：在角色动画制作中，将角色的不同部位如头部、四肢等分别组合，可方便地给每个部位添加关键帧动画，实现复杂的角色动作；在群组动画中，群组对象可作为控制中心，用户可方便地对大量相似或相互关联的对象进行统一动画设置。

2.冻结和隐藏对象

冻结对象可使对象无法选择。隐藏对象是指将对象隐藏，使其不可见。冻结和隐藏对象后，任何操作都无法对其造成影响。

冻结对象：选中要冻结的对象，单击鼠标右键，选择快捷菜单中的"冻结当前选择"。选择全部解冻，可解除对象冻结状态。

隐藏对象：与冻结对象的操作类似，选中要隐藏的对象，单击鼠标右键，在弹出的快捷菜单中选择"隐藏当前选择"。如果选择"全部取消隐藏"，就可以取消所有隐藏对象的隐藏状态；如果选择"按名称取消隐藏"，就可以选择某个想要取消隐藏的对象。

课堂实例 制作 DNA 分子链模型

（1）在前视图中创建一个半径为 13mm 的球体，如图 1.26 所示。

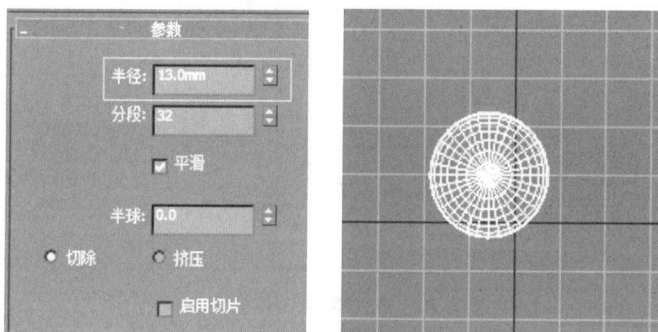

图 1.26　创建球体

（2）在前视图中创建一个半径为 4mm、高度为 60mm 的圆柱体，如图 1.27 所示。

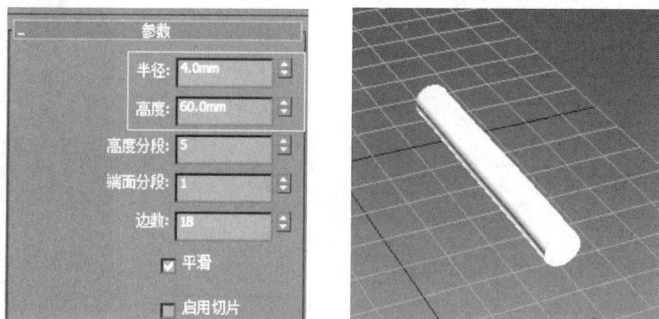

图 1.27　创建圆柱体

（3）选中圆柱体后，单击对齐按钮，再单击球体，在弹出的对话框中更改对齐位置，在顶视图中沿 Y 轴向下移动调整圆柱体的位置，如图 1.28 所示。

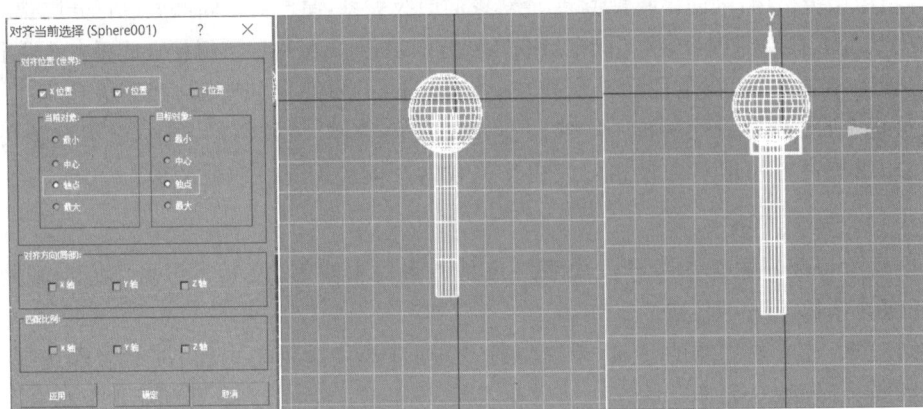

图 1.28　调整圆柱体位置

（4）在顶视图中选中球体，按住 Shift 键拖动鼠标，使球体沿 Y 轴向下移动，并复制球体，如图 1.29 所示。

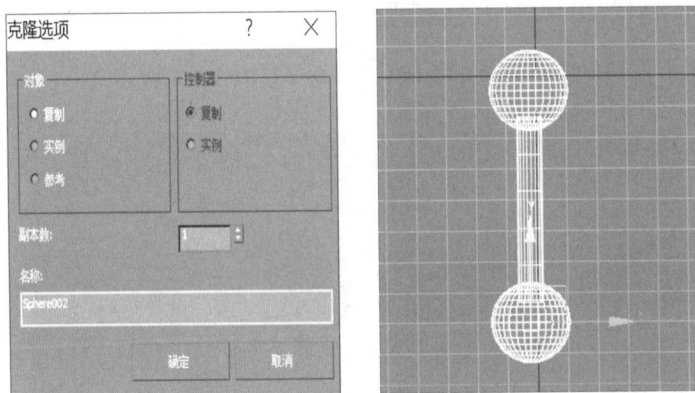

图 1.29　向下移动球体并复制

（5）选中所有对象，选择"组"菜单下的"组"命令，单击"确定"。

（6）选中对象，打开工具栏下的"阵列"对话框，并修改参数，得到效果图，如图 1.30 所示。

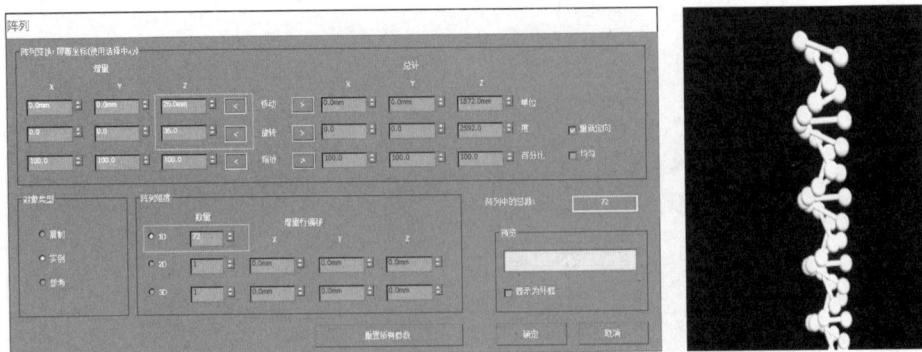

图 1.30　更改阵列参数，得到效果图

项目小结

本项目以模型观察与陈列制作为实践核心,引导读者系统掌握 3ds Max 的关键操作技能软件。通过实操训练,读者能够熟练驾驭 3ds Max 的操作,灵活运用视口导航功能,精准完成对象操作。本项目详细讲解了 3ds Max 的操作界面、文件操作、视口显示和布局的个性化调整方法等内容,同时也介绍了移动、旋转、缩放、对齐、克隆、捕捉等对象操作技巧。这些基础技能不仅能为后续深入学习 3ds Max 软件筑牢根基,更能为创意设计与实际应用提供坚实的技术支撑。

项目一考核

项目二

三维模型的创建和编辑

引言

从本项目开始介绍基本建模方法,可以将其理解为搭积木式建模方法。本项目通过使用 3ds Max 2016 提供的标准基本体、扩展基本体等三维模型,搭建出复杂的模型。标准基本体是最基本的三维模型,如长方体、圆柱体等。扩展基本体是比标准基本体更复杂的三维模型,如切角长方体、切角圆柱体等。本项目共有两个任务,在任务一中使用标准基本体进行建模,在任务二中使用扩展基本体进行建模。

思政要素

"失之毫厘,差之千里"。作为建模设计者,只有具有一丝不苟、精益求精的工匠精神,才能够制作出极具真实性的模型。

项目目标

通过使用标准基本体和扩展基本体来创建模型。

(1)培养一丝不苟、精益求精的工匠精神,同时了解中国古典建筑的文化内涵。

(2)掌握标准基本体和扩展基本体在创建时的参数设置。

(3)学会使用标准基本体和扩展基本体搭建复杂的三维模型。

任务一　标准基本体建模

视频 2-1
标准基本体建模

任务描述

通过创建三维模型,学习"几何体"创建面板上的"标准基本体"集合中所有工具的使用方法。学会创建长方体、圆柱体、球体等标准基本体,掌握使用标准基本体建模的方法和技巧。

任务分析

主要使用长方体、四棱锥、球体、圆柱体、管状体、圆锥体等标准基本体来创建三维模型。

知识准备

1.创建长方体、四棱锥

学习长方体、四棱锥的创建方法和参数设置。

2.创建球体

学习球体的创建方法和参数设置。

3.创建圆柱体、圆锥体和管状体

学习圆柱体、圆锥体和管状体的创建方法和参数设置。

4.平面、茶壶和圆环

学习平面、茶壶和圆环的创建方法和参数设置。

在 3ds Max 中进行场景建模,首先应创建基本模型,然后通过拼凑一些简单模型制作出比较复杂的三维模型。

一、创建长方体、四棱锥

(一)长方体

长方体是最基本的几何体之一。创建长方体有两种方式,一种是立方体创建方式,另一种是长方体创建方式。

以长方体方式创建,是系统默认的创建方式。创建操作步骤如下:

(1)单击 ▨ (创建)→ ◯ (几何体)→ 长方体 (长方体)按钮,长方体按钮变色表示其被激活。

(2)移动光标到适当的位置,按住鼠标左键并拖动,视图中会出现一个长方形平面,如图2.1 所示。释放鼠标左键并上下移动光标,长方体的高度会随光标的移动而增减,在合适的位置单击鼠标左键,长方体即创建完成,如图 2.2 所示。

图 2.1 长方形平面

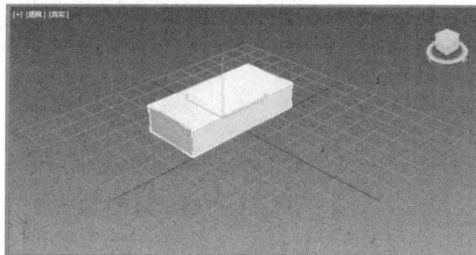

图 2.2 长方体

长方体参数设置如下。

1."名称和颜色"卷展栏

"名称和颜色"卷展栏显示了对象的名称和颜色。在 3ds Max 中创建的所有几何体都有此项参数,名称栏中显示了当前对象的名称,色块显示的颜色为当前对象的线框颜色。单击颜色框,系统弹出"对象颜色"对话框,如图2.3所示。在该对话框中可设置几何体的颜色,选择合适的颜色后,单击"确定"则完成设置,单击"取消"则取消颜色设置。单击"添加自定义颜色"按钮,可以自定义颜色。

2."键盘输入"卷展栏(见图 2.4)

创建简单模型,使用键盘创建方式比较方便。直接在"键盘输入"卷展栏中输入几何体的创建参数,单击"创建"按钮,视图会自动生成几何体。而如果要创建较复杂的模型,则建议使用手动方式。

3."参数"卷展栏(见图 2.5)

在"参数"卷展栏中可调整几何体的体积、形状以及表面的光滑度。可在"参数"卷展栏的数值框中直接输入数值进行调整,也可利用数值框旁边的微调器 进行调整。

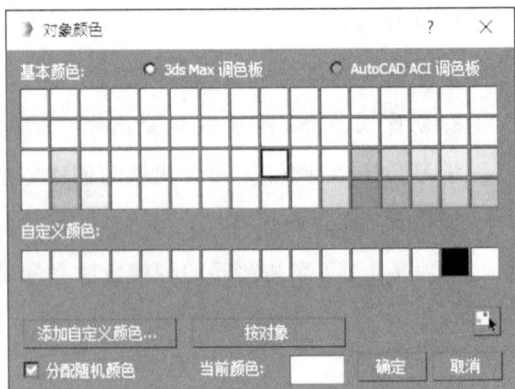

图 2.3 "对象颜色"对话框

长度、宽度、高度:用于设置几何体的长、宽、高。

长度分段、宽度分段、高度分段:用于设置长、宽、高三边上的分段数量,分段数量由模型需求决定。

生成贴图坐标:勾选此选项,系统自动指定贴图坐标。

真实世界贴图大小:若不勾选此选项,则贴图大小符合创建对象的尺寸;若勾选此选项,则贴图大小由绝对尺寸决定,而与对象的相对尺寸无关。

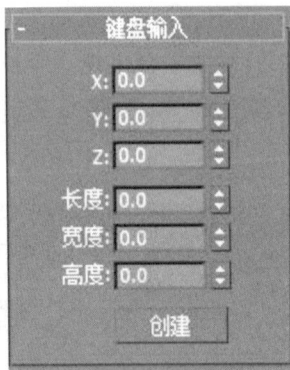

图 2.4 "键盘输入"卷展栏

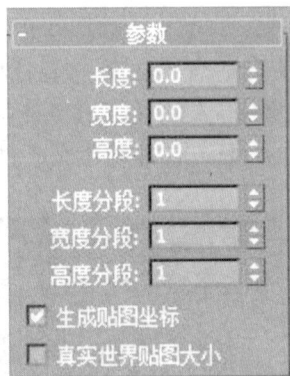

图 2.5 "参数"卷展栏

(二)四棱锥

四棱锥基本体具有正方形或长方形底部和三角形侧面,多用于制作四棱锥形的采光井玻璃、建筑顶尖等构件。

创建四棱锥的操作步骤如下:

(1)单击 (创建)→ (几何体)→ 四棱锥 (四棱锥)按钮。

(2)将光标移到视图中,按住鼠标左键并拖动,视图中会生成一个由 4 个三角形组成的长方形。在适当的位置松开鼠标左键,并上下移动光标,调整四棱锥的高度,单击鼠标左键,四棱锥即创建完成。

"参数"卷展栏介绍如下：

宽度：用于设置四棱锥的宽度。

深度：用于设置四棱锥的长度。

高度：用于设置四棱锥的高度和方向。

二、创建球体

"球体"工具用于制作面状物体或光滑的球体。

创建球体的方法有两种，一种是边创建方法，另一种是中心创建方法。边创建方法以边为起点创建球体，中心创建方法以中心为起点创建球体。

球体的边创建法和中心创建法步骤相同，创建步骤如下：

（1）单击 ▦（创建）→ ◯（几何体）→ ▰ 球体 （球体）按钮。

（2）将光标移动到适当的位置，单击并按住鼠标左键不放，拖动光标，此时视图中出现一个球体。移动光标调整球体的大小，在适当位置松开鼠标左键，球体即创建完成。

"参数"卷展栏介绍如下：

半径：用于设置球体的半径大小。

分段：用于设置表面的段数。值越高，则表面越光滑，造型越复杂。

平滑：用于设置是否对球体表面作自动光滑处理（系统默认是开启的）。

半球：用于创建半球或球体的一部分。其取值范围为 0～1。默认为 0，数值增加，则球体逐渐减小。值为 0.5 时，可制作出半球体；值为 1.0 时，球体全部消失。

切除/挤压：在进行半球系数调整时发挥作用。用于决定球体被切除部分的网格处理方式：选择"切除"，则原来的网格也随之移除；选择"挤压"，则原来的网格虽保留，但会被挤压至剩余球体区域内。

三、创建圆柱体、圆锥体、管状体

（一）圆柱体

"圆柱体"工具用于制作圆柱体，也可以围绕主轴进行切片处理，制作出具有特殊形态与结构的三维模型。

圆柱体的创建步骤如下：

（1）单击 ▦（创建）→ ◯（几何体）→ ▰ 圆柱体 （圆柱体）按钮。

（2）将光标移到视图中，单击并按住鼠标左键不放，拖动光标，此时视图中出现一个圆形平面。在适当的位置松开鼠标左键并上下移动，圆柱体高度会跟随光标的移动而增减。在适当的位置单击，圆柱体即创建完成。

"参数"卷展栏介绍如下：

半径：用于设置底面和顶面的半径。

高度：用于设置柱体的高度。

高度分段：用于设置柱体在高度上的段数。如要创建弯曲柱体，使用高度分段工具可以产生光滑的弯曲效果。

端面分段：用于设置在柱体两个端面上沿半径方向的段数。

边数：用于设置圆周上的片段划分数（即棱柱的边数），对于圆柱体而言，边数越多越光滑。其最小值为3，取最小值时圆柱体的截面为三角形。

（二）圆锥体

"圆锥体"工具用于制作圆锥、圆台、四棱锥和棱台，以及它们的局部等。

创建圆锥体同样有两种方法：一种是边创建方法，另一种是中心创建方法。

边创建方法：以边界为起点创建圆锥体，将在视图中单击左键形成的点作为圆锥体底面的边界起点，随着光标的拖曳始终以该点为锥体的边界。

中心创建方法：以中心为起点创建圆锥体，将在视图中单击左键形成的点作为圆锥体底面的中心点。

创建圆锥体的方法，系统默认为中心创建法，其操作步骤如下：

(1)单击 ✸ （创建）→ ⬤ （几何体）→ 圆锥体 （圆锥体）按钮。

(2)将光标移动到适当的位置，单击并按住鼠标左键不放，拖动光标，此时视图中出现一个圆形平面。松开鼠标左键并上下移动，锥体的高度会跟随光标的移动而增减。在合适的位置单击鼠标左键，再次移动光标，调节顶面的大小，单击鼠标左键即完成创建。

"参数"卷展栏介绍如下：

半径1：用于设置圆锥体底面的半径。

半径2：用于设置圆锥体顶面的半径（若半径2不为0，则圆锥体变为平顶圆锥体）。

高度：用于设置圆锥体的高度。

高度分段：用于设置圆锥体在高度上的段数。

端面分段：用于设置圆锥体端面沿半径方向上的段数。

边数：用于设置圆锥体端面圆周上的片段划分数。值越高，则圆周越光滑。

平滑：表示是否进行表面光滑处理。开启时，则产生圆锥、圆台；关闭时，则产生四棱锥、棱台。

启用切片：表示是否进行局部切片处理。

切片起始位置：用于设置切除部分的起始幅度。

切片结束位置：用于设置切除部分的结束幅度。

（三）管状体

"管状体"工具用于创建各种空心管状体对象，包括管状体、棱管和局部管状体等。

管状体的创建步骤如下：

(1)单击 ✸ （创建）→ ⬤ （几何体）→ 管状体 （管状体）按钮。

(2)将光标移到视图中，单击并按住鼠标左键不放，拖动光标，此时视图中出现一个圆。在适当的位置松开鼠标左键并上下移动，会生成圆环形面片。单击鼠标左键并上下移动光标，管状体的高度会随之增减。在合适的位置单击鼠标左键，管状体即创建完成。

"参数"卷展栏介绍如下：

半径1：用于设置管状体的起始半径。

半径2：用于设置管状体的结束半径。

高度：用于设置管状体的高度。

高度分段：用于设置沿管状体高度方向的段数。

端面分段：用于设置管状体上下底面的段数。

边数：用于设置管状体边数。值越大，则管状体越光滑，对棱管来说，边数值决定其属于几棱管。

四、平面、茶壶和圆环

(一)平面

"平面"工具用于在场景中直接创建平面对象，可以用于建立如地面、场、山体等。

创建平面有两种方法：第一种是矩形创建方法，另一种是正方形创建方法。

矩形创建方法：分别确定两条边的长度，即可创建长方形平面。

正方形创建方法：只需确定一条边的长度，即可创建正方形平面。

平面的矩形创建法的操作步骤如下：

(1)单击 ⬖ (创建)→ ◯ (几何体)→ ▢ 平面 (平面)按钮。

(2)将光标移到视图中，单击并按住鼠标左键不放，拖动光标，此时视图中出现一个平面。适当调整大小后松开鼠标左键，平面即创建完成，如图2.6所示。

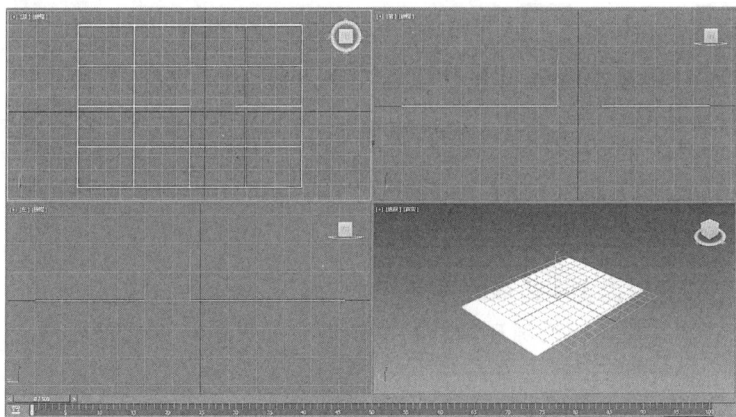

图2.6 创建平面

"参数"卷展栏介绍如下：

长度、宽度：用于设置平面的长、宽，以确定平面的大小。

长度分段：用于设置沿平面长度方向的分段数，系统默认值为40。

宽度分段：用于设置沿平面宽度方向的分段数，系统默认值为40。

渲染倍增：只在渲染时起作用。可进行如下两项设置：

①缩放：渲染时平面的长和宽均以该尺寸比例倍数扩大。

②密度:渲染时平面的长和宽方向上的分段数均以该密度比例倍数扩大。

总面数:显示平面对象全部的面片数。

(二)茶壶

"茶壶"工具用于创建标准的茶壶造型或者制作茶壶的一部分。其复杂的曲线与相交曲面特性,使其成为测试各类材质贴图和渲染设置的理想模型,能够直观呈现不同设置在现实世界对象上的效果。

茶壶的创建步骤如下:

(1)单击 ▓ (创建)→ ⬤ (几何体)→ 茶壶 (茶壶)按钮。

(2)将光标移到视图中,单击并按住鼠标左键不放,拖动光标,此时视图中出现一个茶壶。上下移动光标调整茶壶的大小,在适当的位置松开鼠标左键,茶壶即创建完成。

"参数"卷展栏介绍如下:

半径:用于设置茶壶的大小。

分段:用于设置茶壶表面的划分精度。值越大,则表面越细腻。

平滑:表示是否自动进行表面光滑处理。

茶壶部件:用于设置各部分的取舍,分为壶体、壶把、壶嘴和壶盖四个部分。

(三)圆环

"圆环"工具用于制作立体圆环。

创建圆环的操作步骤如下:

(1)单击 ▓ (创建)→ ⬤ (几何体)→ 圆环 (圆环)按钮。

(2)将光标移到视图中,单击并按住鼠标左键不放,拖动光标,此时视图中出现一个圆环。在适当的位置松开鼠标左键并上下移动光标,调整圆环的粗细。单击鼠标左键,圆环即创建完成。

"参数"卷展栏介绍如下:

半径1:用于设置圆环中心与截面正多边形的中心距离。

半径2:用于设置截面正多边形的内径。

旋转:用于设置片段截面沿圆环轴旋转的角度。如果进行扭曲设置或以不光滑表面着色,则可以看到它的效果。

扭曲:用于设置每个截面扭曲的角度,并产生扭曲的表面。

分段:用于设置沿圆周方向上片段被划分的数目。值越大,则得到的圆环越光滑,最小值为3。

边数:用于设置圆环的边数。

"平滑"选项组:用于设置光滑属性。有如下四种方式:

①全部:对所有表面进行光滑处理。

②侧面:对侧边进行光滑处理。

③无:不进行光滑处理。

④分段:对每一个独立的面进行光滑处理。

课堂实例 创建地球仪模型

很多复杂模型的创建都始于标准基本体。下面进行地球仪模型的创建。

(1)创建一个圆,选择"球体",窗口中出现球体图形(见图 2.7)。将半径设置为 180,分段设置为 32,其余参数不变(见图 2.8)。

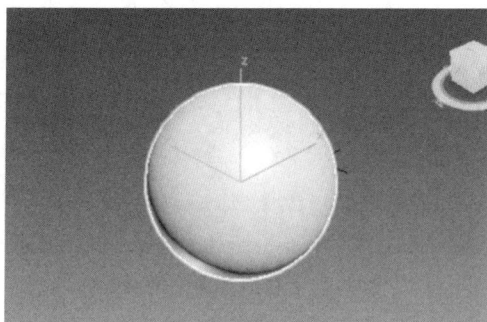

图 2.7 生成球体

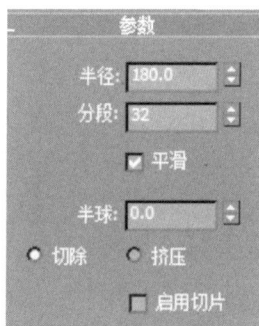

图 2.8 球体参数设置

(2)创建一个圆柱体,将半径设置为 10,高度设置为 430(见图 2.9)。选择创建的圆柱体,单击 （对齐)按钮,单击球体,将圆柱体与球体进行对齐(见图 2.10),单击"确定"。

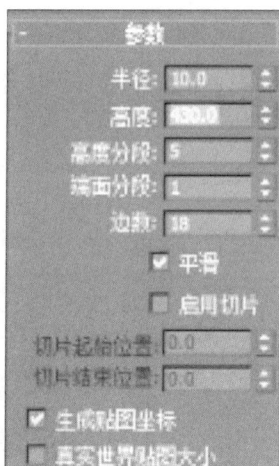

图 2.9 圆柱体参数

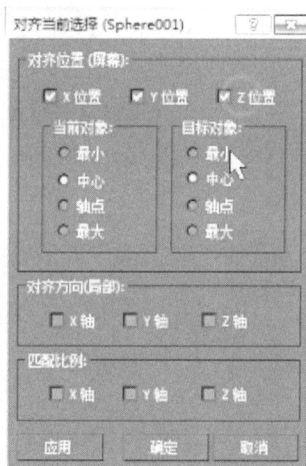

图 2.10 圆柱体与球体对齐

(3)在顶视图中再创建一个圆柱体,半径设置为 20,高度设为 25,然后单击对齐按钮使其与高的圆柱体进行对齐,取消 Y 轴的对齐(见图 2.11),单击"确定"。在前视图中,将其拖动至高的圆柱体的顶部(见图 2.12),然后按住 Shift 键,将其复制到底部(见图 2.13)。

(4)单击 （创建)按钮,在前视图中创建一个管状体,将半径 1 设置为 200mm,半径 2 设置为 190mm,高度设置为 30mm,勾选"启用切片",将边数设置为 32,"切片起始位置"设置为 10,"切片结束位置"设置为 170(见图 2.14)。将圆环与球体进行对齐(见图 2.15),单击"确定",在前视图中选中圆环,将其拖动至两端与圆柱对齐(见图 2.16)。

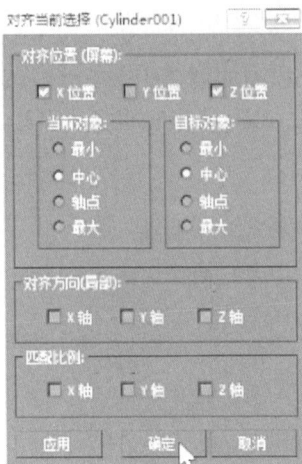

图 2.11　取消 Y 轴对齐

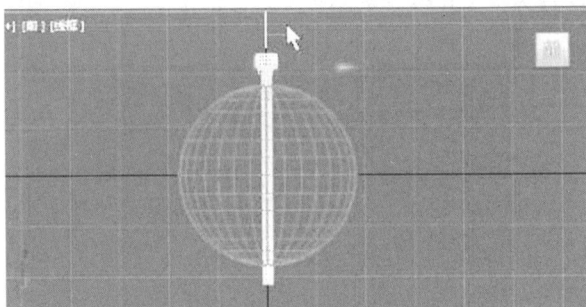

图 2.12　在前视图中拖动圆柱体

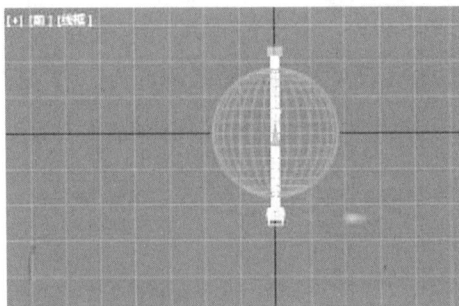

图 2.13　复制

图 2.14　管状体参数设置　图 2.15　圆环与球体对齐　图 2.16　对齐效果

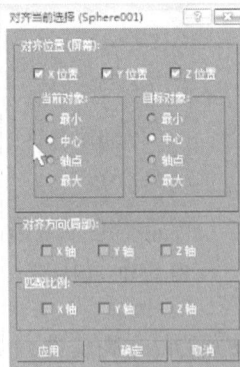

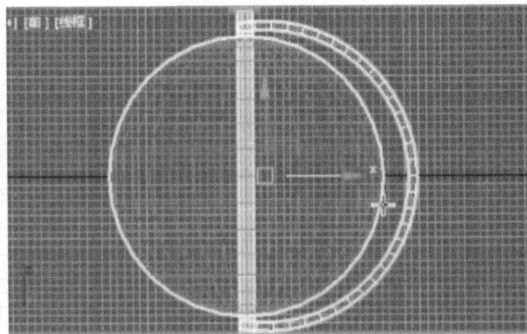

　　(5)单击 **组(G)** "组"选项,对地球仪上半部分进行组合,将组名设置为"01",单击"确定"(见图 2.17)。选中当前组合,单击"旋转"工具,在 Y 轴上,对当前部分旋转 23.26°(见图2.18),使其产生倾斜效果(见图 2.19)。

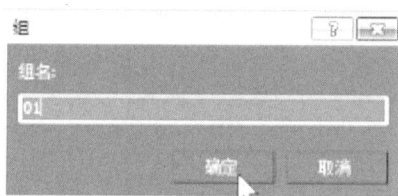

图 2.17 成组并命名

图 2.18 旋转

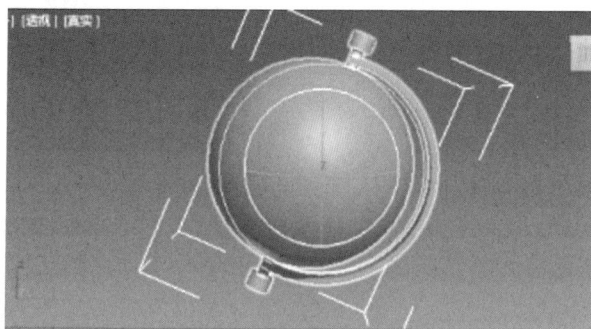

图 2.19 倾斜效果

（6）单击 （创建）→ 圆柱体 （圆柱体）按钮，再创建一个圆柱体，将其半径设置为 15，高度设置为 100（见图 2.20）。在前视图中拖动圆柱体，让其位于地球仪上部分的正下方（见图 2.21）。

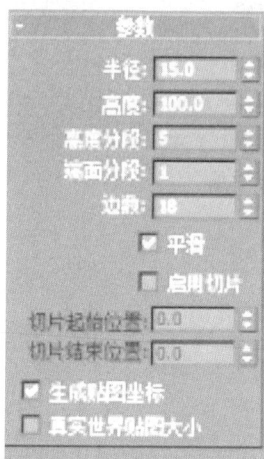

图 2.20 圆柱体参数设置

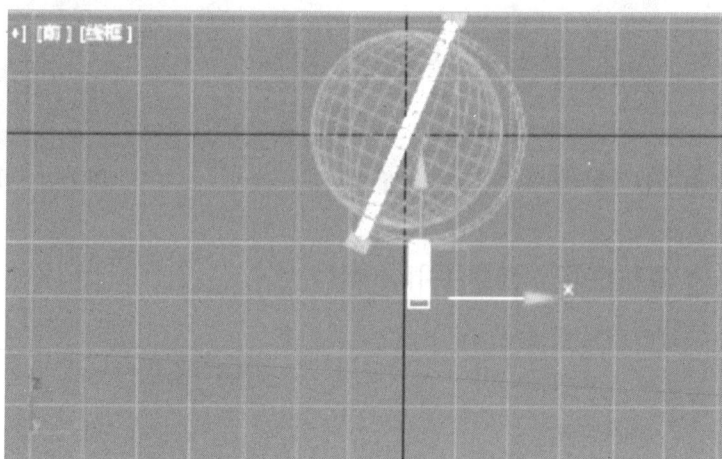

图 2.21 调整位置

（7）单击 （创建）→ 圆锥体 （圆锥体）按钮，创建一个圆锥，将半径 1 设为 70，半径 2 设为 25，高度设为 17，边数设为 40，其他参数不变（见图 2.22）。将圆锥体移动至圆柱体下方，单击 （对齐）按钮，让圆柱体与圆锥体进行对齐，取消 Y 轴对齐，单击"确定"（见图 2.23）。

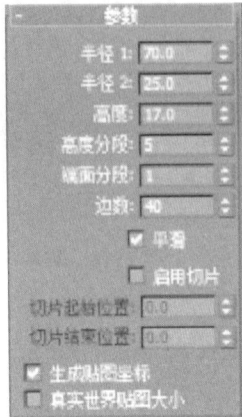

图 2.22 圆锥参数设置

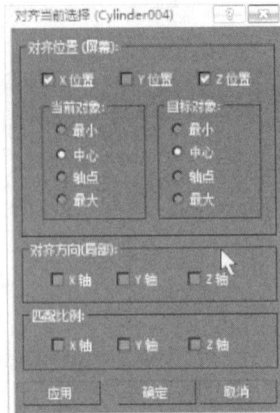

图 2.23 对齐设置

(8)按住 Shift 键,选择并移动圆锥体,将当前圆锥体复制一个。将复制的圆锥体半径 1 设为 120,半径 2 设为 90,高度设为 35,其他参数不变(见图 2.24),调整位置。这时地球仪模型就做好了,如图 2.25 所示。

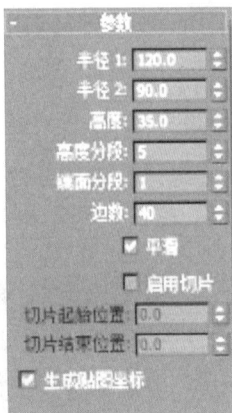

图 2.24 复制的圆锥体参数设置

图 2.25 最终效果

课后练习 创建百叶窗模型

百叶窗模型效果如下:

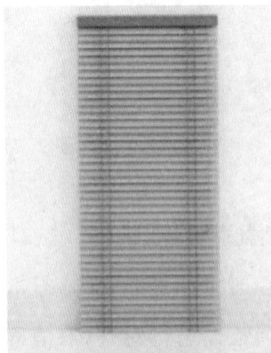

任务二 扩展基本体建模

视频 2-2
扩展基本
体建模

◈ 任务描述

通过创建三维模型,学习"几何体"创建面板上的"扩展基本体"集合中所有工具的使用方法。学会创建异面体、切角长方体、切角圆柱体、油灌等扩展基本体,掌握使用扩展基本体建模的方法。

◈ 任务分析

创建三维模型,首先要观察三维模型的基本结构,然后调整标准基本体和扩展基本体的参数,从而完成建模。

◈ 知识准备

一、知识链接

1. 创建异面体

学习异面体的创建方法和参数设置。

2. 创建切角长方体、切角圆柱体、球棱柱

学习切角长方体、切角圆柱体、球棱柱的创建方法和参数设置。

3. 创建油罐、胶囊和纺锤体

学习油罐、胶囊和纺锤体的创建方法和参数设置。

4. 创建环形结、软管

学习环形结和软管的创建方法和参数设置。

5. 创建 L 形墙体、C 形墙体、环形波等

学习 L 形墙体、C 形墙体、环形波等的创建方法和参数设置。

二、操作技巧

(1)创建成排成列重复的对象时,可以使用间隔工具来快速创建。

(2)创建多个重复但位置、方向或大小不同的对象时,可以使用变换克隆的方法来快速创建。

一、创建扩展基本体

单击"创建"→"几何体"→"标准基本体"按钮,在弹出的下拉列表中选择"扩展基本体"选项,在"对象类型"卷展栏下,即可出现 3ds Max 提供的扩展基本体创建按钮,3ds Max 提供了 13 种创建扩展基本体的工具。扩展基本体的创建方法与标准基本体基本相同,但扩展

基本体比标准基本体更复杂。

(一)创建异面体

"异面体"工具用于创建具有奇特表面的多面体。单击 异面体 按钮,在任意视图中按住鼠标左键并拖动,即可创建多面体。在参数面板中调整参数可以制作出多种造型。

异面体参数面板中"系列"框中有五种基本形体的创建方式,即"四面体""立方体/八面体""十二面体/二十面体""星形1""星形2"。"系列参数"设置中,调整P、Q值可以切换点和面的位置。当创建的多面体为"十二面体/二十面体",P值为0.36,Q值为0时,其他的可采用默认设置。"顶点"选项用于确定异面体内部顶点的创建方式。"半径"用于设置异面体的大小。

异面体表面是由三种类型的平面图形拼接而成的,包括三角形、矩形和五边形。在"轴向比例"设置中,P、Q、R三个值分别用于设置它们各自的比例。单击"重置"按钮,则各值恢复到初始设置。

(二)创建切角长方体、切角圆柱体、球棱柱

1.切角长方体

"切角长方体"工具用于创建带切角的长方体。单击 切角长方体 按钮,在视图中按住鼠标左键并拖动,生成矩形底面;释放鼠标,移动鼠标确定高度,单击"确定";向上拖动鼠标,确定切角的大小,单击鼠标即完成创建。

在参数栏中调整数值,确定切角长方体的形状。"切角立方体"参数面板中,"圆角"用于设置切角的大小;"圆角分段"值越高,切角越圆滑。

2.切角圆柱体

"切角圆柱体"工具用于创建切角圆柱体。单击 切角圆柱体 按钮,在任意视图中按住鼠标左键并拖动,生成切角柱体的底面;释放鼠标,移动鼠标确定切角柱体的高度,单击"确定";向上拖动鼠标,确定切角的大小,单击鼠标即完成创建。

在参数面板中调整相关参数确定切角柱体的形状。"切角圆柱体"参数面板中,"圆角"用于设置切角的大小;"圆角分段"用于设置切角的分段数,该值越大,切角越圆滑;"边数"用于设置圆周划分的段数,该值越高,圆柱体越圆滑。取消"平滑"选项可以产生棱柱效果,"切片启用"用来确定是否进行切片处理。勾选"切片启用"后,在"切片起始位置"和"切片结束位置"中分别设置切片的起始点和结束点,可以制作局部切角柱体。

3.球棱柱

"球棱柱"工具可创建多棱柱,如六棱柱、八棱柱等。单击 球棱柱 按钮,在视图中按住鼠标左键并拖动,生成底面多边形;移动鼠标确定高度,单击"确定";向上拖动鼠标,生成切角棱,单击鼠标即完成创建。

在参数面板中调整相关参数值确定球棱柱形状。球棱柱参数面板中,"边数"用于设置棱数,"半径"用于设置底面的半径,"圆角"用于设置棱上的圆角值,"高度"用于设置棱柱的高度。"侧面分段""高度分段""圆角分段"分别用于设置各部分的分段数,"平滑"用于设置

表面是否进行光滑处理。

(三)创建油罐、胶囊和纺锤体

1. 油罐

"油罐"工具用于创建类似于油桶的顶部拱起的柱体。单击 油罐 按钮,在视图中按住鼠标左键并拖动,生成油罐上下端面;移动鼠标确定油罐高度,单击"确定";向上拖曳鼠标,生成油罐上下端面拱起的部分,单击鼠标,结束创建。

在参数面板中调整相关参数确定形状。"半径"用于设置油罐底面半径,"高度"用于设置油罐的高度,"封口高度"用于设置两端拱起面的高度。选中"总体",则"高度"为油罐的总高度;选中"中心",则"高度"为油罐中部柱体高度。"混合"用于调整圆滑拱形顶部与中间柱体衔接处的边缘,通过该设置可控制两者间过渡区域的平滑程度,使边缘衔接更自然流畅。"边数"用于设置油罐圆周上的段数,"高度分段"用于设置高度方向上的段数,"平滑"用于设置是否进行表面光滑处理。勾选"切片启用"后,在"切片起始位置"和"切片结束位置"中调整数值可制作油罐的局部模型。

2. 胶囊

"胶囊"工具用于创建类似于胶囊的两端为半球状的柱体,胶囊包含了切角柱体和油罐的特点。胶囊创建方法和参数设置类似于油罐。

3. 纺锤体

"纺锤体"工具用于创建类似于纺锤体的两端为圆锥顶的柱体。纺锤体的创建方法和参数设置类似于"油罐"。

(四)创建环形结、软管

1. 环形结

"环形结"工具用于创建管状缠绕等造型。单击 环形结 按钮,在任意视图中按住鼠标左键并拖动,确定环形结的大小;移动鼠标,确定环形结的截面大小;单击鼠标,完成环形结的创建。在参数面板中调整相关参数可以制作出各种形状的环形结。

2. 软管

软管是一种可变形对象,它可以用于连接两个对象,随两端对象的变化而相应改变。

(1)创建独立的软管。单击 软管 按钮,在视图中按住鼠标左键并拖曳,生成软管的底面,移动鼠标,确定软管的高度,单击鼠标完成创建。在参数面板中调整相关设置可以改变软管形状。

(2)创建连接两个对象的软管。在视图中任意创建两个三维对象,比如在顶视图中创建两个切角柱体。单击"软管"按钮,在顶视图中创建软管模型;单击参数面板中的"绑定到对象轴心"选项;单击参数面板中的"拾取顶部对象",在顶视图中单击另一个要连接的对象,软管的两端就连接到这两个对象的轴心处;在参数面板中调整相关参数,可以改变软管的形状。分别移动两个连接对象,软管会随之发生变化。

(五)创建 L 形墙体、C 形墙体

1. L 形墙体

"L-Ext"工具用于创建 L 形的立体墙模型。单击 L-Ext 按钮,在视图中按住鼠标左键并拖动,生成一个具有一定大小的 L 形墙体;移动鼠标,使墙体有一定高度,单击"确定";向上移动鼠标,使墙体有一定厚度;单击鼠标,完成创建。

在参数面板中进行设置,确定墙体各部分的具体数值。L-Ext 的参数卷展栏中,"侧面长度""前面长度"分别用于设置两面墙的长度,"侧面宽度""前面宽度"分别用于设置两面墙的厚度,"高度"用于设置墙体的高度,"侧面分段""前面分段""宽度分段""高度分段"分别用于设置各部分的细分段数。

2. C 形墙体

C-Ext 与 L-Ext 类似,用于创建 C 形墙体,C 形墙体创建方法和参数设置与 L 形墙体类似。

(六)创建环形波

"环形波"工具用于创建具有动画功能的不规则边缘特殊圆环,常用于特效动画制作。单击 环形波 按钮,在视图中按住鼠标左键并拖动,生成环形波环,释放鼠标后,移动鼠标生成内部波形,单击鼠标即完成创建。

在参数面板中调整参数可改变环形波形状。"环形波"的参数较为复杂。在参数面板中,"环形波大小"栏用于设置环形波的半径、径向分段、环形宽度、边数、高度、高度分段。"环形波定时"栏用于设置环形波变形的时间和方式。其中,"无增长"用于生成一个静止环形波;选择"增长并保持"或"循环增长"方式时,可通过设置"开始时间""增长时间""结束时间",确定环形波的变形效果。"外边波折"与"内边波折"栏用于设置环形波外边缘与内边缘的形状和动画。选择"启用"选项后,参数设置有效。其中,"主周期数"用于设置环形波边缘上的主波数量,"宽度波动"用于设置主波大小,"爬动时间"用于设置每个主波沿环形波外沿蠕动一周所用的时间。"次周期数"用于设置环形波外沿上的次波数,其下的"宽度波动""爬动时间"分别用于设置次波的大小和次波沿主波外沿蠕动一周的时间。环形波设置好后,单击播放动画按钮 ▶ ,可以观看环形波的动画效果。

(七)创建棱柱

"棱柱"工具用于创建棱柱。单击 棱柱 按钮,在"创建方式"选项中选择一种创建方式,其中"二等边"用于创建等腰三棱柱,配合 Ctrl 键可以创建底面为等边三角形的三棱柱;"基点/顶点"用于创建底面为不等边三角形的三棱柱。在视图中按住鼠标左键并拖动,生成三角形底面;释放鼠标后,移动鼠标确定三角形底面的两个边长,单击"确定";移动鼠标,确定棱柱的高度;单击鼠标完成创建。在参数面板中可以对棱柱的三条边长和分段数进行修改。

二、创建建筑对象

(一)门

单击"创建"→"几何体"→"标准基本体"按钮。在弹出的下拉列表中选择"门"选项,在"对象类型"卷展栏中,即可出现 3ds Max 提供的门的创建按钮。3ds Max 提供直接创建门对象模型的工具,可以快速地生成各种型号的门模型。3ds Max 2016 提供了三种门,包括枢轴门、推拉门、折叠门,这三种门的创建方法和参数设置类似。其中,枢轴门可以是单扇枢轴门,也可以是双扇枢轴门,可以向内开,也可以向外开。门的木格数可以设置,门上的玻璃厚度可以指定,还可以制作切角的框边。可制作左右滑动的推拉门。折叠门可以是可折叠的双扇门,也可以是四扇门。

1.创建方法

(1)在"对象类型"卷展栏中,选择要创建的门类型,比如枢轴门。

(2)在视口中拖动鼠标创建两个点,在默认方式下创建具有一定宽度和门脚角度的门。

(3)释放鼠标并移动,调整门的深度,单击鼠标即完成设置。

(4)移动鼠标调整高度,单击鼠标即完成设置。

在"创建方法"卷展栏中,可以将创建顺序从"宽度-深度-高度"更改为"宽度-高度-深度"。在"参数"卷展栏中调整设置,可改变门的形状。

2.参数设置

"参数"卷展栏中的"高度""宽度""深度"分别用于设置门的高度、宽度、深度;勾选"双门"选项,可以生成对开的双扇门;选择"翻转转动方向",可以使门向另外一面打开;选择"翻转转枢",可以将门枢放置到另一侧门框处;"打开"用于调节门的打开角度。选择"创建门框"选项可以创建门框,"宽度""深度"用于设置门框的宽度和深度,"门偏移"用来设置门与门框之间的偏移距离。

"页扇参数"卷展栏主要用于设置门扇的相关数值。"高度"用于设置门扇的高度,"门挺/顶梁"用于设置门上部和侧面的面板框边宽,"底梁"用于设置门底部面板框宽度,"水平窗格数"用于设置水平方向上窗格的数目,"垂直窗格数"用于设置垂直方向上窗格的数目,"镶板间距"用于设置窗格之间的距离。"镶板"参数组用于控制门上窗格的形状。启用"无"选项,则不产生窗格;启用"玻璃"选项,会产生不带切角的玻璃格板,"厚度"用于设置玻璃厚度。启用"有倒角"选项,可以产生带倒角的窗格,通过设置其数值可调整倒角的形状。

(二)窗

单击"创建"→"几何体"→"标准基本体"按钮。在弹出的下拉列表中选择"窗"选项,在"对象类型"卷展栏中,即可出现 3ds Max 提供的窗的创建按钮。3ds Max 2016 提供了六种窗,它们的创建方法和参数设置可参考门的创建。

(三)楼梯

单击"创建"→"几何体"→"标准基本体"按钮。在弹出的下拉列表中选择"楼梯"选项,在"对象类型"卷展栏中,即可出现 3ds Max 提供的楼梯的创建按钮。楼梯是较为复杂的一类建筑模型,创建楼梯往往需要花费大量的时间。3ds Max 提供的参数化楼梯大大方便了用户,加快了用户的制作速度,只需要修改几个参数就可以让楼梯改头换面。3ds Max 2016提供了四种楼梯:直线楼梯、L 形楼梯、U 形楼梯、螺旋楼梯。各种楼梯的创建方法和参数设置类似,下面以直线楼梯为例进行介绍。

1.创建方法

单击 直线楼梯 按钮,在视图中按住鼠标左键并拖动,拖出一个具有一定长度的直线楼梯,释放鼠标;移动鼠标,使楼梯有一定宽度;移动鼠标,使楼梯有一定高度;单击鼠标,完成创建。在参数面板中调整参数可改变楼梯的形状。

2.参数设置

直线楼梯的参数面板如图 2.26 所示。

在"类型"区域中可根据需要启用"开放式""封闭式""落地式"选项。

在"生成几何体"区域中,"侧弦"用于设置是否沿踏步的末端创建楼梯的侧弦;"支撑梁"用于设置是否创建楼梯的支撑梁;"扶手"用于设置是否创建楼梯的左右扶手;"扶手路径"用于设置是否创建左右栏杆路径,栏杆路径是一条用于创建自定义栏杆的样条曲线,结合使用"AEC 扩展"创建类型中的"栏杆"选项可创建与楼梯相适应的栏杆。

在"布局"区域中,"长度"用于设置楼梯的长度;"宽度"用于设置楼梯的宽度。

在"梯级"区域中,可设置楼梯高度。单击参数左侧的按扭,可以在调整另两个参数时将该项锁定。"总高"用于设置总体高度,"竖板高"用于设置梯级的高度,"竖板数"用于设置梯级的数量。

"台阶"区域中,"厚度"用于设置踏步的厚度,"深度"用于设置踏步的深度。

"支撑梁"参数组中,"深度"可以设置支撑梁与地面的高度;"宽度"可以设置支撑梁的宽度。间距工具 用于设置支撑梁的间距,只有启用"支撑梁"选项后才可以激活间距工具;"从地板开始"用于设置支撑梁是否在地板处被切平。

图 2.26 直线楼梯的参数面板

使用"栏杆"参数组,可以制作简单的栏杆模型。只有在生成基本体区域选择了栏杆或栏杆路径时才能在此处做调整。此处的"栏杆"并不表现结构,只是为了便于用户观察。"高度"用于设置栏杆与台阶之间的高度;"偏移"用于设置栏杆在台阶两侧的偏移程度;"分段"用于设置栏杆截面的多边形边数,分段越多,则栏杆越光滑;"半径"用于设置栏杆的粗细。

"侧弦"参数组中,"深度"用于设置侧弦与地面的高度,"宽度"用于设置侧弦的宽度,"偏移"用于设置侧弦向下延伸的程度。

(四)AEC 扩展

单击"创建"→"几何体"→"标准基本体"按钮。在弹出的下拉列表中选择"AEC 扩展"

选项,在"对象类型"卷展栏中,即可出现 3ds Max 提供的扩展的创建按钮。类型包括"植物""栏杆""墙"三种,主要用于创建建筑工程领域的特殊几何体,为高效快捷地创建室内外效果图提供便利条件。

1.植物

单击"植物"按钮,在"收藏的植物"中选择一种植物,再在视图中按住鼠标左键即可创建。在参数面板中调整参数可以改变植物的形状。

2.栏杆

"栏杆"工具用于制作栏杆,通过修改模型参数,可以对组成栏杆的各个部分进行调整,制作出各式各样的栏杆。配合使用"栏杆"和"楼梯"工具,可制作楼梯的扶手。

3.墙

"墙"工具用于创建墙,可以对墙进行断开、插入、删除、创建分开的墙对象、连接两个墙对象等操作。墙对象由子对象墙分段构成,用户可以在修改面板中对其进行编辑。

墙的创建方法比较简单。选择"墙"命令,在视图中单击鼠标创建墙的一个端点,移动鼠标拖出墙面,单击"确定",再次移动鼠标继续创建其他墙面,单击鼠标即完成创建。在参数面板中可以调整墙体的厚度与高度。

还可以利用"键盘输入"创建墙。在"键盘输入"卷展栏 X、Y、Z 轴中输入数值,可以设置墙对象各分段端点的 X、Y、Z 轴坐标;单击"添加点",可以根据输入的 X、Y、Z 轴坐标值增加点;单击"关闭",结束墙的创建并闭合墙体;单击"完成",结束创建,生成开放墙体;"拾取样条线"用于拾取一个样条线并将其作为墙对象的路径。

课堂实例 创建凉亭模型

(1)单击"创建"→"球体"按钮,将当前球体半径设为 10,其余参数不变。单击"创建"→"圆锥体"按钮,将圆锥体参数半径 1 设为 75,半径 2 设为 5,高度设为 30,边数设为 4,取消"平滑"(见图 2.27)。将当前圆锥体放置于球体下方(见图 2.28)。

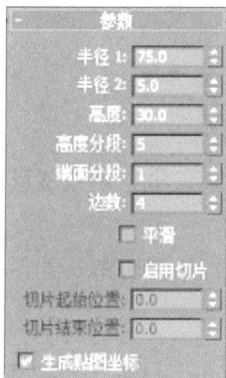

图 2.27 圆锥体参数设置

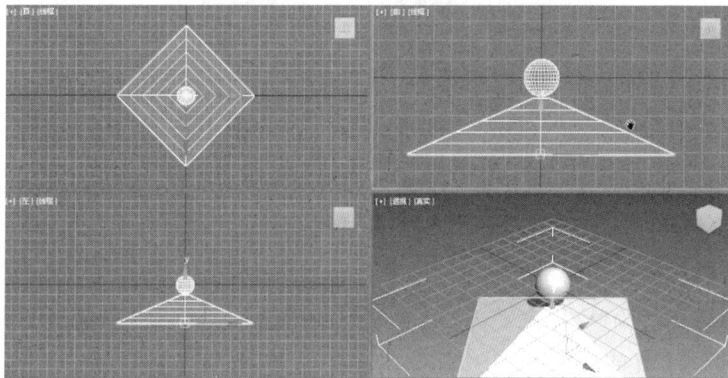

图 2.28 调整圆锥体位置

（2）单击"创建"→"几何体"→"扩展基本体"按钮，创建一个切角圆柱体，将其半径设为85，高度设为7.5，圆角设为1.5，边数设为4，其余参数不变（见图2.29）。将其放置于圆锥体下方，选中这三个物体，将它们组合为一个群组（见图2.30）。选择组件，单击"旋转"按钮，在Z轴中设置向上旋转45°（见图2.31）。

图 2.29　切角圆柱体　　　　　　　　　　　　　　　图 2.30　成组

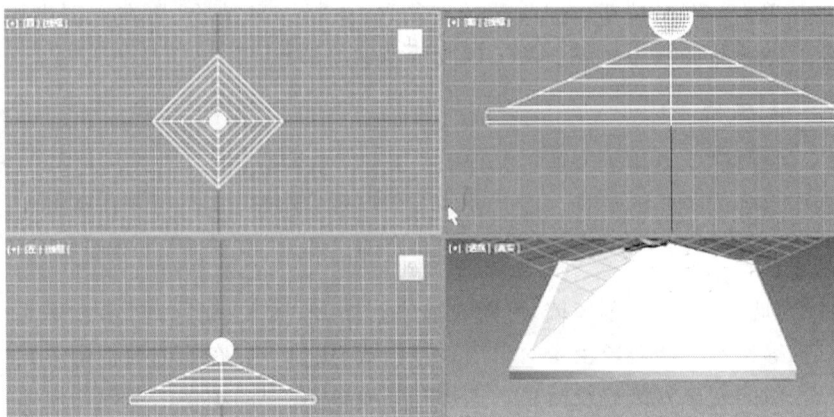

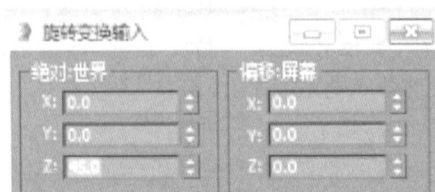

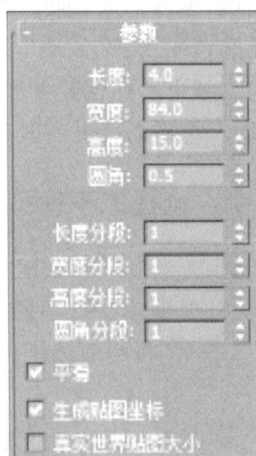

图 2.31　旋转设置　　　　　　　图 2.32　切角长方体
参数设置

（3）单击"创建"→"几何体"→"切角长方体"按钮，将切角长方体的长度设为4，宽度设为84，高度设为15，圆角设为0.5（见图2.32）。将其拖动于适当的位置，然后按住Shift键，对其进行移动复制（见图2.33）。打开"角度捕捉"工具 进行旋转复制，并将切角长方形移动到合适位置，再次复制一个长方体并移动到合适位置（见图2.34）。

（4）单击"创建"→"几何体"→"圆柱体"按钮，在凉亭的一个角上创建一个圆柱体。将圆柱体半径设为5，高度设为140，其余参数不变（见图2.35）。在顶视图和前视图中将圆柱体调整到合适位置，并对其进行复制（见图2.36）。

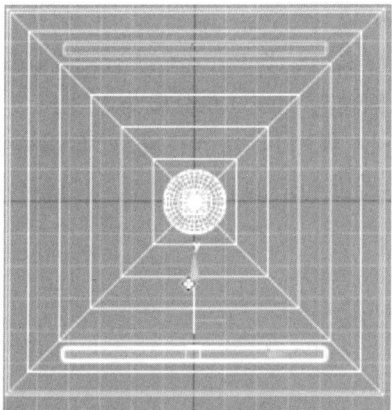

图 2.33 移动复制

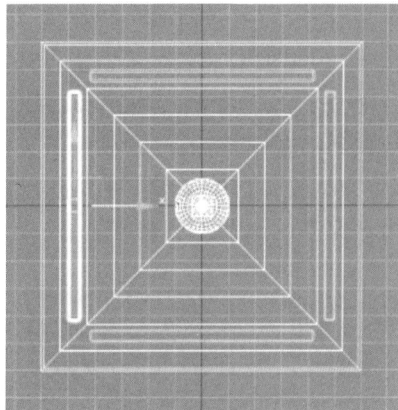

图 2.34 再次复制

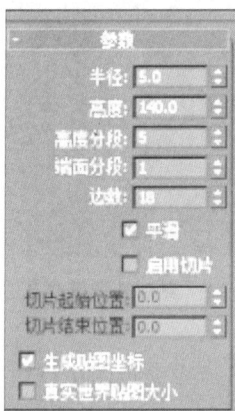

图 2.35 圆柱体参数设置

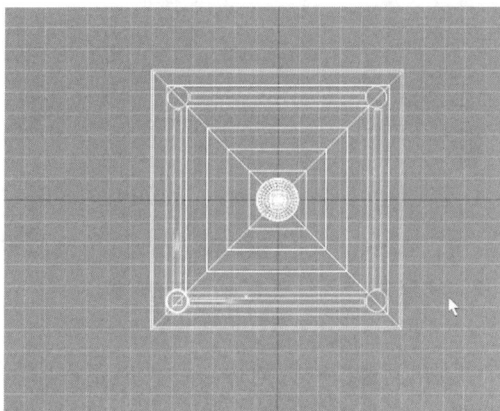

图 2.36 复制圆柱体

(5)单击"创建"→"几何体"→"扩展基本体"→"油罐体"按钮,创建一个油罐体。对油罐体参数进行修改,半径为 3,高度为 70,封口高度为 1,混合为 0.1,其余参数不变(见图 2.37)。在前视图中调整油罐体位置(见图 2.38)。

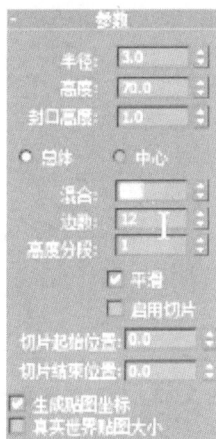

图 2.37 油罐体参数设置

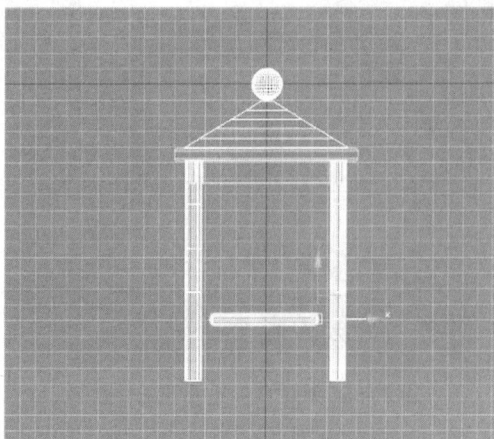

图 2.38 调整油罐体位置

(6)单击"创建"→"几何体"→"扩展基本体"→"软管"按钮。在顶视图中创建一个软管,并将其调整到顶视图,对软管的参数进行修改,将软管高度设为20,其余参数不变(见图2.39)。在下方设置长方形软管参数,宽度为3,深度为1.5,圆角为0.2,圆角分段为5(见图2.40)。

(7)切换到前视图,将其移到软管下方。切换到左视图,对其进行旋转,并调整它和油罐体之间相对的位置。选中软管,对其进行复制,复制出合适的软管,并适当调整位置(见图2.41)。由此凉亭的靠背就创建好了。

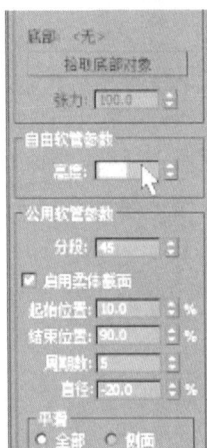

图 2.39　软管参数设置

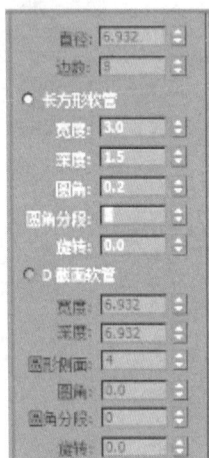

图 2.40　长方体软管参数设置

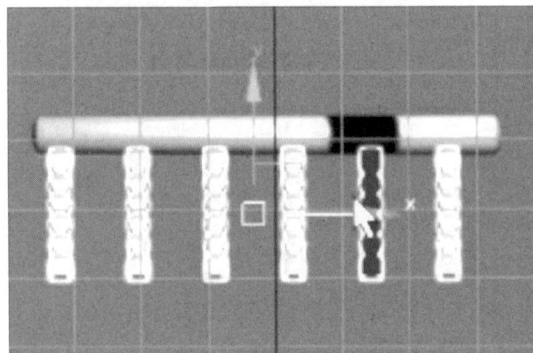

图 2.41　复制并调整位置

(8)单击"创建"→"几何体"→"扩展基本体"→"C-Ext"按钮,在顶视图中创建C形墙,再将其调整到合适位置(见图2.42)。对参数进行修改,背面长度、侧面长度和前面长度都设为100,背面宽度、侧面宽度和前面宽度都设为20,高度设为5(见图2.43)。

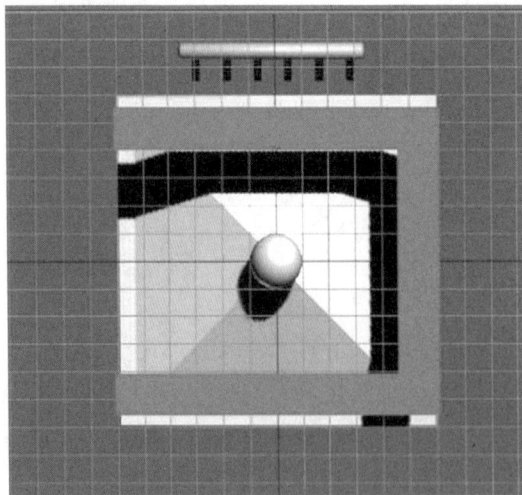

图 2.42　创建C形墙并调整位置

图 2.43　C形墙参数设置

(9)选中已建好的靠背,将其移到合适位置(见图2.44)。对靠背进行旋转复制并将其移动到合适位置,使C形墙三面都有靠背(见图2.45)。

图 2.44 调整靠背位置

图 2.45 复制并移动靠背

(10)单击"创建"→"几何体"→"扩展基本体"→"球棱住"按钮。在顶视图中创建一个球棱柱,对其参数进行设置,边数为 6,半径为 3,圆角为 0.5,高度为 15。移动球棱柱使其与地面平行(见图 2.46)。按住 Shift 键进行复制(见图 2.47)。将这些球棱柱进行组合。

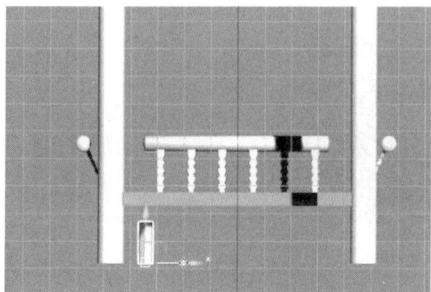

图 2.46 移动球棱柱

图 2.47 复制球棱柱

(11)对 C 形墙和靠背进行组合,并向下移动至球棱柱上。选中当前球棱柱群组,按住 Shift 键进行复制,并将其移动到适当位置(见图 2.48)。

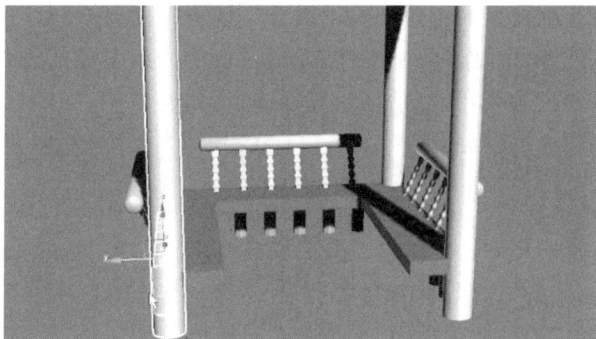

图 2.48 移动球棱柱群组

（12）单击"创建"→"几何体"→"标准基本体"→"长方体"按钮。在顶视图中绘制一个和顶部对象大小基本相同的长方体，参数设置为长120、宽120、高30。将长方体放置于凉亭下方（见图2.49）。

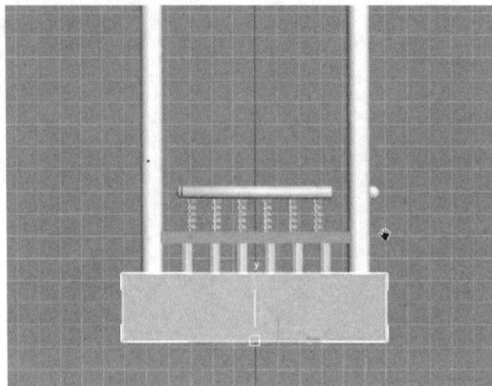

图 2.49　调整长方体位置

（13）单击"创建"→"几何体"→"楼梯"按钮，选择"直线楼梯"。在顶视图中创建一个楼梯，将楼梯移动至合适位置。对楼梯参数进行修改，选择"落地式"楼梯，调整楼梯间的"竖板高"，确定竖板高后调整总高，使它与当前的平台齐平，并对其宽度进行调整（见图2.50）。

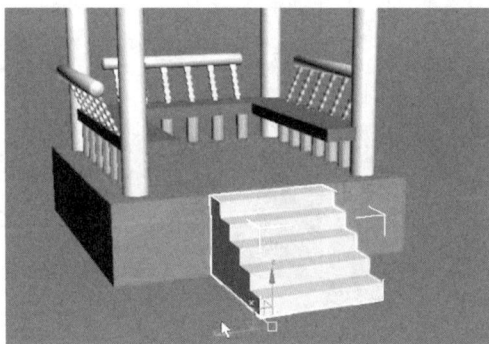

图 2.50　调整楼梯

项目小结

本项目主要围绕三维模型的创建和编辑展开。任务一主要介绍了标准基本体建模的技巧，包括创建长方体、球体、圆柱体等基本体，并通过实例介绍了如何创建地球仪模型。任务二介绍了扩展基本体建模的技巧，包括创建异面体、切角长方体、球棱柱等复杂的形体，并通过实例介绍了如何创建凉亭模型。

项目二考核

项目三

创建和编辑二维图形

引言

前面已经学习了三维基础建模方法,但当搭积木式的三维基础建模方法无法创建复杂结构的模型时,二维图形修改器建模是合适的方法。创建好三维模型的路径和截面图形,然后利用二维图形修改器或放样工具处理二维图形,即可获得所需的三维模型。本项目分为两个任务,任务一介绍创建二维图形的方法,任务二介绍如何编辑二维图形。

思政要素

随着模型创建的难度越来越高,形状结构越来越复杂,我们来需要培养精雕细琢、严谨认真的建模态度,如此才能创建出精美的模型。

项目目标

通过学习二维图形的创建和编辑,来完成模型创建。

(1)掌握二维图形的创建和参数设置,以及二维样条线编辑面板上主要参数的设置。

(2)学会通过二维图形的编辑来创建三维模型。

任务一　创建二维图形

视频 3-1
创建二维
图形

任务描述

主要学习"图形"创建面板中,"样条线"和"扩展样条线"提供的二维图形创建命令;学习创建二维图形的方法和二维图形创建时各项参数的调整方法;掌握简单二维图形建模的方法和技巧。

任务分析

创建二维模型,是通过对弧、线、矩形等二维图形进行组合编辑,制作出模型的轮廓;若需呈现三维效果,则在渲染参数中启用三维渲染功能,从而完成模型的创建。

知识准备

3ds Max 提供了 12 种常用的二维图形创建工具。

一、知识链接

1. 创建线

学习线的创建方法和参数设置，了解线上不同顶点的作用。

2. 创建矩形、多边形和星形

学习"图形"创建面板中，矩形、多边形和星形的创建方法和参数设置。

3. 创建圆、椭圆、弧和圆环

学习"图形"创建面板中，圆、椭圆、弧和圆环的创建方法和参数设置。

4. 创建文本

学习文本的创建方法和参数设置，创建文字二维图形。

5. 创建其他二维图形

学习使用图形面板样条线分类工具，创建螺旋线、截面等，利用扩展样条线分类中的工具，创建建筑相关的二维图形。

二、操作技巧

由于二维图形是由样条线构成的，纤细的样条线在创建时容易产生偏移和误差，因此在创建二维图形时往往需打开捕捉开关，通过对栅格点、栅格线等对象的捕捉，完成二维图形的绘制，减少偏移和误差。

一、二维图形的用途

在 3ds Max 中，二维图形的使用非常广泛。二维图形是矢量图形，可以由其他的绘制软件产生，如 Photoshop、Frechand、CorelDRAW、AutoCAD 等。可将所创建的矢量图形以 AI 或 DWG 格式存储后直接导入 3ds Max 中。二维图形在 3ds Max 中有以下 4 种用途。

(一)作为可渲染的图形

所有二维图形均自带可渲染的属性，通过调整造型并设置合适的可渲染属性可以产生渲染效果，用于制作铁艺饰品、护栏等。图 3.1 为设置可渲染属性后制作出的红酒架。

(二)作为平面和线条对象

对于封闭的图形，添加"编辑网格"或"编辑多边形"修改器，或将其转换为可编辑网格和可编辑多边形，可以将其转换为无厚度的薄皮对象，用于制作地面、文字和广告牌等。

(三)作为"挤出""车削""倒角"等加工成型操作的截面图形

通过"挤出"修改器可以为图形增加厚度，生成三维模型；通过"倒角"修改器可以加工生成带倒角的立体模型；通过"车削"修改器将图形进行中心旋转，可生成三维模型。图 3.2 为将文本转换为倒角文本后的效果,图 3.3 为车削的模型和车削的样条线。

(四)作为"放样"等使用的路径

在"放样"过程中,使用的曲线本质上都是图形。这些图形可以作为路径和截面图形进而完成放样造型的创建,如图 3.4 所示。

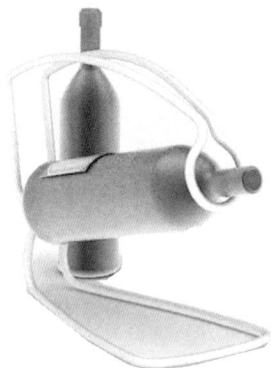

图 3.1　可渲染的图形

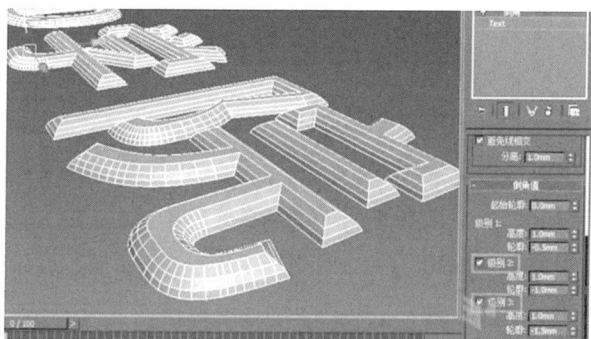

图 3.2　倒角效果

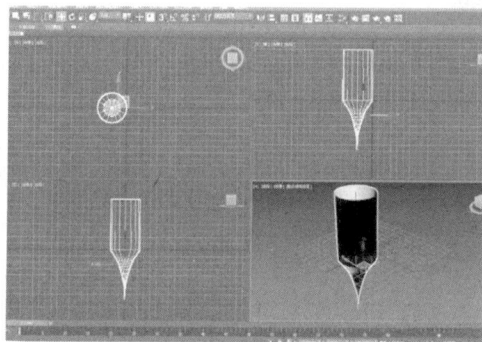

图 3.3　车削效果

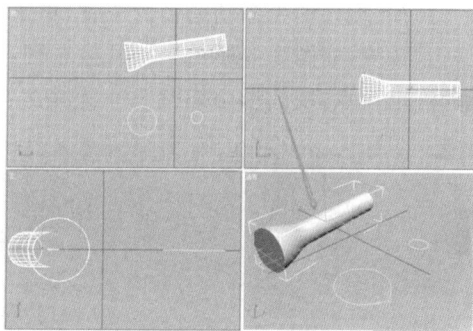

图 3.4　放样效果

二、创建二维图形

3ds Max 提供了 3 类二维图形的创建,即样条线、NURBS 曲线、扩展样条线。"样条线"(见图 3.5)是最常用的二维图形,"样条线"共有 12 种工具,如图 3.6 所示。顶端的"开始新图形"复选框默认是勾选的,表示所创建的每一条曲线都作为一个新的独立对象。如果取消勾选,那么创建的多条曲线将作为一个对象。

(一)创建线

线的创建是创建其他二维图形的基础。"线"的参数与"可编辑样条线"相同,其他的二维图形基本上是使用"可编辑样条线"命令或"编辑样条线"修改器来编辑的。

利用"线"工具可以创建出任何形状的图形,包括开放的、封闭的样条线等。创建完成后还可以通过调整顶点、线段和样条线来编辑图形的形态。

图 3.5　样条线对象类型

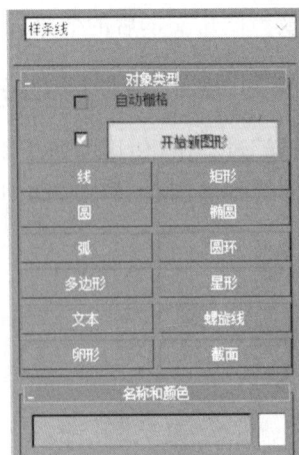

图 3.6　样条线

1. 线的创建方法

(1)单击"创建"→"图形"→"线"按钮。

(2)在顶视图中单击鼠标左键,确定线的起始点,移动光标到适当的位置,并单击鼠标左键,创建第二个顶点,生成一条直线,如图 3.7 所示。

(3)继续移动光标到适当的位置,单击鼠标左键确定顶点,并按住鼠标左键拖动光标,生成一条弧线,如图 3.8 所示。松开标左键,再移动到适当的位置,可以制作出曲线,单击鼠标左键确定顶点,线的形态如图 3.9 所示。

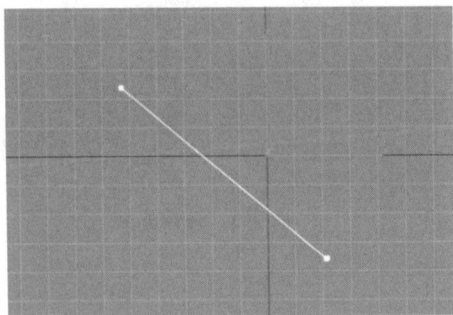

图 3.7　生成直线

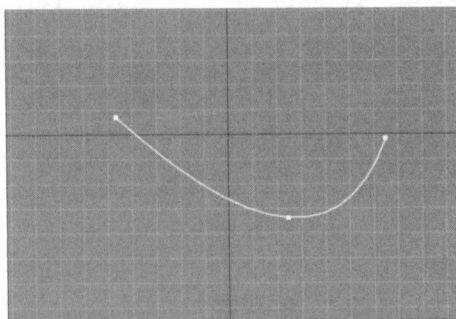

图 3.8　生成弧线

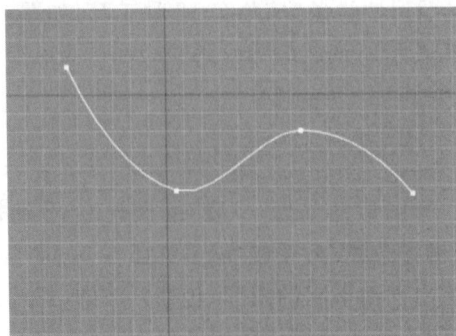

图 3.9　生成曲线

（4）继续移动光标到适当的位置并单击确定顶点，可生成新的直线，如图 3.10 所示。

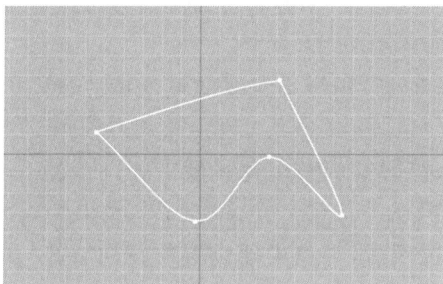

图 3.10　生成新的直线

（5）如果需要创建封闭线，则将光标移动到线的起始点上单击鼠标左键，系统弹出"样条线"对话框，如图 3.11 所示，询问用户是否闭合正在创建的线。单击"是"按钮即可闭合创建的线（见图 3.12）；单击"否"按钮，则可以继续创建线。

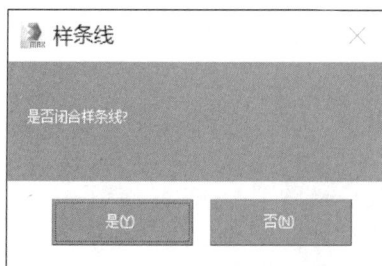

图 3.11　是否闭合样条线

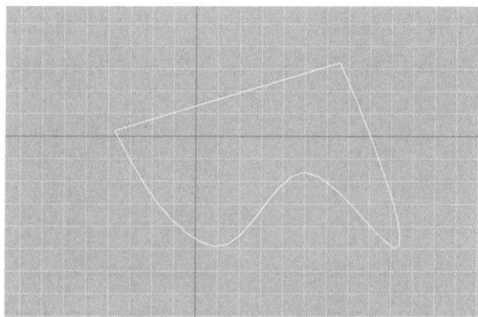

图 3.12　闭合样条线

（6）如果需要创建开放的线，则单击鼠标右键，结束线的创建，如图 3.13 所示。

（7）在创建线时，如果同时按住 Shift 键，则可以创建出与坐标轴平行的直线，如图 3.14 所示。

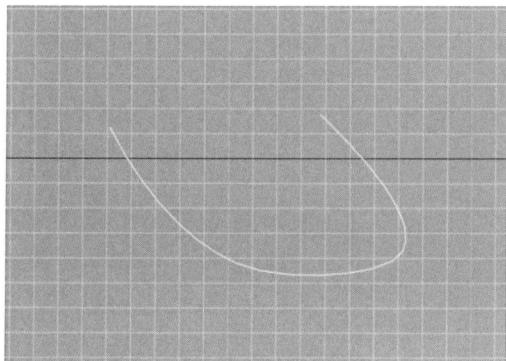

图 3.13　开放的线

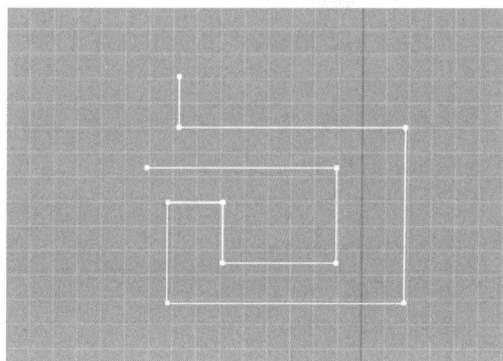

图 3.14　与坐标轴平行的直线

2.线的创建参数面板

单击"创建"→"图形"→"线"按钮,在命令面板下方会显示"线"的创建参数面板。

(1)"渲染"卷展栏(见图3.15)用于设置线的渲染特性,可以选择是否对线进行渲染。

在渲染中启用:启用该选项后,为渲染器设置的径向或矩形参数会将图形渲染为3D网格。

在视口中启用:启用该选项后,为渲染器设置的径向或矩形参数会将图形作为3D网格显示在视口中。

厚度:用于设置视口或渲染中线的直径大小。

边:用于设置视口或渲染中线的圆润程度。

角度:用于调整视口或渲染中线的横截面旋转的角度。

矩形:当渲染类型改为矩形后,样条线的网格截面改为矩形。

(2)"插值"卷展栏(见图3.16)用于控制线的光滑程度。

步数:设置程序在每个顶点之间使用的分段的数量。

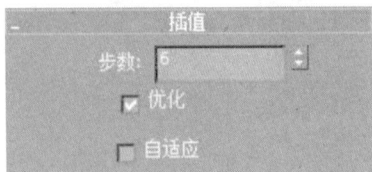

图3.15 "渲染"卷展栏

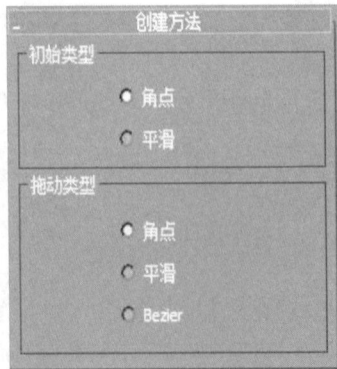

图3.16 "插值"卷展栏

优化:启用后,可以从样条线的直线线段中删除不需要的步数。

自适应:系统自动根据线的形状调整分段数。

(3)"创建方法"卷展栏(见图3.17)用于确定所创建的线的顶点类型。

①"初始类型"选项组:用于设置单击鼠标左键建立线时所创建的端点类型。

角点:表示折线、端点之间用直线连接(系统默认设置)。

平滑:表示线、端点之间用线连接。线的曲率由端点之间的距离决定。

②"拖动类型"选项组:用于设置按压并拖动光标建立线时所创建的曲线类型。

角点:所建立的线的端点之间为直线。

平滑:所建立的线在端点处将产生圆滑的线。

Bezier:所建立的线在端点处产生光滑的线。两端点之间,线的曲率及方向可通过在端点处拖动光标进行控制(系统默认设置)。

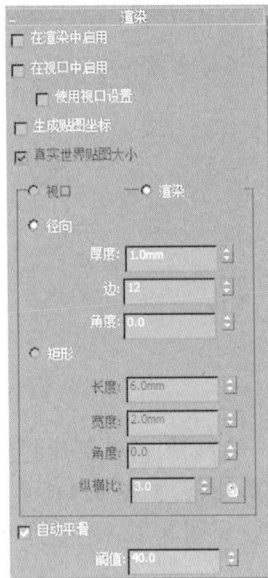

图3.17 "创建方法"卷展栏

在创建线时,线的创建方式应该确定好,线创建完成后无法通过"创建方法"卷展栏调整线的类型。

3.线的修改

对线创建完成后,总要对它进行一定程度的修改,以达到令人满意的效果,这就需要对顶点进行调整。

1)通过使用移动工具调整顶点位置来修改线

(1)单击"创建"→"图形"→"线"按钮,在前视图中创建如图3.18所示的样条线。

(2)切换到"修改"命令面板,单击"Line"前面的"+"号,打开子层级选项,如图3.19所示。

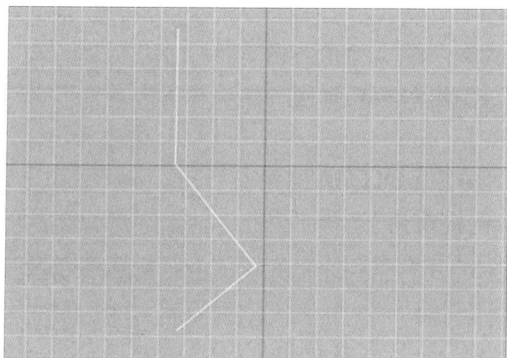

图 3.18 创建样条线

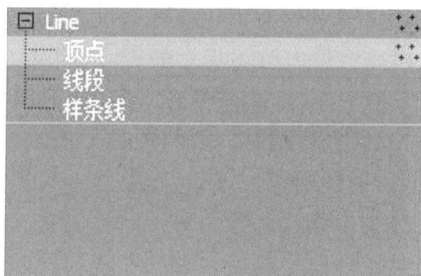

图 3.19 线子层级选项

将选择集定义为"顶点"时,可以对顶点进行修改操作;将选择集定义为"线段"时,可以对线段进行修改操作;将选择集定义为"样条线"时,可以对样条线进行修改操作。

(3)单击"顶点"选项,将选择集定义为"顶点",此时该选项变为黄色,表示被开启。同时,视图中的线或图形会显示顶点,如图3.20所示。

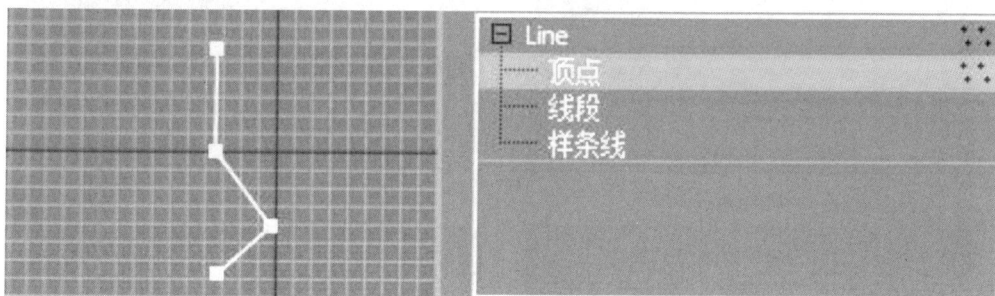

图 3.20 显示顶点

(4)单击鼠标左键选定顶点,使用"选择并移动"工具选择右侧顶点,处于被选中状态的顶点在视图中变为红色,将选中的顶点沿 X 轴向右移动,调整顶点的位置,线的形体即发生改变,如图3.21所示。还可以框选多个需要的顶点,松开鼠标左键,再使用"选择并移动"工具进行调整,如图3.22所示。

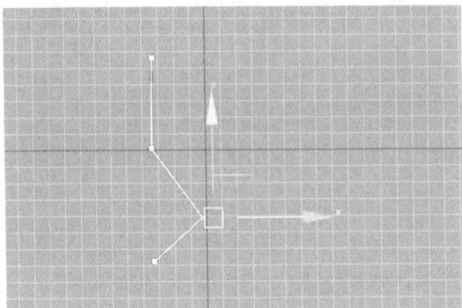

图 3.21　移动顶点的位置

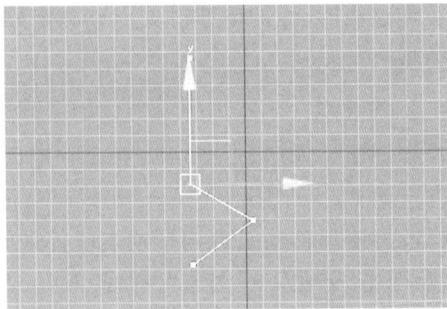

图 3.22　框选多个顶点调整位置

2）通过调整顶点的类型来修改线

（1）选择需要修改的顶点，在弹出的四元菜单中有 4 种顶点的类型：Bezier、Bezier 角点、角点和平滑。从中选择顶点类型，即可将当前顶点转换为所选顶点类型，如图 3.23 所示。

（2）图 3.24 是四种顶点类型，前两种类型的顶点可以通过绿色的控制手进行调整，后两种类型的顶点可以直接使用"选择并移动"工具进行调整。

3）线的修改参数

"线"创建完成后，"修改"命令面板会显示"线"的修改参数。"线"的修改参数分为 6 个卷展栏：渲染、插值、选择、软选择、几何体、曲面属性。当子层级为"顶点"时，没有"曲面属性"卷展栏。下面介绍常用的"选择"卷展栏和"几何体"卷展栏中各选项功能。

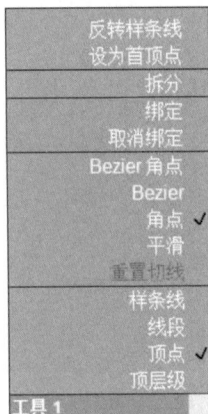

图 3.23　选择顶点类型

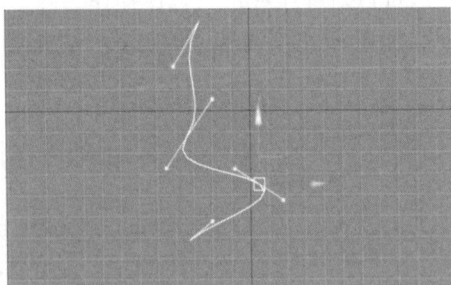

(a)Bezier角点

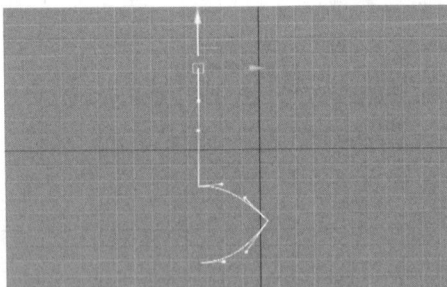

(b)Bezier

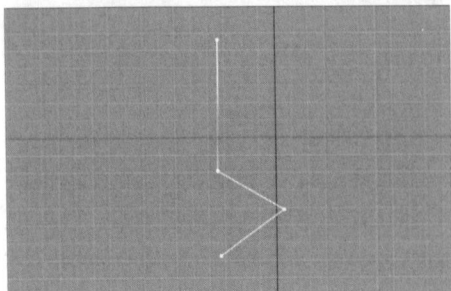

(c)角点

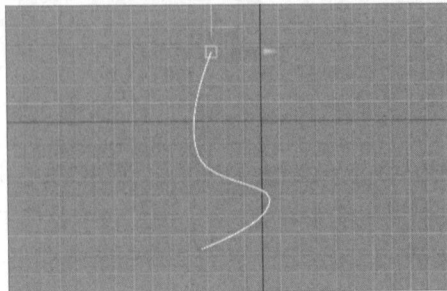

(d)平滑

图 3.24　四种顶点类型

（1）"选择"卷展栏（见图 3.25）用于控制顶点、线段和样条线 3 个子对象级别的选择操作，通过使用"锁定控制柄"，可显示设置及所选顶点的信息。

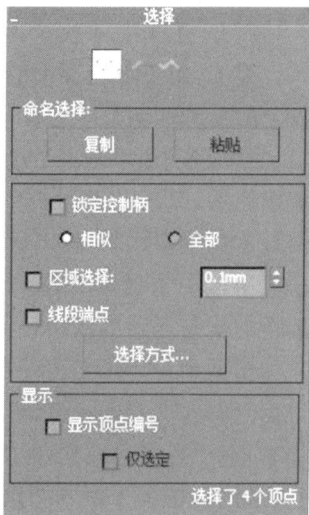

⬩ 顶点：是样条线次对象的最低层级，因此修改顶点是编辑样条线对象的最灵活的方法。

╱ 线段：是中间级别的样条次对象，对它的修改比较少。

╱ 样条线：是对象选择集最高的级别，对它的修改比较多。

以上 3 个选项下的子层级的按钮与修改命令堆的选项是相对应的，在使用上有相同的效果。

任何带有子层级的对象或修改器，其子层级对应的快捷键均为 1 至 5 键，即使在非"修改"面板中按下快捷键，系统也会在切换到"修改"面板的同时选择相应的子层级。

图 3.25 "选择"卷展栏

（2）"几何体"卷展栏（见图 3.26）提供了关于样条线大量的几何参数，在建模中对线的修改主要是对该面板的参数进行修改。

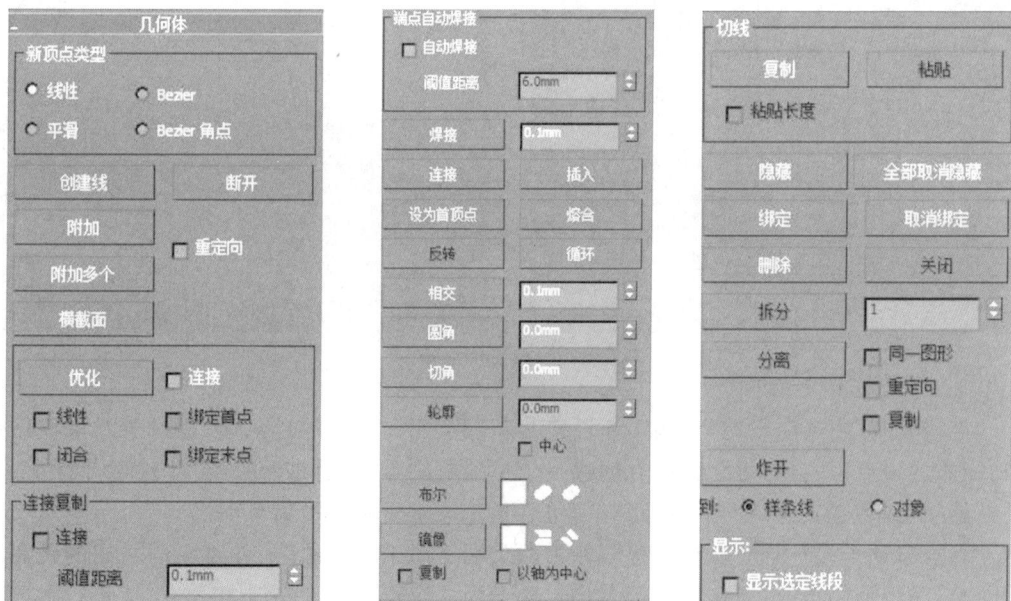

图 3.26 "几何体"卷展栏

"新顶点类型"选项组：可用于确定在按住 Shift 键同时克隆线段或创建样条线时，新顶点的切线类型。通过该选项组中的单选按钮，用户能够灵活选择所需的切线设定。

①线性：表示新顶点将具有线性切线。

②平滑：表示新顶点将具有平滑切线。将自动焊接新顶点。

③Bezier：表示新顶点将具有 Bezier 切线。

④Bezier 角点：表示新顶点将具有 Bezier 角点切线。

创建线：用于创建一条线并把它加入当前线，使新创建的线与当前线成为一个整体。

断开：用于断开顶点和线段。

附加：用于将场景中的二维图形与当前线结合，使它们成为一个整体。场景中存在两个以上的二维选图形时才能使用附加功能。

附加多个：原理与"附加"相同，区别在于单击该按钮后，系统将弹出"附加多个"对话框，对话中会显示场景中线的名称，如图 3.27 所示。用户可以在对话框中选择多条线，然后单击"附加"按钮，将选择的线与当前的线结合为一个整体。

横截面：可创建图形之间横截面的外形框架。单击"横截面"按钮，选择一个形状，再选择另一个形状，就可以创建连接两个形状的样条线。

优化：用于在不改变线的形态的前提下在线上插入顶点。单击"优化"按钮，并在线上单击鼠标左键，则线将被插入新的顶点，如图 3.28 所示。单击鼠标右键，在弹出的四元菜单中的"细化"命令的功能与该"优化"命令相同。

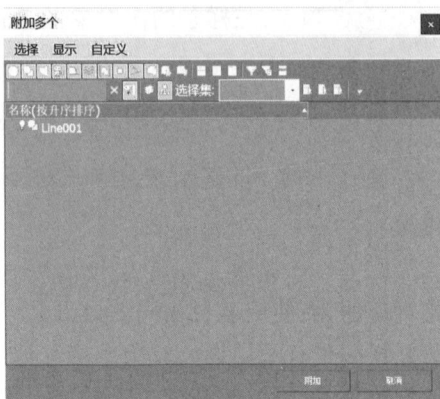

图 3.27 "附加多个"对话框

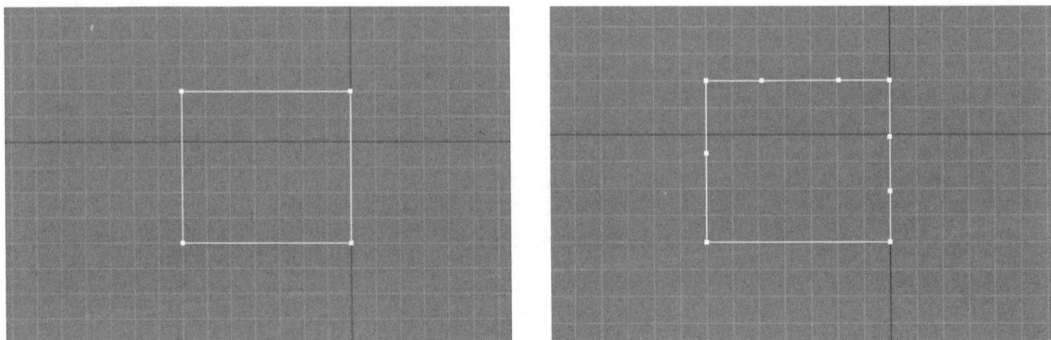

图 3.28 插入新的顶点

"连接复制"中选项组的"连接"：通过连接新顶点建一条新的样条线，在对子对象使用优化功能添加顶点后，会为每个新顶点创建一个单独的副本，然后将所有副本与样条线相连。

"连接复制"选项组中的"阈值距离"：用于指定连接复制的距离范围。

"端点自动焊接"中的"自动焊接"：如果两个端点属于同一曲线，并且它们之间的距离小于所设定的阈值距离时，则这两个端点将自动合为一个点。

焊接：将同一样条线的两个端点或两个相邻点焊接为一个点。使用该工具时，先移动两个端点或两个相邻点使它们接近，然后同时选择这两点，单击"焊接"按钮后，点会被焊接在一起；如果这两个点没有被焊接到一起，则可以增大焊接值重新焊接。

连接：连接两个端点或顶点以生成一个线性线段。

插入：在选定点处单击鼠标左键，会引出新的点。不断单击鼠标左键可以不断加入新点，单击鼠标右键可停止插入。

设为首顶点：将所选顶点设为样条线起始顶点。在进行放样、扫描、倒角操作时，顶点能确定截面图形之间的相对位置。

　　熔合：移动选定点到它们的平均中心。"熔合"会选择点并将它们放在同一位置，不会连接点。一般与"焊接"结合使用，先"熔合"后"焊接"。

　　反转：可以反转所选择的样条线。如果样条线是非封闭的，则第一个顶点会切换为该样条线的另一端点位置。

　　循环：用于点的选择。在视图中选择一组重叠在一起的顶点后，单击此按钮，可以选择逐个顶点进行切换，直到选择至需要的点为止。

　　相交：按下此按钮后，在两条相交的样条线交叉处单击，将在这两条样条线上分别增加一个顶点。但这两条样条线必须属于同一曲线对象。

　　圆角：用于在选择的顶点处创建圆角。先选定需要修改的顶点，然后单击"圆角"按钮，将光标移到所选的顶点上，按住鼠标左键不放拖动光标，顶点会形成圆角，此时原本被选定的一个顶点会变为两个，如图 3.29 所示。

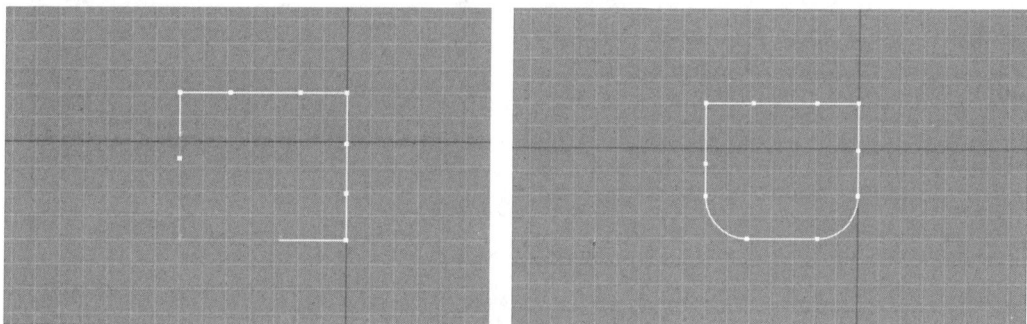

图 3.29　圆角效果

　　切角：功能和操作方法与"圆角"类似，如图 3.30 所示。

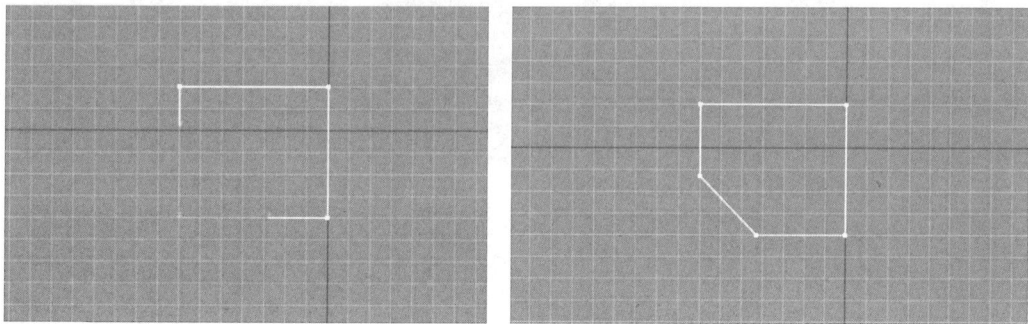

图 3.30　切角效果

　　轮廓：用于给所选的线设置轮廓，用法和"圆角"类似，如图 3.31 所示。使用"轮廓"功能，不仅可以向内或向外生成轮廓，勾选"中心"选项后还可以使线条整体同时向内外两侧生成轮廓。

　　布尔：提供并集、差集、交集三种运算方式。图 3.32 依次为原始图形、并集图形、差集图形、交集图形。

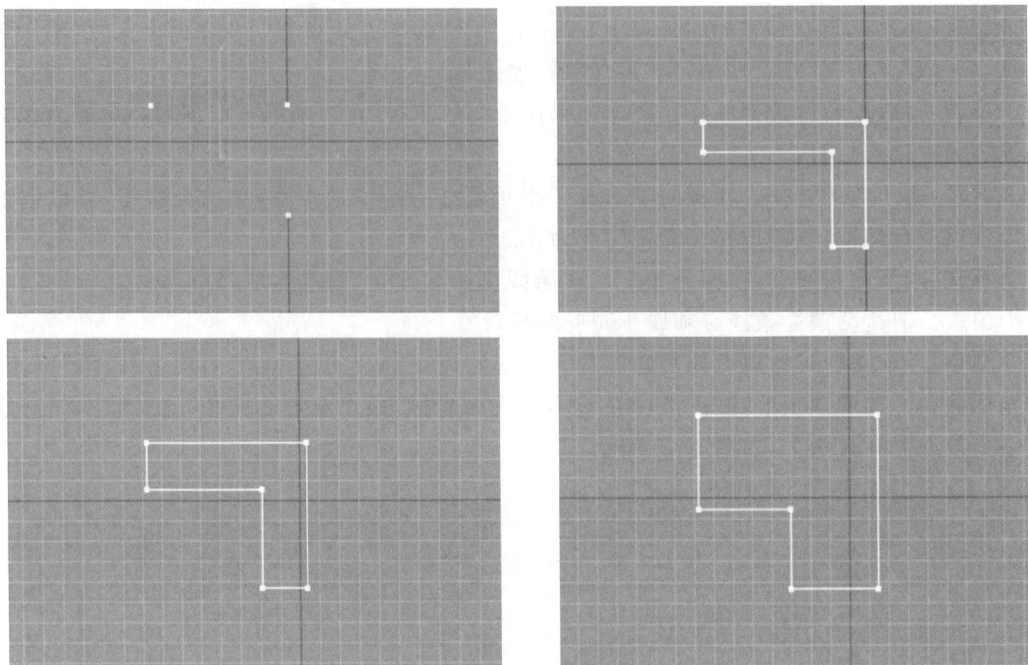

图 3.31　轮廓效果

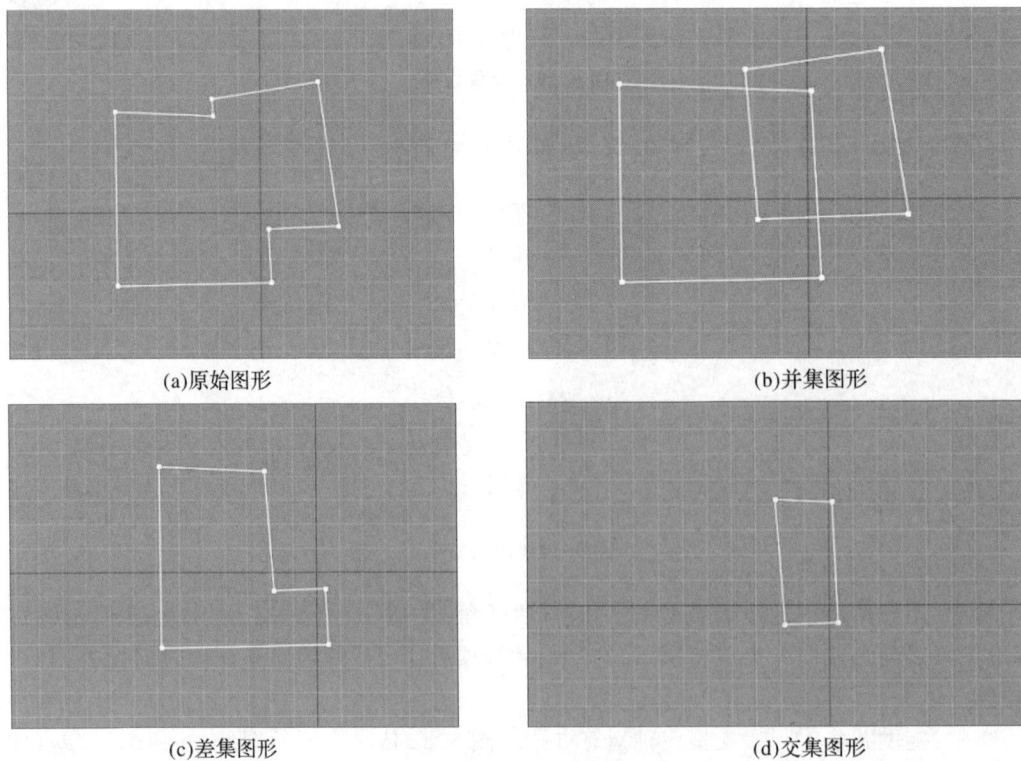

(a)原始图形

(b)并集图形

(c)差集图形

(d)交集图形

图 3.32　布尔效果

　并集:将两个重叠样条线组合成一条样条线。其中,重叠的部分被除去,不重叠的部分构成一条样条线。

　差集:从第一条样条线中减去与第二条样条线重叠的部分,并删除第二条样条线中剩余的部分。

　交集:仅保留两条样条线的重叠部分,删除两者不重叠的部分。

镜像:可以对曲线进行水平镜像 　、垂直镜像 　、对角镜像 　操作。

(二)创建矩形、多边形和星形

1.矩形

"矩形"工具用于创建矩形和正方形。

"矩形"的创建比较简单,操作步骤如下:

(1)单击"创建"→"图形"→"矩形"按钮,或按住 Ctrl 键单击鼠标右键,在弹出的四元菜单中选择"矩形"命令。

(2)将光标移到视图中,单击并按住鼠标左键不放,拖动光标,视图中出现一个矩形。移动光标调整矩形大小,在适当的位置松开鼠标左键,矩形即创建完成,如图 3.33 所示。拖动鼠标时按住 Ctrl 键,可以创建出正方形。

矩形的"参数"卷展栏如图 3.34 所示。

长度:用于设置矩形的长度。

宽度:用于设置矩形的宽度。

角半径:用于设置矩形的四角是直角还是有弧度的圆角,若值为 0,则矩形的 4 个角为直角。

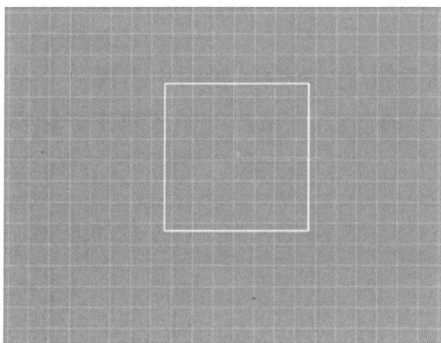

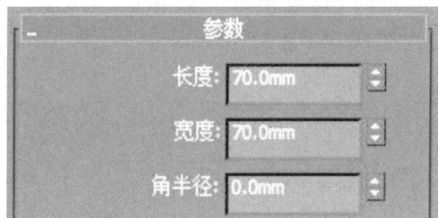

图 3.33　创建矩形　　　　　　图 3.34　矩形"参数"卷展栏

2.多边形

"多边形"工具用于创建任意边数的正多边形,也可以创建圆角多边形。

多边形创建的操作步骤如下:

(1)单击"创建"→"图形"→"多边形"按钮。

（2）将光标移到视图中，单击并按住鼠标左键不放，拖动光标，视图中出现一个多边形。移动光标调整多边形的大小，在适当的位置松开鼠标左键，多边形即创建完成，如图3.35所示。

多边形的"参数"卷展栏如图3.36所示。

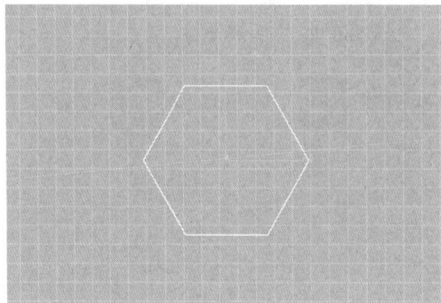

图3.35　创建多边形

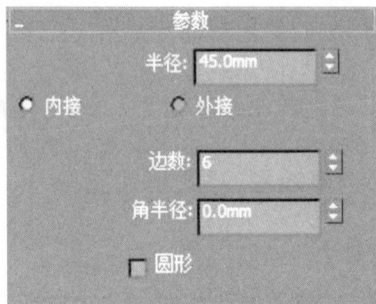

图3.36　多边形"参数"卷展栏

半径：指正多边形的外接圆半径（即从正多边形中心到任意顶点的距离），通过设置该参数可精准调整正多边形的整体大小与视觉比例。

内接：使输入的半径为多边形的中心到其边界的距离。

外接：使输入的半径为多边形的中心到其顶点的距离。

边数：用于设置正多边形的边数，其范围是3～100。

角半径：用于设置多边形在顶点处的圆角半径。

圆形：勾选该复选框，可将正多边形设置为圆形。

3. 星形

"星形"工具用于创建多角星形，也可以创建齿轮图案。

创建星形的操作步骤如下：

（1）单击"创建"→"图形"→"星形"按钮。

（2）将光标移到视图中，单击并按住鼠标左键不放，拖动光标，视图中出现一个星形，如图3.37所示。松开鼠标左键并移动光标，调整星形的形态，在适当的位置单击鼠标左键，星形即创建完成，如图3.38所示。

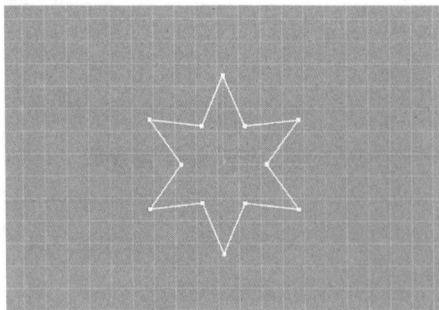

图3.37　创建星形

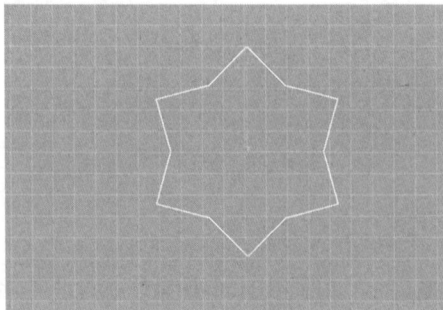

图3.38　调整星形

星形的"参数"卷展栏如图 3.39 所示。

半径 1：用于设置星形的内顶点所在圆的半径大小。

半径 2：用于设置星形的外顶点所在圆的半径大小。

点：用于设置星形的顶点数。

扭曲：用于设置扭曲值，使星形的齿产生扭曲。

圆角半径 1：用于设置星形内顶点处的圆滑角的
半径。

圆角半径 2：用于设置星形外顶点处的圆滑角的
半径。

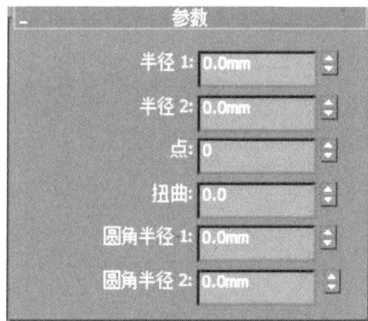

图 3.39　星形"参数"卷展栏

（三）创建圆、椭圆、弧和圆环

1.圆

"圆"工具用于创建圆形。圆的创建方法分"中心"和"边"两种，默认为"中心"。其中，使用"边"的创建方法时需配合使用捕捉开关 　　 。

圆的"中心"创建方法的操作步骤如下：

(1)单击"创建"→"图形"→"圆"按钮。

(2)将光标移到视图中，单击并按住鼠标左键不放，拖动光标，视图中出现一个圆。移动光标调整圆的大小，在适当的位置松开鼠标左键，圆即创建完成，如图 3.40 所示。

圆的"参数"卷展栏只有"半径"，如图 3.41 所示。

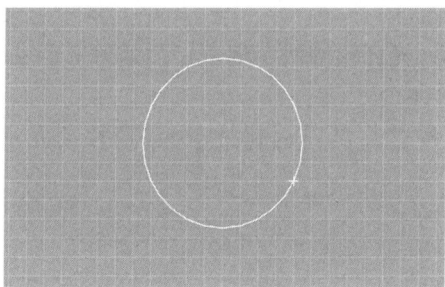

图 3.40　创建圆

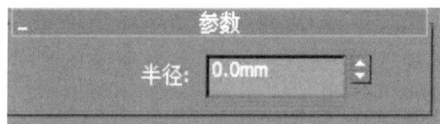

图 3.41　圆的"参数"卷展栏

2.椭圆

使用"椭圆"工具可以创建椭圆和圆形。

创建椭圆的操作步骤如下：

(1)单击"创建"→"图形"→"椭圆"按钮。

(2)将光标移到视图中，单击并按住鼠标左键不放，拖动光标，视图中出现一个椭圆。左右移动光标可调整椭圆的长度、宽度，在适当的位置松开鼠标左键，椭圆即创建完成，如图 3.42所示。

椭圆的"参数"卷展栏如图 3.43 所示。

长度：用于设置椭圆长度方向的最大值。

宽度：用于设置椭圆宽度方向的最大值。

轮廓:勾选该选项后,"厚度"值才可以使用,设置厚度相当于为"线"的"样条线"选择集设置"轮廓"。

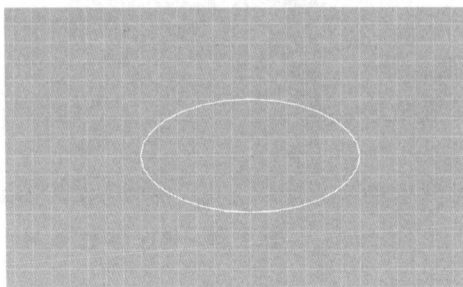

图 3.42　创建椭圆

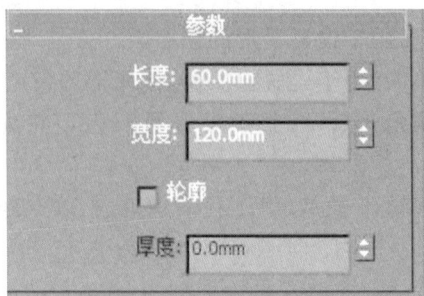

图 3.43　椭圆"参数"卷展栏

3. 弧

"弧"工具可用于创建弧和扇形。弧有两种创建方法:一种是"端点-端点-中央"创建方法(系统默认),另一种是"中间-端点-端点"创建方法,如图 3.44 所示。

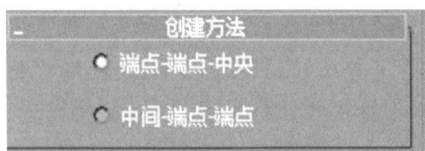

图 3.44　弧的创建方法

"端点-端点-中央"创建方法:先画出一条直线,将直线的两个端点作为弧的两个端点,然后移动光标确定弧的半径。

"中间-端点-端点"创建方法:先画出一条直线并将其作为弧的半径,再移动光标确定弧长。

弧的"端点-端点-中央"创建方法的操作步骤如下:

(1)单击"创建"→"图形"→"弧"按钮。

(2)将光标移到视图中,按住鼠标左键不放,拖动光标,视图中出现一条直线,如图 3.45 所示。松开鼠标左键并移动光标,调整弧的大小,如图 3.46 所示。在适当的位置单击鼠标左键,弧创建完成,如图 3.47 所示。

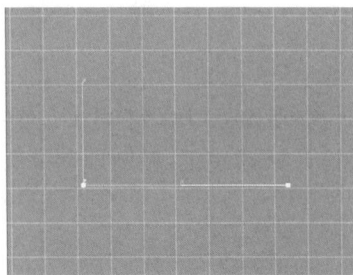

图 3.45　创建直线

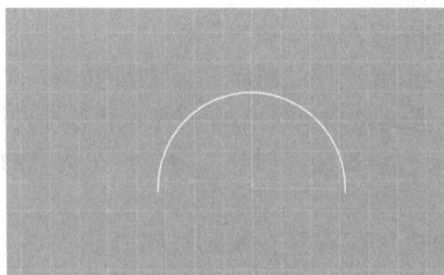

图 3.46　调整弧的大小

弧的"参数"卷展栏如图 3.48 所示。

半径:用于设置弧的半径大小。

从:用于设置所建立的弧在其所在圆上的起始点角度。

到:用于设置所建立的弧在其所在圆上的结束点角度。

饼形切片:勾选该复选框,则把中心和弧的两个端点连接起来构成封闭的图形。图 3.49 就是勾选该选项后的效果。

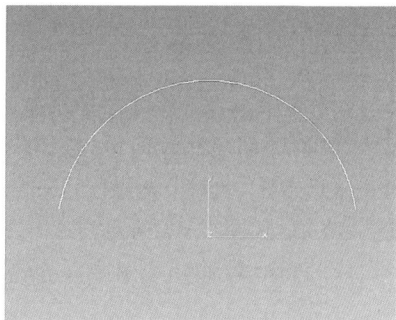

图 3.47　弧创建完成

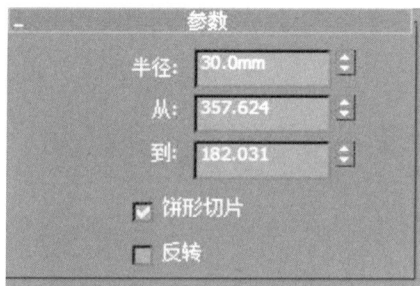

图 3.48　弧"参数"卷展栏

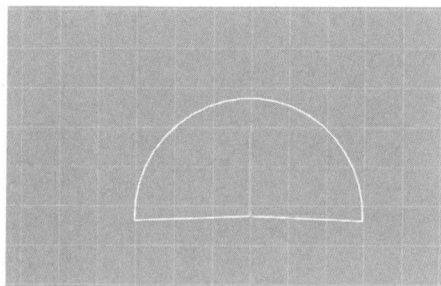

图 3.49　"饼形切片"效果

4. 圆环

"圆环"工具用于制作由两个同心圆构成的圆环。

创建圆环的操作步骤如下:

(1)单击"创建"→"图形"→"圆环"按钮。

(2)将光标移到视图中,按住标左键不放,拖动光标,生成一个圆形,如图 3.50 所示。松开鼠标左键并移动光标,生成另一个圆;在适当的位置单击鼠标左键,圆环即创建完成,如图 3.51 所示。

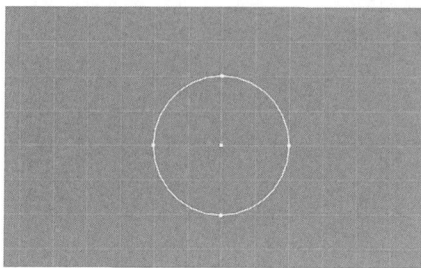

图 3.50　创建圆形

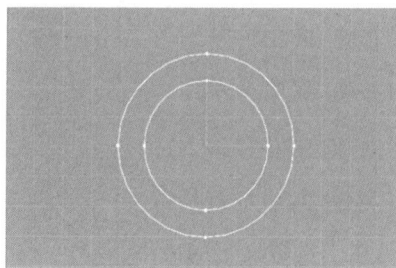

图 3.51　圆环创建完成

圆环的"参数"卷展栏如图 3.52 所示。

半径 1:用于设置第一个圆形的半径大小。

半径 2:用于设置第二个圆形的半径大小。

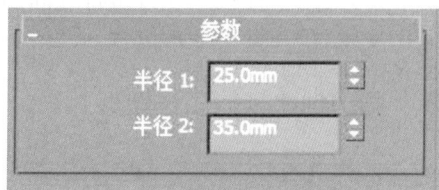

图 3.52　圆环"参数"卷展栏

(四)创建文本

利用"文本"工具可在场景中直接创建二维文字图形或三维文字图形。

文本的创建比较简单,操作步骤如下:

(1)单击"创建"→"图形"→"文本"按钮,在参数面板中设置相关参数,在文本输入区中输入文本,如图3.53所示。

(2)将光标移到视图中并单击鼠标左键,文本创建完成,如图3.54所示。

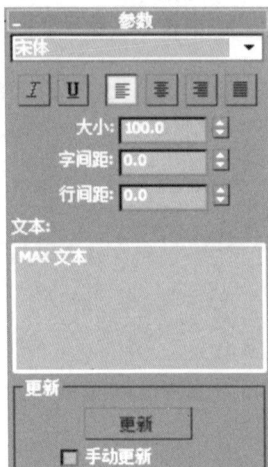

图3.53 输入文本

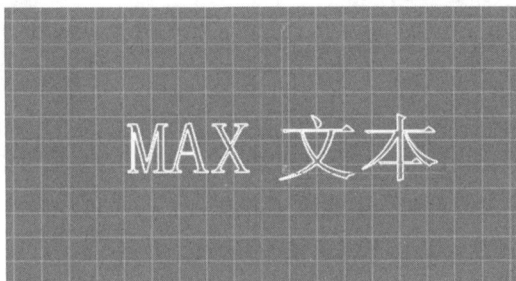

图3.54 文本创建完成

文本的"参数"卷展栏介绍如下:

字体下拉列表框:用于选择文本的字体。

I 按钮:用于设置斜体字体。

U 按钮:用于设置下划线。

按钮:向左对齐。

按钮:居中对齐。

按钮:向右对齐。

按钮:两端对齐。

大小:用于设置文字的大小。

字间距:用于设置文字之间的距离。

行距:用于设置文字行与行之间的距离。

文本:用于输入文本内容。

(五)创建其他二维图形

1.螺旋线

"螺旋线"工具用于创建各种形态的弧、3D螺旋线等。

螺旋线创建的操作步骤如下:

(1)单击图形创建面板中的"螺旋线"按钮。

(2)在任意视图中按住左键不放,拖动光标,生成螺旋线底面,释放鼠标后单击"确定";上下移动鼠标使螺旋线有一定高度,单击"确定";再次移动鼠标,生成螺旋线的顶面,在参数面板中调整参数设置,调节螺旋线的形状。

螺旋线的"参数"卷展栏介绍如下:

半径1、半径2:用于设置螺旋线两个端面半径的大小。

高度:用于设置螺旋线的高度。

质数:用于设置螺旋线在起始环与结束环之间旋转的圈数。

偏移:用于设置螺旋线在高度方向上的偏向程度。

顺时针、逆时针:用于设置螺旋线的旋转方向。

2.截面

"截面"工具可用于截取三维模型,从而获得二维图形。利用该工具可创建一个平面,可以对平面进行移动、旋转和缩放等操作。

当"截面"穿过一个三维图形时,会显示截取的剖面。单击"创建图形"按钮后就可以将这个截面制作成一个新的样条线。

课堂实例 **创建窗框模型**

(1)打开3D捕捉开关,单击鼠标右键,打开"栅格和捕捉设置"面板,勾选"栅格点",如图3.55所示。

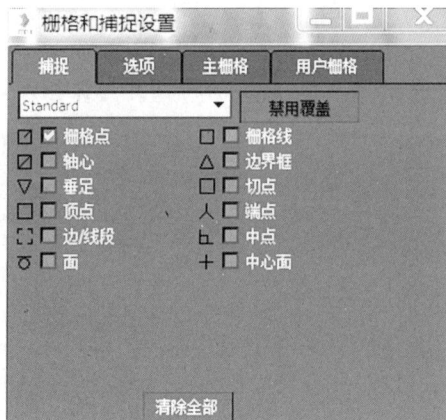

图3.55 勾选"栅格点"

(2)单击图形设置面板中的"弧",在前视图中绘制一个圆弧,如图3.56所示。

(3)单击鼠标右键,打开移动面板,将参数都调整为0,如图3.57所示。

(4)调整圆弧的参数。将半径设置为50,"从"设置为0,"到"设置为180,并勾选"饼形切片",如图3.58所示。

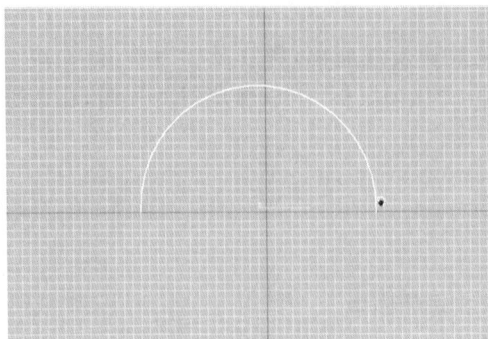

图 3.56 绘制圆弧

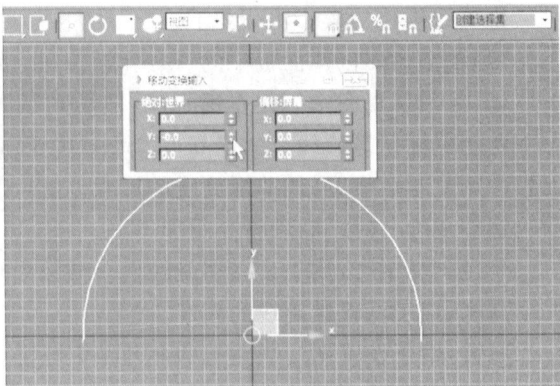

图 3.57 移动参数设置

(5)勾选"在渲染中启用"和"在视口中启用"两个选项,如图 3.59 所示。并将圆弧的三维立体效果切换为矩形,将长度和宽度均设置为 6,如图 3.60 所示。

图 3.58 调整圆弧参数

图 3.59 渲染设置

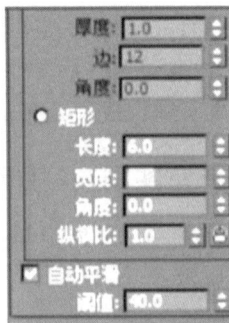

图 3.60 窗外框矩形设置

(6)选择"线"工具,在前视图中绘制一条线,将其并与弧相连,如图 3.61 所示。

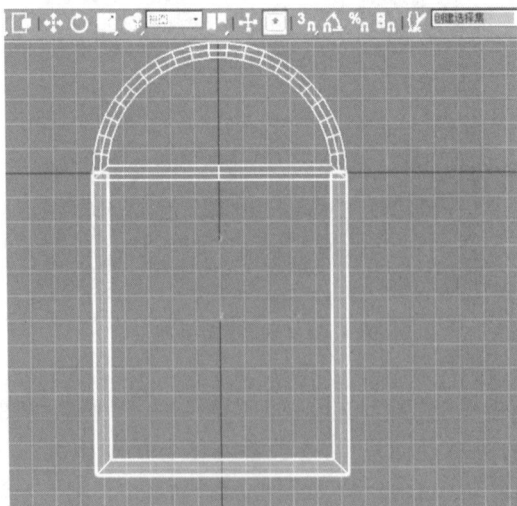

图 3.61 将线与弧相连

(7)关闭 3D 捕捉开关。选择"矩形"工具,在视口中绘制一个矩形,并将其三维立体效果的长度设为 3,宽度设为 6。同时设置矩形的参数,长度设为 95,宽度设为 40,如图 3.62 所示。

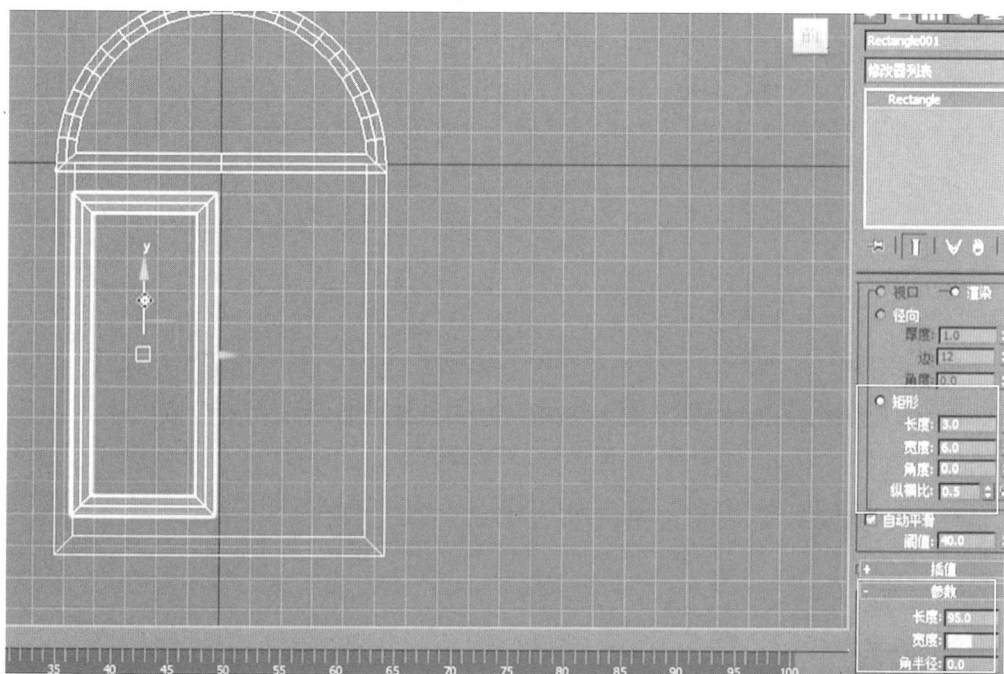

图 3.62 窗内框矩形设置

(8)将矩形窗框移动到合适位置,并按住 Shift 键向右移动复制一个窗框,如图 3.63 所示。选择外侧窗框和"顶点"子层级,可将外部窗框调整到合适大小。

(9)再次打开 3D 捕捉开关,选择"弧",在窗框中绘制一个小的圆弧,将其半径设为 20,"从"设为 0,"到"设为 180,并取消"饼形切片",如图 3.64 所示。将其三维立体效果的长度、宽度均设为 3,如图 3.65 所示。

(10)取消顶点捕捉,选择"线"工具,在窗框上绘制一条线段。将三维立体效果的长度、宽度均设为 3,如图 3.66 所示。

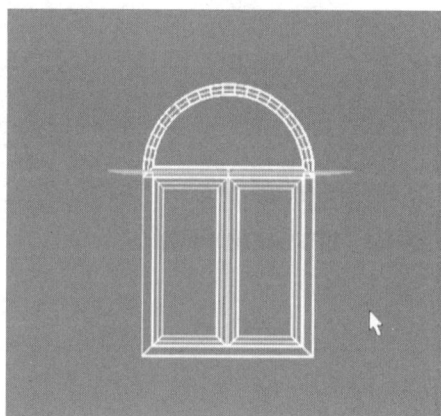

图 3.63 复制窗框

(12)关闭 3D 捕捉开关。选择"旋转"工具,将"视图"更改为"拾取",如图 3.67 所示。拾取大圆弧的中心,然后将"使用轴点中心"更改为"使用变换坐标中心",如图 3.68 所示。

(13)打开角度捕捉开关,单击鼠标右键,打开"栅格和捕捉设置"面板,将角度设为 20,如图 3.69 所示。

(14)按住 Shift 键进行旋转复制,并将数量设置为 9,如图 3.70 所示。

(15)将多余的线删除,至此窗框模型就创建完成了,如图 3.71 所示。

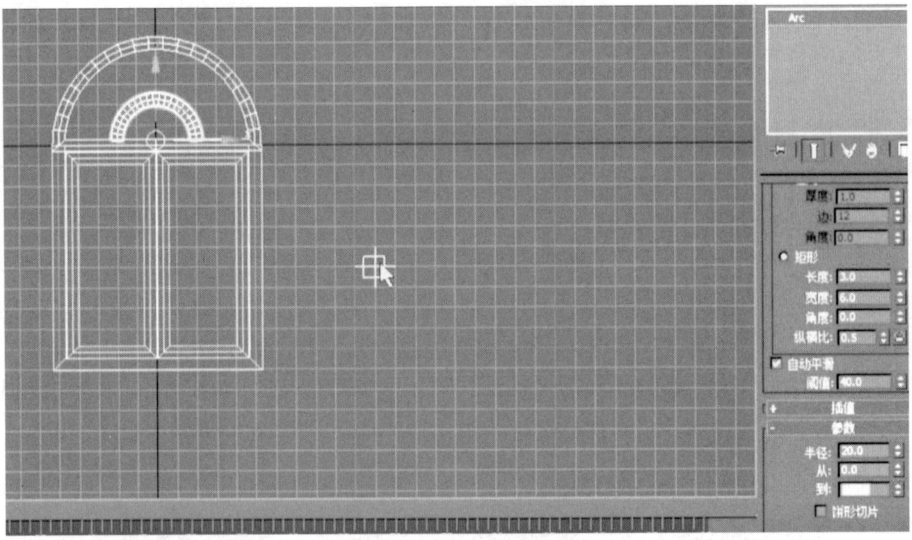

图 3.64　弧参数设置

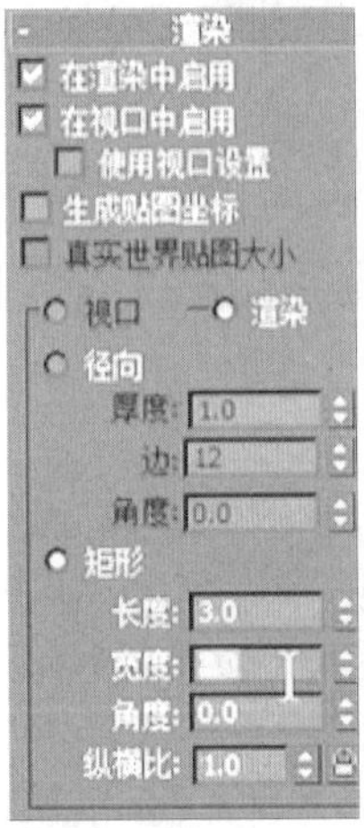

图 3.65　拱形窗框矩形参数

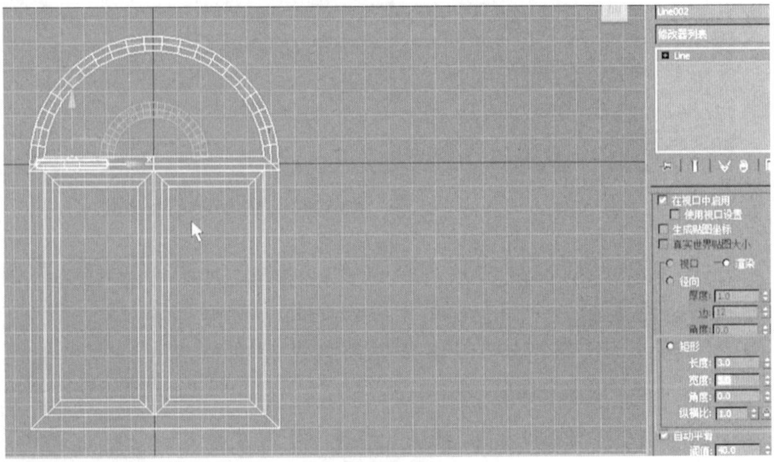

图 3.66　拱形窗框支柱矩形参数

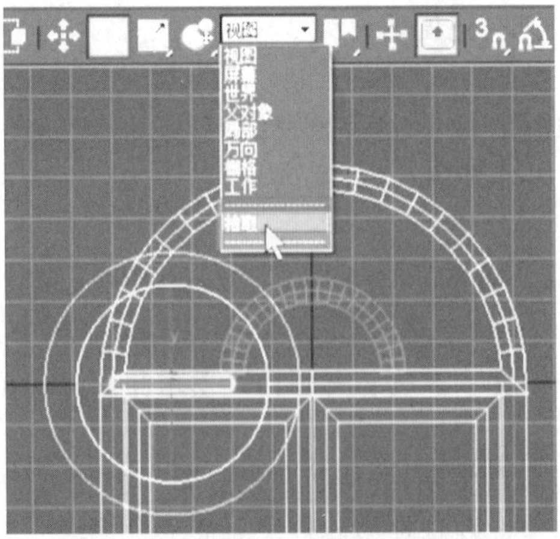

图 3.67　拾取

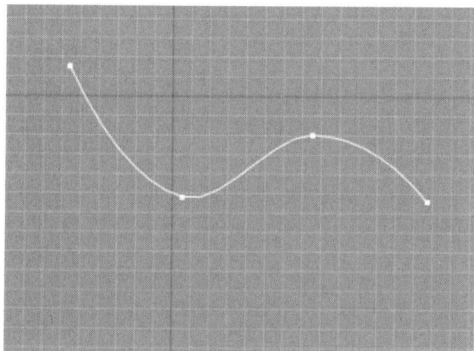

图 3.68　使用变换坐标中心

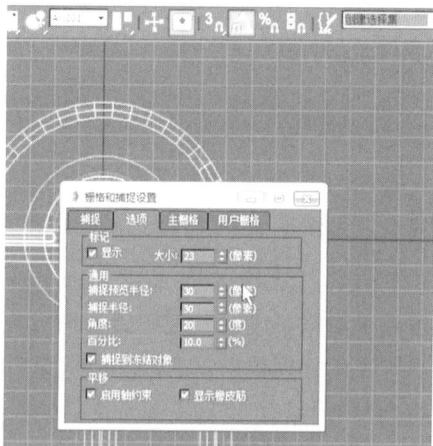

图 3.69　捕捉角度设置

图 3.70　旋转复制

图 3.71　窗框模型效果

任务二　编辑二维图形

视频 3-2
编辑二维
图形

任务描述

　　通过创建模型的截面图形,学会在"修改"面板上,将二维图形转换成可编辑样条线;能在"可编辑样条线"面板上设置各项参数;掌握对二维样条线编辑的方法和技巧,会配合使用二维图形修改器创建三维模型。

任务分析

　　三维模型的截面图形绘制相对较复杂,需要采用二维样条线编辑的方法,同时使用矩形和圆形等作为基础图形,将其转换为样条线后对顶点和线段进行编辑,并使用二维样条线修改面板上的焊接、布尔等命令来完成截面图形绘制。

知识准备

一、知识链接

1. 转换成可编辑样条线

编辑二维图形前，要将图形转换成可编辑样条线，这样才能调整图形的顶点和线段。

2. 样条线对象修改器

可用于对样条线对象进行诸如编辑顶点、调整曲线形状、添加或删除线段等修改操作，以实现所需的建模效果。

3. 调整顶点

通过移动、缩放、旋转等操作可改变样条线或多边形等对象顶点的位置和属性，从而调整对象的形状、外观细节等。

4. 调整样条线

可针对样条线的顶点、线段、样条线等子对象层级，分别进行移动定位、添加/删除元素、修改顶点曲率等操作，实现样条线形状的精准调整，以满足建模、动画等多样化设计需求。

5. 调整可编辑样条线

在可编辑样条线的模式下，通过对其顶点、线段和样条线等元素进行各种编辑操作，精确塑造二维图形以满足三维建模和动画制作等需求。

二、操作技巧

使用二维图形创建三维模型时，通过参数设置直接创建的圆角在三维模型的编辑过程中容易出错，所以应将二维图形转换为二维样条线后再用"圆角"命令进行处理，这样可以降低三维模型创建时的出错概率。

一、转换成可编辑样条线

"线"工具绘制的二维图形是可编辑样条线，其自身具有三个级别的子层级，用户修改非常方便，而其他工具绘制的二维图形不是可编辑样条线，需要将二维图形转换为可编辑样条线。将二维图形转换为可编辑样条线有以下两种方法。

1. 利用快捷菜单转换样条线

在视图中选中所绘制的图形，单击鼠标右键，在弹出的快捷菜单中选择"转换为:"→"转换为可编辑样条线"命令，如图 3.72 所示。修改器堆栈如图 3.73 所示。

2. 添加编辑样条线修改器

选择所绘制的图形，在 <kbd>修改器列表</kbd> 下拉列表中选择"编辑样条线"命令，如图 3.74 所示。

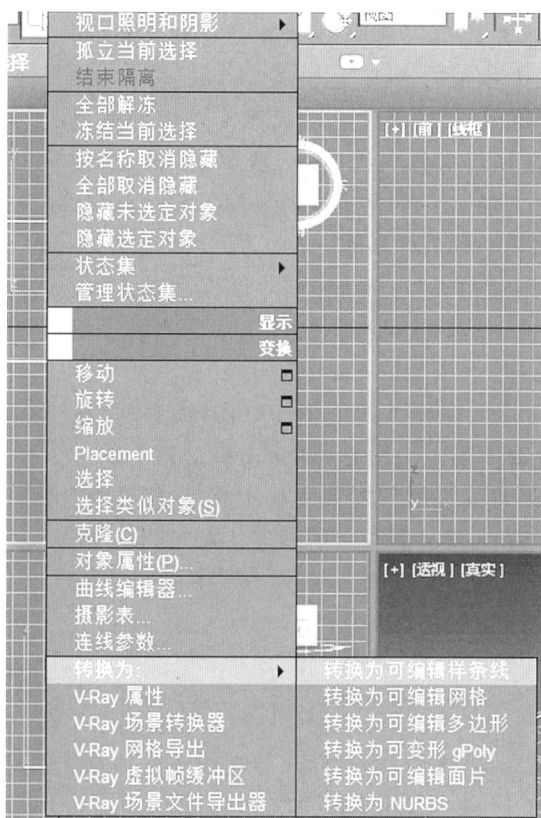

图 3.72 选择"转换为可编辑样条线"命令

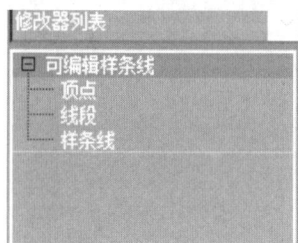

图 3.73 修改器堆栈

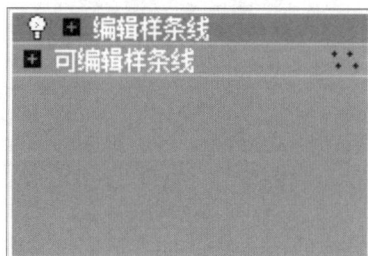

图 3.74 选择"编辑样条线"命令

二、样条线对象修改器

在可编辑样条线对象层级下(没有子对象层级处于活动状态时),可用的功能同样也能在所有子对象层级下使用,并且这些功能在各个层级下的作用效果完全相同。其对应的卷展栏如图3.75所示。

"新顶点类型"选项组:借助"新顶点类型"选项组里的单选按钮,在按住 Shift 键克隆线段或样条线时,可创建新的顶点切线。如果之后使用"连接复制",则连接原始线段(或样条线)与新线段(或样条线)的样条线,其上的顶点的类型是之前指定的类型。

创建线:将更多样条线添加到所选样条线。这些线是独立的样条线子对象,其创建方式与创建线形样条线的方式相同。要停止线的创建,则单击左键或右键。

附加:允许将场景中的其他样条线合并到当前选中的样条线对象中。操作时,先选择目标样条线对象,然单击"附加"按钮,再单击场景中需要合并的另一个样条线对象即可完成附加。需注意,待附加的目标对象必须为样条线。

附加多个:单击此按钮,打开"附加多个"对话框,它包含场景中所有其他图形的列表。然后选择要附加样条线的当前可编辑样条线,单击"确定"按钮。

横截面:可在横截面外创建样条线框架。单击"横截面"按钮,选择一个图形,然后选择第二个图形,创建连接这两个图形的样条线。继续单击图形将其添加到框架。此功能与"横截面"修改器相似,但用户可以在此确定横截面的顺序。在"新顶点类型"组中可选择"线性"、"Bezier"、"Bezier 角点"或"平滑",可以定义样条线框架切线。

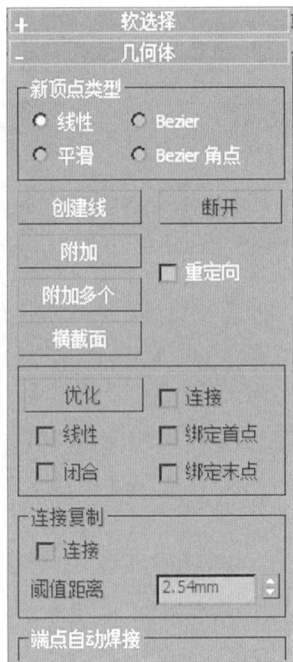

图 3.75 "几何体"卷展栏

三、调整顶点

将图形转换为可编辑样条线后,单击修改器堆栈中的顶点子对象。在这个层级的修改命令面板中的"几何体"卷展栏下有几个常用的工具按钮,如图 3.76 所示。

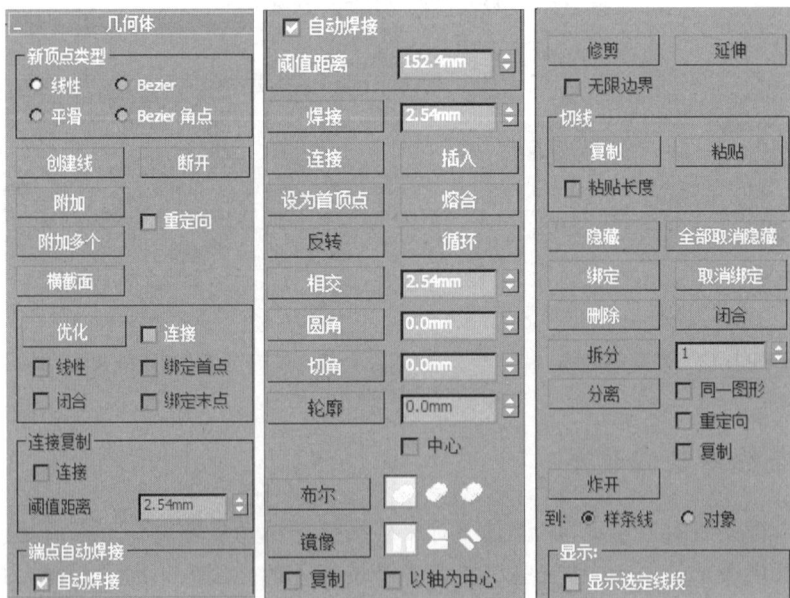

图 3.76 顶点子对象"几何体"卷展栏

优化:在样条线上单击鼠标左键,在不改变样条线形状的前提下增加点。

自动焊接:移动样条线的一个端点,当其与另一个端点的距离小于在"阈值距离"中设定的数值时,两个点就自动合为一个点。

焊接:选取要焊接的点,在按钮旁边的文本框中输入大于两点距离的值,单击该按钮就可以把两点焊接在一起。

连接:连接两个端点或顶点以生成一个线性线段,而不管端点或顶点的切线值是多少。单击"连接"按钮,将光标移到某个端点或顶点,当光标变成十字形状时,从一个端点或顶点拖到另一个端点或顶点即可完成连接。

插入:插入一个或多个顶点,以创建其他线段。单击线段中的任意某处可以插入顶点并使光标附着于样条线,然后可以选择性地移动鼠标并单击,以放置新顶点。单击一次可以插入一个角点或顶点,而拖动则可以创建一个 Bezier(平滑)顶点。

设为首顶点:指定所选形状中的一个顶点作为第一个顶点。选择要更改的当前已编辑形状中每条样条线上的顶点,然后单击"设为首顶点"按钮。

熔合:将所有选定顶点移至它们的平均中心位置。

循环:选择连续的重叠顶点。选择两个或更多个在 3D 空间中处于同一个位置的顶点中的一个,然后重复单击,直接选中想要的顶点。

相交:在属于同一条样条线对象的两条样条线的相交处添加顶点。单击"相交"按钮,然后单击两条样条线之间的相交点。如果样条线之间的距离在"相交阈值"设置的范围内,则将选中的顶点添加到两条样条线上。

圆角:在线段汇合的地方设置圆角,添加新的控制点。用户可以交互地(通过拖动顶点)应用此功能,也可以使用"圆角"微调器来应用此功能。单击"确定"按钮,然后在活动对象中拖动顶点。拖动时"圆角"微调器将相应更新,以显示当前的圆角量。

切角:设置图形角部的切角。单击"切角"按钮,然后在活动对象中拖动顶点,"切角"微调器将更新显示拖动的切角量。

隐藏:隐藏所选择的点和任何相连的线段。选择一个或多个顶点,然后单击"隐藏"按钮。

全部取消隐藏:显示任何隐藏的子对象。

绑定:创建绑定顶点。单击"绑定"按钮,然后从当前选择的任何端点或顶点拖到当前所选的任何线段上。拖动之前,光标会变成十字形状。在拖动过程中,会出现一条连接顶点和当前鼠标位置的虚线,当光标经过合格的线段时,会变成一个连接符号,释放鼠标,顶点会跳至该线段的中心,并绑定到该中心。

取消绑定:断开绑定顶点与所附加线段的连接。选择一个或多个绑定顶点,然后单击"取消绑定"按钮。

删除:删除所选的一个或多个顶点,以及与每个要删除的顶点相连的线段。

四、在顶点层级下修改样条线

在"顶点"子层级下修改样条线主要包括三个方面的内容。

1)通过改变顶点的类型改变样条线

选中可编辑样条线上的某一点,在其上单击鼠标右键,在弹出的菜单中可以看到,顶点有 4 种类型,即角点、Bezier、Bezier 角点、平滑,如图 3.77 所示。

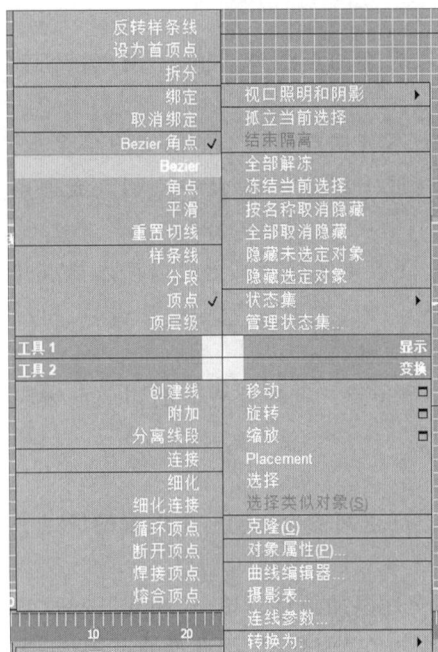

图 3.77　顶点的 4 种类型

2）闭合开放的样条线

闭合开放的样条线可以采用"焊接"方式，也可以采取"连接"方式，如图 3.78 所示。

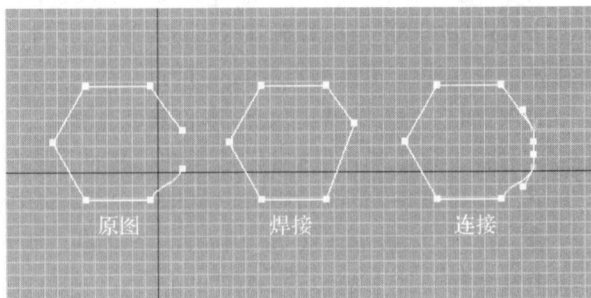

图 3.78　闭合开放样条线

3）合并多条样条线

合并是二维图形创建过程中使用非常频繁的功能，经常与挤出功能配合使用。合并样条线使用的命令是"附加"，可将原来的多个图形个体合并为一个整体，如图 3.79 所示。

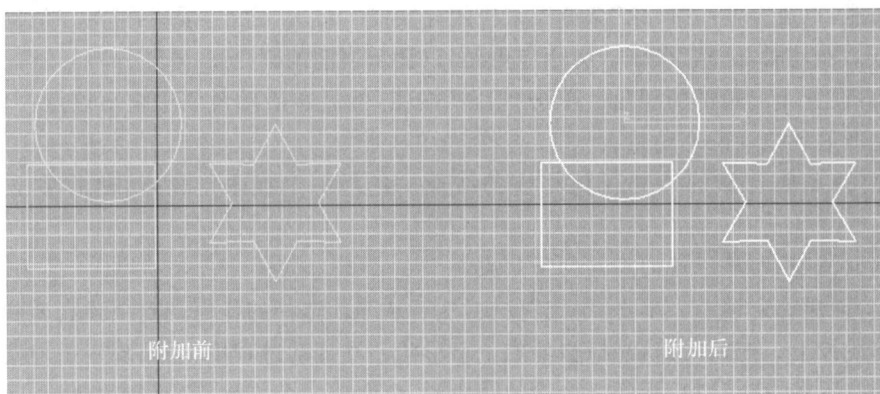

图 3.79　附加前后变化

五、调整样条线

线段是样条线的一部分，在两个顶点之间。在"可编辑样条线（线段）"层级下，可以选择一条或多条线段，并可使用标准方法对其进行移动、旋转、缩放或复制。单击修改器堆栈中的线段子对象，进入线段编辑层级。在这个层级下，常用的修改命令如图 3.80 所示。

拆分：调节微调器，并根据顶点数细分所选线段。选择一个或多个线段，设置"拆分"微调器（在"拆分"按钮的右侧），然后单击"拆分"按钮，每个选定的线段都会按照设定的顶点数被"拆分"，如图 3.81 所示。顶点之间的距离取决于线段的相对曲率，曲率越高的区域得到的顶点越多。

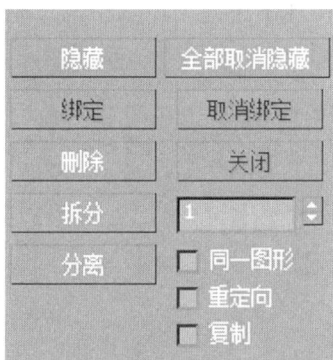

图 3.80 线段编辑层级下常用的修改命令

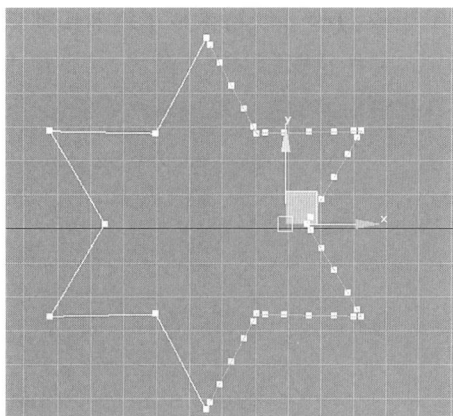

图 3.81 拆分线段

分离:选择不同样条线中的几个线段,然后对它们进行拆分(或复制),从而构成一个新图形。有以下 3 个选项。

①同一图形:启用后,将禁用"重定向"选项,并且"分离"操作将使分离的线段保持为图形的一部分。如果还启用了"复制"选项,则可以结束在同一位置进行的线段分离副本操作。

②重定向:当分离线段时,新对象会复制源对象局部坐标系的位置和方向。此时,系统会自动移动并旋转新分离出的对象,使其局部坐标系原点与当前活动栅格的原点对齐。

③复制:复制分离线段,而不移动它。

六、调整可编辑样条线

在"可编辑样条线(样条线)"层级下,用户可以选择一个样条线对象中的一条或多条样条线,并使用标准方法移动、旋转和缩放它们。单击修改器堆栈中的样条线子对象,进入样条线编辑层级。在这个层级下,常用的修改命令如图 3.82 所示。

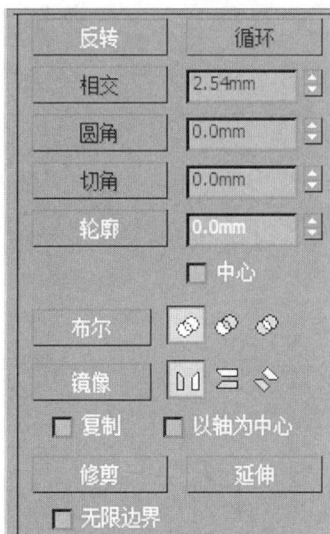

图 3.82 样条线层级下常用的修改命令

轮廓:为使由二维图形生成的构件具有一定的厚度,需要给图形加一个轮廓,如图 3.83 所示。制作轮廓的方法有两种,一是单击"轮廓"按钮,在视图中拖动所选中的二维图形;二是在按钮后面的文本框中输入数值,按下 Enter 键确认。

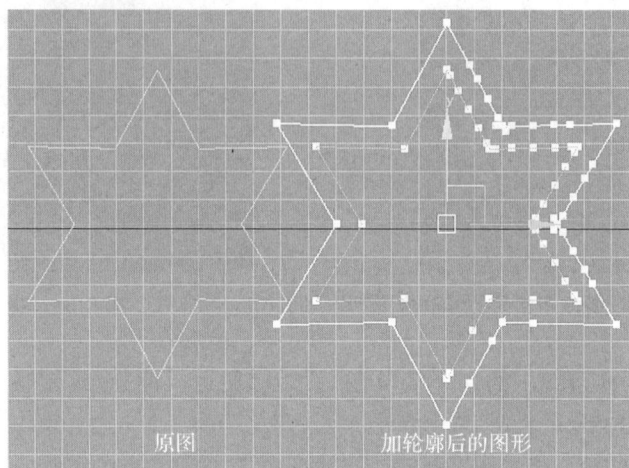

图 3.83 给图形加轮廓

布尔:二维布尔运算有 3 种类型,即 ⬡ 并集、⬡ 差集、⬡ 交集。其效果如图 3.84所示。要进行二维布尔运算,则必须满足以下 3 个条件。

①样条线必须是封闭的,且本身不能有相交的情况,样条线之间必须充分相交。

②进行布尔运算的样条线必须是一个对象,通常用附加命令来合并样条线。

③布尔运算不能应用于由"关联复制"和"参考复制"工具复制出的样条线。

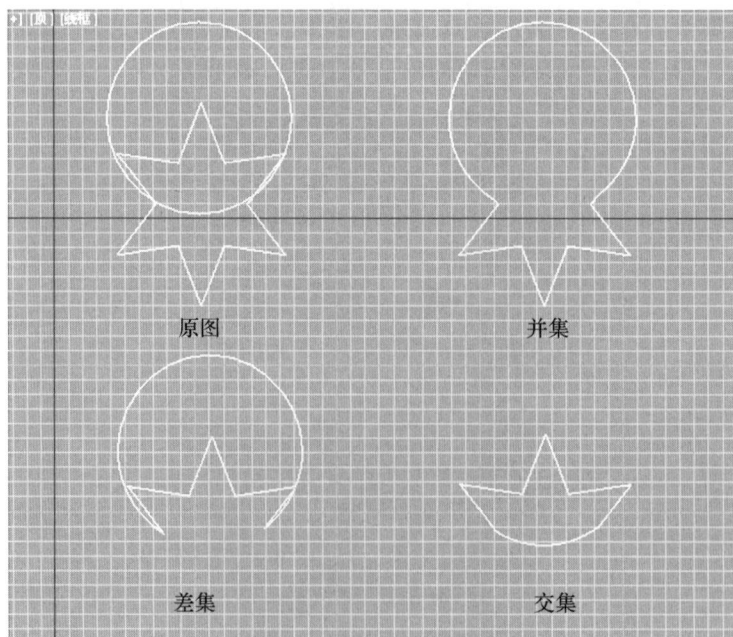

图 3.84 布尔运算效果

镜像:可以对所选择的对象进行垂直、水平和双向镜像操作,效果如图 3.85 所示。

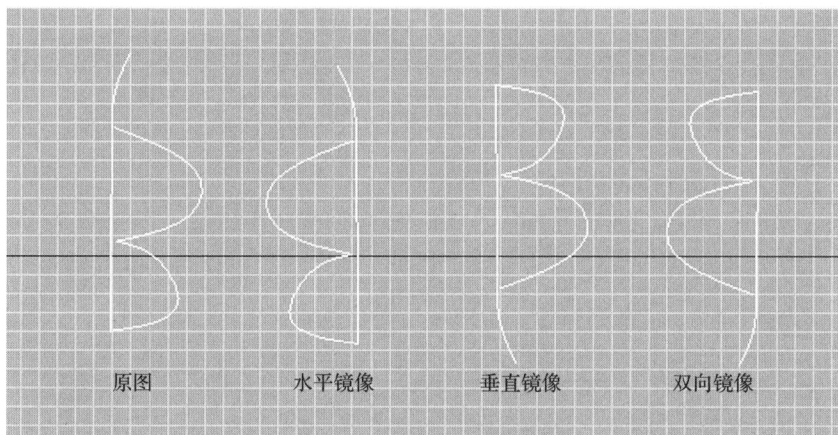

图 3.85　镜像效果

复制:勾选"复制"后,在对样条线作镜像操作时,复制(而不是移动)样条线。

以轴为中心:启用后,以样条线对象的轴点为中心对样条线作镜像操作;禁用后,以它的几何体中心为中心对样条线作镜像操作。

课堂实例　**创建镜框的截面图形**

(1)在前视图中创建一个矩形,将矩形转换为可编辑多边形,如图 3.86 所示。

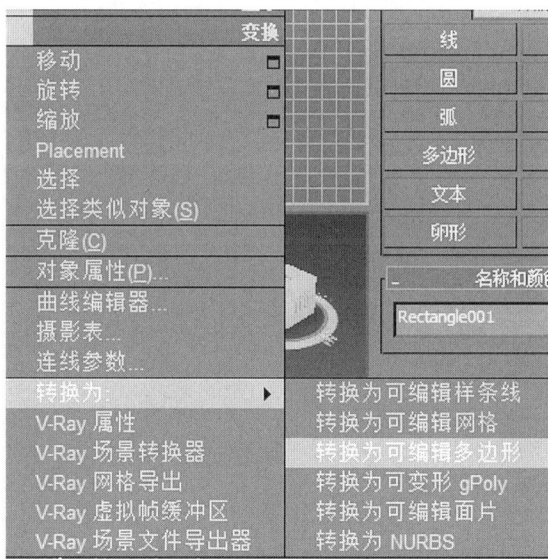

图 3.86　转换为可编辑网格

(2)选择"顶点"子层级,删除右下角的顶点,使用优化命令给样条线插入一个顶点,如图 3.87 所示。

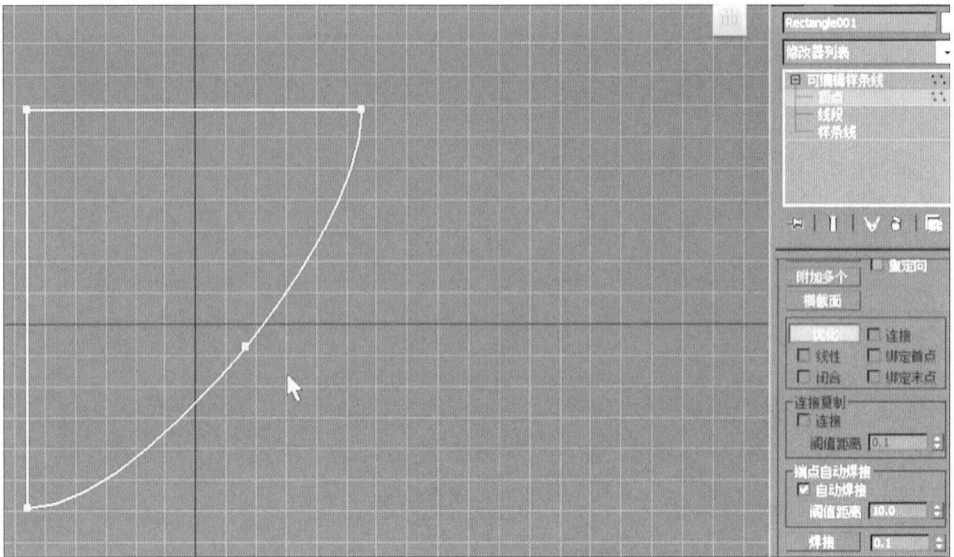

图 3.87　优化样条线

（3）右键单击插入的顶点，将其转换为 Bezier 点，如图 3.88 所示。移动控制柄，调整曲线的曲率和位置，如图 3.89 所示。

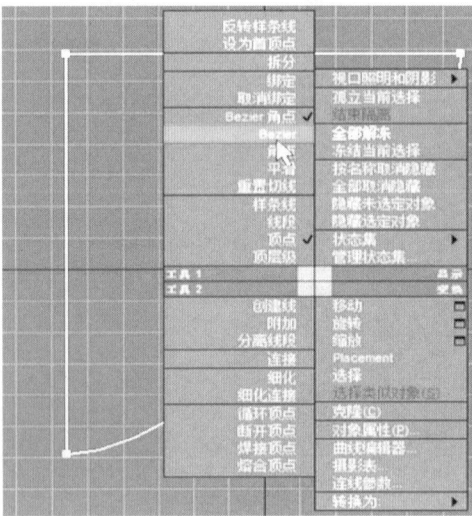

图 3.88　转换为 Bezier 点

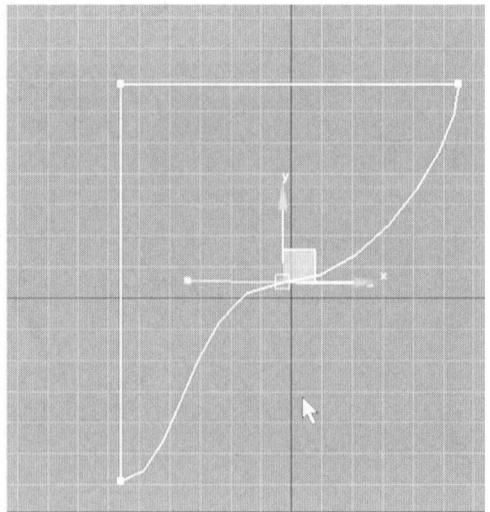

图 3.89　调整曲线

（4）调整完成后，选择样条线子层级，选中当前的样条线，找到镜像工具，选择垂直镜像并勾选"复制"选项，将当前的样条线复制一份，并将其移动到合适的位置，如图 3.90 所示。

（5）选择线段子层级，将中间的两个线段删除，如图 3.91 所示。

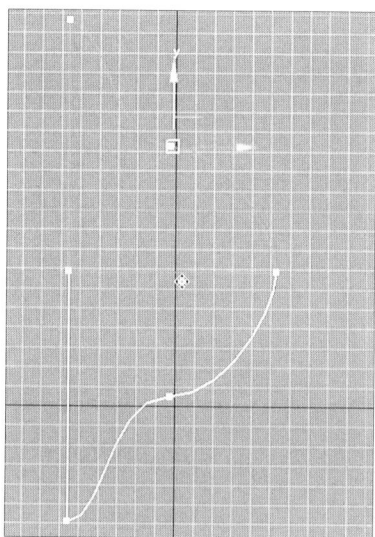

图 3.90 复制样条线

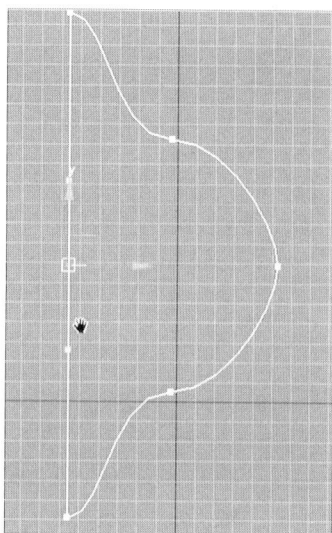

图 3.91 删除线段

（6）选择中间的两个未相连的顶点，使用焊接工具将其焊接在一起，如图 3.92 所示。

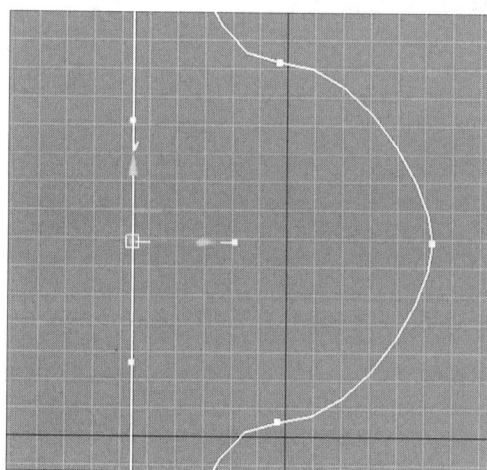

(a)焊接前

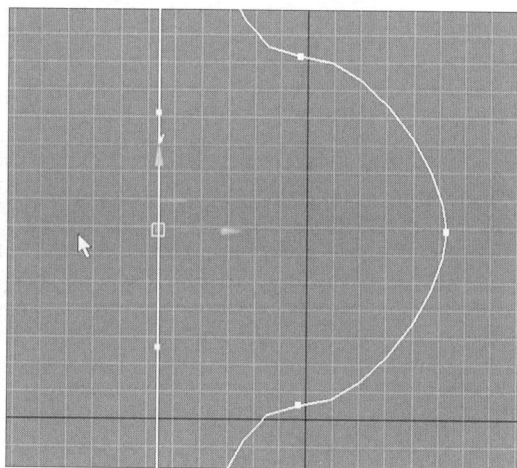

(b)焊接后

图 3.92 焊接两个顶点

（7）在当前图形上创建一个圆形，如图 3.93 所示。选中刚才创建好的二维样条线，将其转换为可编辑样条线。选择"附加"工具，将创建好的圆形附加到二维样条线，如图 3.94 所示。

（8）切换到样条线子层级，选择当前的样条线，找到"布尔"工具，选择"差集"，将圆形多余部分减去，如图 3.95 所示。

（9）创建 3 个矩形，略微调整位置，如图 3.96 所示。选择样条线子层级，使用"布尔"、"并集"工具，将这 3 个矩形合并至二维样条线中，组成一个新的图形，如图 3.97 所示。

（10）打开修改器列表，找到"车削"命令，将分段数设置为 4，如图 3.98 所示。

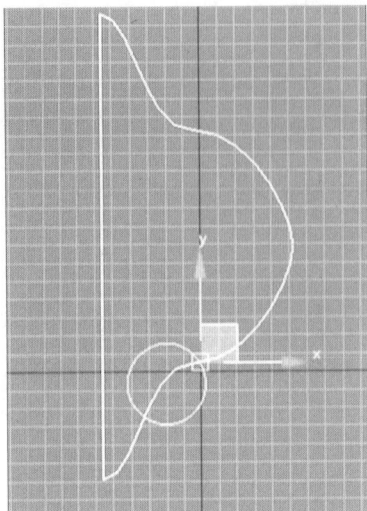

图 3.93　创建圆形

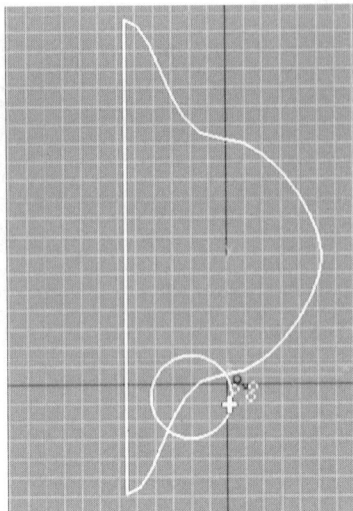

图 3.94　附加圆形

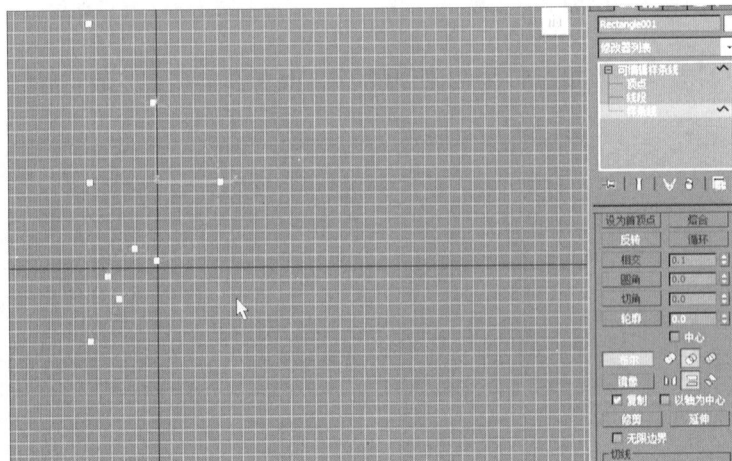

图 3.95　布尔操作

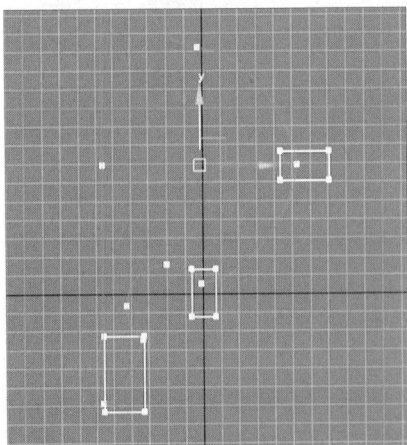

图 3.96　创建 3 个矩形并调整位置

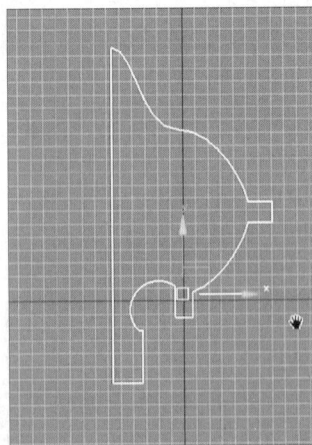

图 3.97　合并矩形和二维样条线

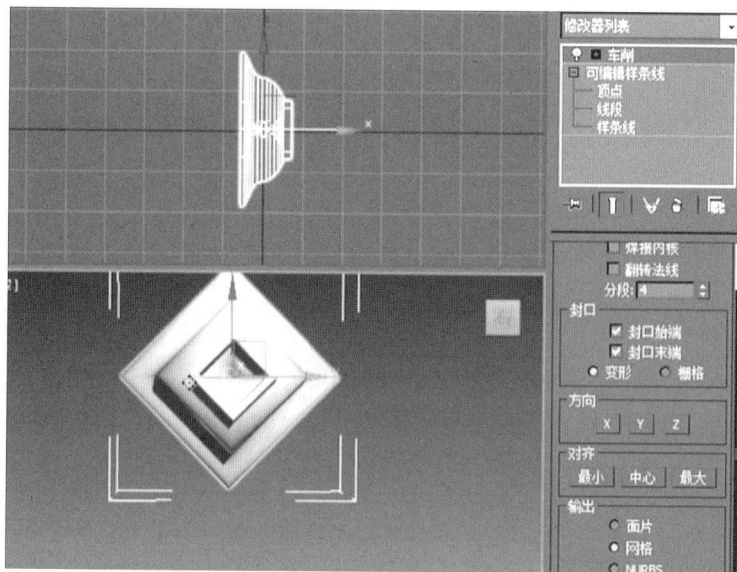

图 3.98 "车削"参数设置

(11)打开"车削"对话框,选择"轴"选项,如图 3.99 所示。移动 Z 轴将镜框调整至合适的大小,如图 3.100 所示。

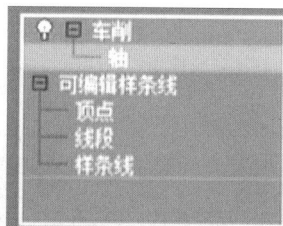

图 3.99 选择"轴"选项

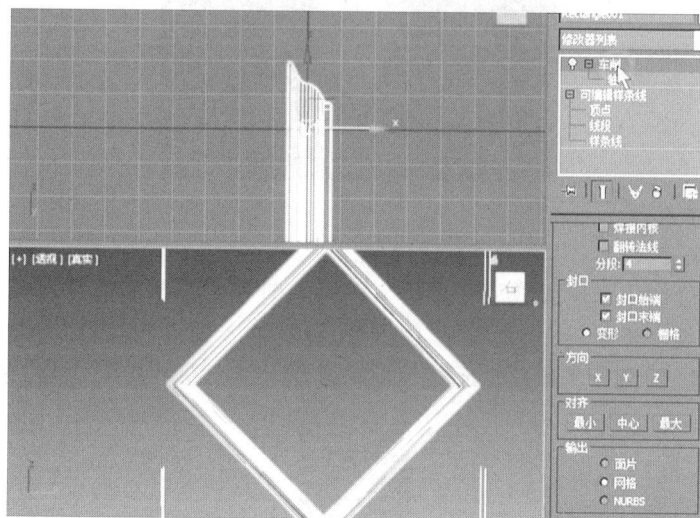

图 3.100 调整镜框大小

　　(12)取消"轴"选项,右键单击"旋转"工具,在"偏移:世界"选项组的"X"中输入 45,如图 3.101 所示。至此镜框截面图形就制作完成了,如图 3.102 所示。

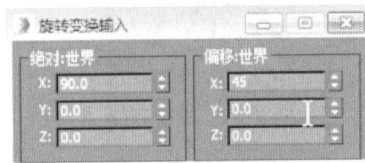

图 3.101　旋转参数设置

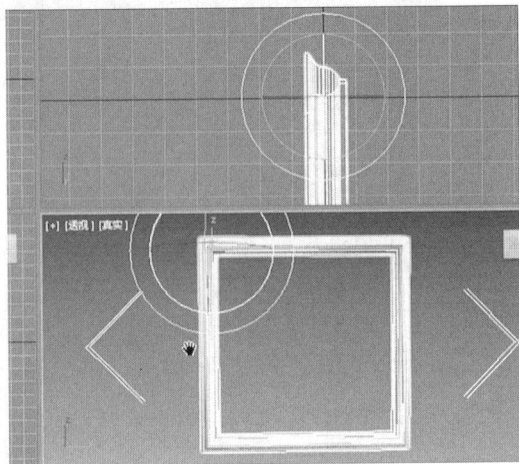

图 3.102　镜框截面图形最终效果

课后练习　创建台灯模型

　　创建台灯模型,效果如下:

项目小结

　　本项目主要介绍了创建线、矩形、多边形、星形、圆等二维图形的技巧,同时介绍了将二维图形转换成可编辑样条线、合并图形、闭合样条线、插入顶点、圆角和切角处理、焊接与融合顶点、轮廓处理、镜像处理和布尔运算等编辑操作,并介绍了使用二维样条线创建复杂截面图形的方法。

项目三考核

项目四

修改器的使用

❯ 引言

通过几何体创建命令创建三维模型,往往不能完全满足建模的需求,这就需要对其进行修改。3ds Max 有两大类修改器,第一类是二维图形修改器,它主要针对二维图形;第二类是三维图形修改器,它主要针对三维图形。因此,除了修改图形的参数外,还可利用 3ds Max 修改器中的修改命令对图形进行修改优化。

❯ 思政要素

创建复杂的模型,需要勇气和细心,应敢于尝试、勇敢面对挑战,争取创建完美模型,提升自信心。

❯ 项目目标

通过学习本项目内容,掌握修改命令的属性和作用,从而能使用正确和有效的修改器制作精美的模型。

(1)具备创新精神和专业设计理念。

(2)了解修改命令面板的相关知识。

(3)掌握三维模型的修改命令。

任 务 一 二 维 图 形 修 改 器

视频 4-1
二 维 图 形
修改器

❯ 任务描述

本任务主要介绍通过二维图形修改器创建三维模型的方法。

❯ 任务分析

在制作模型的过程中,应注意"车削"修改器各参数的意义,以及"轴"子对象的作用和截面图的绘制技巧。

知识准备

一、知识链接

"车削"修改器是通过对二维图形沿某一轴心进行旋转来生成三维模型的。这是非常实用的建模工具,它常用来创建如酒杯、酒瓶、装饰柱、花瓶等一些对称的旋转体模型。

"挤出"修改器是将二维图形沿着其法线方向拉伸,从而生成三维模型的工具。比如绘制一个矩形,使用"挤出"修改器后,就可以让这个矩形变成具有一定厚度的长方体。

"倒角"修改器主要是对二维图形的边缘或顶点进行平滑过渡处理,使其产生倒角效果。在二维图形转换为三维模型时,可为模型的边缘添加斜角或圆角。例如,对一个直角的二维图形应用"倒角"修改器,可以让直角边变成有一定弧度或斜度的边缘。

二、操作技巧

只有在选中图形时才能对修改器命令进行选择。"车削"修改器用于对二维图形进行编辑,所以只有选择二维图形后才能选择"车削"修改器命令。

在使用"挤出"修改器时,需先挑选合适且封闭的二维图形,防止出现错误,再精准调节挤出数量值以把控模型尺寸,操作中可借助捕捉工具定位;对于复杂形状,不妨先编辑二维图形,添加顶点等元素后再挤出。

使用"倒角"修改器前,应检查二维图形的顶点和线段,确保结构无误,接着逐步调试倒角大小、分段数等参数,从而获得自然真实的效果;对于高精度需求,可适度增加分段数,但也要注意避免模型面数过多。

三、拓展提高

在使用"车削"修改器时,有时需要"翻转法线",法线是与物体表面垂直的线。在 3ds Max 中,只有当观察视角与物体表面的法线方向一致时,该表面才可见;若观察视角与法线方向相反,则该表面不可见。"翻转法线"可以调节表面显示方向。

在使用"挤出"修改器时,可先利用编辑样条线修改器细化二维图形,再进行挤出操作,以构建复杂模型。同时选中多个二维图形进行挤出操作,并采用"实例"复制,能批量创建相似模型。挤出后配合弯曲、扭曲等修改器,还能给模型增添丰富的变形效果。

运用"倒角"修改器时,需依据模型需求精确设置高度、轮廓量、分段数等参数,打造不同风格倒角。借助"倒角值"的多层级设置,能实现复杂立体边缘效果。若进行倒角处理后模型显示异常,可检查并调整法线方向,确保正确显示。

一、二维图形修改器

二维图形修改器功能比较强大,通过对二维图形进行样条线编辑,可以将简单的二维图形修改为三维图形,从而满足创建复杂模型的需要。

3ds Max 中,以二维图形为基础创建三维模型是一种非常重要的建模方式。利用 3ds Max 提供的由二维图形转换为三维模型的方法,可以很方便地创建复杂的三维模型,而且可以导入其他图形制作软件如 CorelDRAW、AutoCAD 等创建的二维图形进行三维模型创建。

二、修改器面板

在 3ds Max 中,修改器都罗列在修改器堆栈中(见图 4.1),一个对象可以应用许多修改器。在"修改器"菜单中选择修改器的类型,或者在修改器堆栈的修改器列表中直接选择修改器的类型,即可调用修改器。

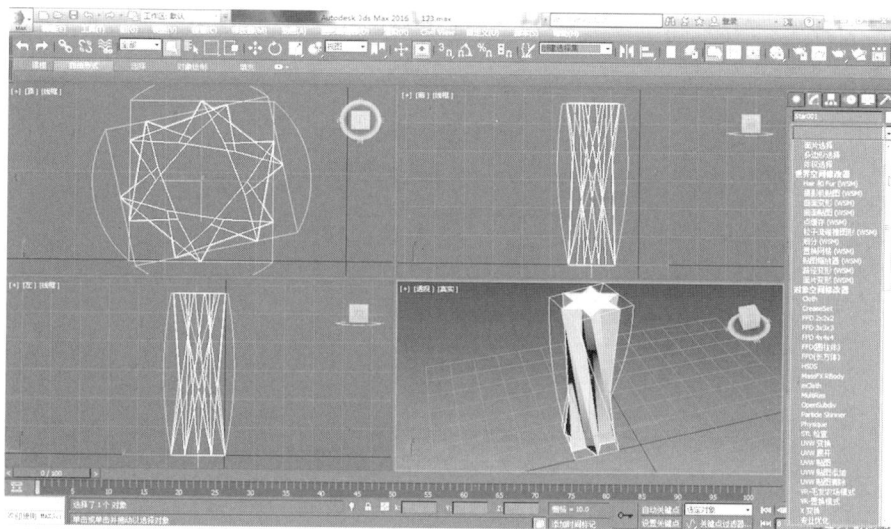

图 4.1 修改器堆栈

"堆栈"的意思是从下往上堆积。在修改器列表栏下方显示的即为修改器堆栈,当对模型应用修改命令进行编辑后,修改器堆栈中会显示对应修改命令的参数,如图 4.2 所示。可以为每个对象添加多个修改命令,通过修改器堆栈可以查看每一个对象的创建和修改参数。

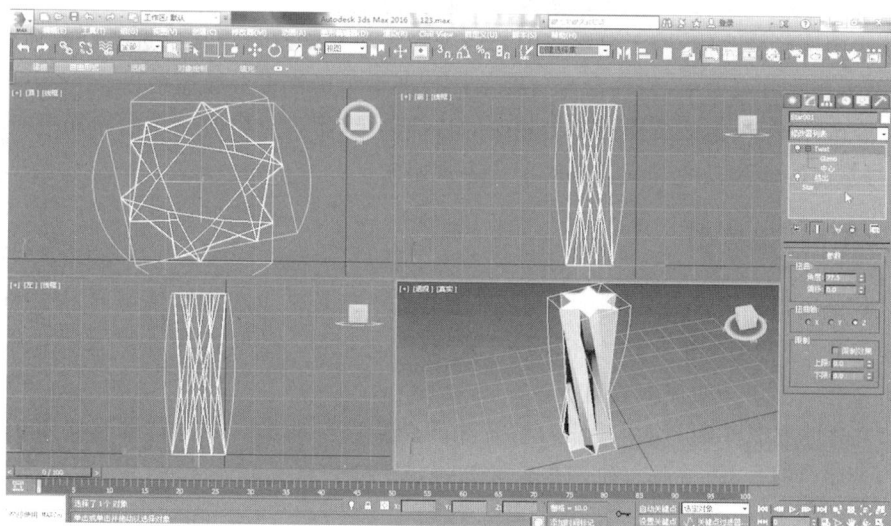

图 4.2 显示修改命令参数

修改命令面板是用得最多的面板之一,通过它可以修改任何对象的参数或对已建立的模型进行调整,还可以对视图对象做进一步加工,从而更快地完成模型制作和场景效果的建立。

通过修改命令面板可以直接对模型进行修改,还能实现修改命令之间的切换。

提示:

在修改器堆栈中,有些命令左侧有一个"＋"按钮,表示该命令拥有子层级命令,单击此按钮,打开子层级,可以选择子层级命令。选择子层级命令后,该命令会变为黄色,表示已被启用,如图4.3所示。

图4.3　修改命令子层级

修改器面板中的主要参数如下:

修改器堆栈:用于显示所使用的修改命令。

修改器列表:在其下拉菜单中,可以选择要使用的修改命令。

修改命令开关:用于开启和关闭修改命令。单击该按钮后,修改命令被关闭,被关闭的命令不再对图形产生影响;再次单击该按钮,命令会重新开启。

从堆栈中移除修改器:用于删除当前修改器命令。在修改器堆栈中选择修改命令,单击该按钮,即可删除修改命令,修改命令对模型做过的编辑操作也会被撤销。

配置修改器集:单击该按钮会弹出相应的快捷菜单,用于对修改命令的布局进行重新设置,可以将常用的命令以列表或按钮的形式表现出来。

三、"车削"修改器

"车削"修改器是通过对二维图形沿某一轴心进行旋转来生成三维模型的。这是非常实用的建模工具,它常用来建立如酒杯、酒瓶、装饰柱、花瓶等一些对称的旋转体模型等。旋转的角度可以是0°～360°的任何数值。

必须在图形被选中时,用户才能对修改器的命令进行选择。"车削"修改器用于对二维图形进行编辑,所以只有选择二维图形后才能选择"车削"修改器。

1.操作方法

(1)创建用于旋转建模的二维图形。

(2)在修改命令面板中单击"修改器列表",在展开的修改器列表中选择"车削"修改器。

（3）在"车削"参数面板中设置旋转角度、旋转方向及旋转轴心等。

2."车削"修改器主要参数

轴：在当前子对象层级上，可以进行绕轴旋转动画。

度数：指对象绕轴旋转的度数。可以给"度数"设置关键点，从而设置车削对象轮廓的动画，"车削"轴自动将尺寸调整到与车削对象同样的高度。

焊接内核：通过焊接旋转轴中的顶点来简化网格。如果要创建一个变形目标，则取消此选项。

翻转法线：跟据图形上顶点的方向和旋转方向，旋转对象可能会内部外翻，对此可使用"翻转法线"来修正。

分段：用于设置在起点和始点之间，在曲面上创建多少插补线段。也可用于设置动画，默认值为 16。

封口始端：当对车削对象进行设置，使其"度数"小于 360°时，封口始端用于封闭车削对象起始位置，对起始处的开放边缘进行闭合处理，从而使车削对象变成一个完整的闭合图形，让模型在起始端呈现封闭状态。

封口末端：在"度数"小于 360°的车削设置中，封口末端的作用是对车削对象的结束位置进行封口操作，把末端的开放部分进行封闭，与封口始端共同作用，使车削对象在两端都形成闭合图形，确保模型的完整性和封闭性。

变形：按照创建变形目标所需的、可预见的且可重复的模式排列封口面。渐进封口方法可以产生细长的面，而不像栅格封口方法那样需要渲染或变形。如果要车削出多个渐进目标，则主要使用渐进封口方法。

栅格：在图形边界上的方形修剪栅格中安排封口面。此方法产生尺寸均匀的曲面，可使用其他修改器使这些曲面变形。

X、Y、Z：是对象轴点，用于调整轴的旋转方向。

最小、中心、最大：将旋转轴与图形最小、居中或者最大范围对齐。

平滑：为车削图形添加平滑效果。

使用"车削"修改器后模型的效果，如图 4.4 所示。

图 4.4　车削模型效果

四、"挤出"修改器

"挤出"建模是用二维图形生成三维模型的最基本的方法,应用广泛。它的制作原理非常简单,就是以二维图形为轮廓,为其挤压出一定的厚度,从而使二维图形转变为三维模型。

"挤出"命令可应用于任何类型的二维图形,包含不封闭的样条线。当对不封闭的样条线执行"挤出"命令时,将产生纸张效果或扭曲的绸带效果。在许多建模编辑器中都有"挤出"命令,它们的功能基本相同。

"挤出"修改器主要参数如下:

数量:用于设置挤出的深度。

分段:指将要在挤出对象中创建的线段的数目。

封口始端:在挤出对象始端生成一个平面。

封口末端:在挤出对象末端生成一个平面。

变形:以可预测、可重复的模式排列封口面,这是创建变形目标所必需的操作。

栅格:在图形边界上的方形修剪栅格中安排封口面。此方法将产生一个由大到小变化均等的面构成的表面,这些面构成的表面具有规则且统一的结构,能响应其他修改器的操作,顺畅地变形。当选中"栅格"封口选项时,栅格线是隐藏边而不是可见边,这主要会影响使用"关联"选项指定的材质和使用了"晶格"修改器的对象。

面片:产生一个可以折叠到面片对象中的对象。

网格:产生一个可以折叠到网格对象中的对象。

NURBS:产生一个可以折叠到 NURBS 对象中的对象。

生成贴图坐标:将贴图坐标应用到挤出对象中,默认为禁用状态。启用此选项时,可将独立贴图坐标应用到末端封口,并在每一个封口上设置一个 1×1 的平铺图案。

使用"挤出"修改器后模型的效果,如图 4.5 所示。

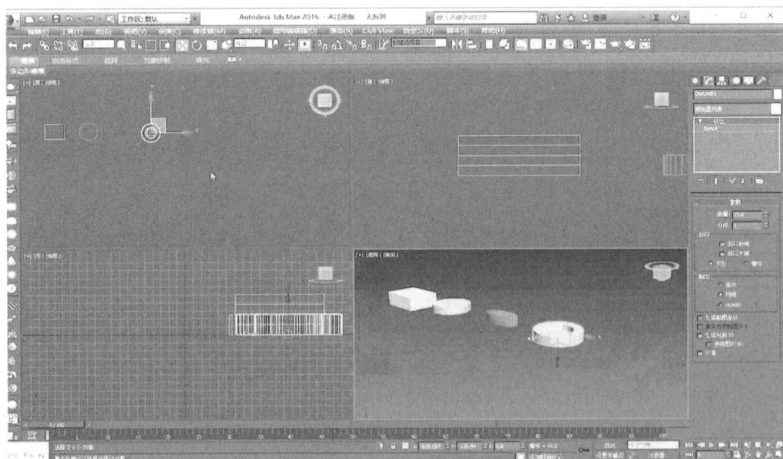

图 4.5　挤出模型效果

五、"倒角"修改器

"倒角"修改器是常用的编辑修改器,使用该修改器能便捷地制作出倒角文字、标牌等。

"倒角"修改器可以使线形模型增长一定的厚度,从而形成立体模型,还可以使生成的立体模型产生一定的线形或圆形倒角。

"倒角"建模方法与"挤出"类似,也是通过为二维图形增加厚度来生成三维模型的。但与"挤出"不同的是,它可以分3次设置挤出值,而且可以通过设置每次挤出产生的轮廓面大小,控制挤出表面的形状变化。

"倒角"修改器主要参数如下:

始端:用对象的最低局部 Z 值(底部)对末端进行封口。禁用此项后,底部打开。

末端:用对象的最高局部 Z 值(底部)对末端进行封口。禁用此项后,底部不再打开。

变形:为变形创建合适的封口曲面。

栅格:在栅格图案中创建封口曲面。该封口方式的变形和渲染比渐进变形封装效果好。

线性侧面:激活此项后,会沿着一条直线在级别之间进行分段插补。

曲线侧面:激活此项后,会沿着一条 Bezier 曲线在级别之间进行分段插补。

分段:在每个级别之间设置中级分段的数量。

避免线相交:防止轮廓彼此相交。它通过在轮廓中插入额外的顶点并用一条平直的线段覆盖锐角来实现。

起始轮廓:该参数用于设定轮廓相较于原始图形的偏移量。当设置为非零值时,原始图形的大小会发生改变。若输入正值,轮廓会向外扩张变大;若输入负值,轮廓则向内收缩变小。

级别1:包含两个参数,它们表示距离。其中,高度表示该级别与起始级别在垂直方向上的距离,用于确定模型在这一层级上沿特定方向的位置与尺寸变化。

轮廓:用于设置级别1的轮廓相较于起始轮廓的偏移距离。级别2和级别3是可选的,并且允许改变倒角量和方向。

级别2:在级别1之后添加一个级别。

级别3:在前一级别之后添加一个级别。如果未启用级别2,则级别3添加于级别1之后。

使用"倒角"修改器后模型的效果,如图 4.6 所示。

图 4.6　倒角模型效果

⚙ 课堂实例1 | 制作易拉罐模型

本例中需要使用修改器,制作一个易拉罐模型,效果如图 4.7 所示。

图 4.7 易拉罐模型效果

(1)单击"创建"→"图形"→"线"工具,在前视图中绘制如图 4.8 所示图形。

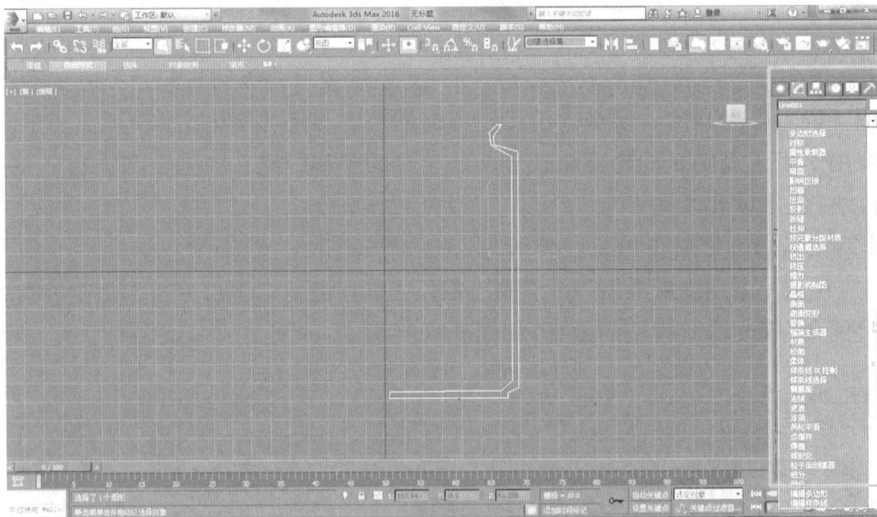

图 4.8 绘制易拉罐截面轮廓

(2)单击"修改器"菜单下的"车削"命令,旋转造型。

(3)将"对齐"设置为"最小",勾选"焊接内核"选项,适当增加"分段"值使表面更平滑,如图 4.9 所示。

(4)单击"创建"→"图形"→"线"工具,在顶视图中创建一个圆形。

(5)单击主工具栏中的"对齐"工具,在视图中单击选择罐体,设置 X、Y 轴中心对齐。

(6)在修改面板中调整圆形"半径"值,使圆形大小与罐口一致。

(7)在视图中单击鼠标右键,在弹出的菜单中选择"隐藏未被选择的"命令,将视图中当前未被选择的罐体隐藏。

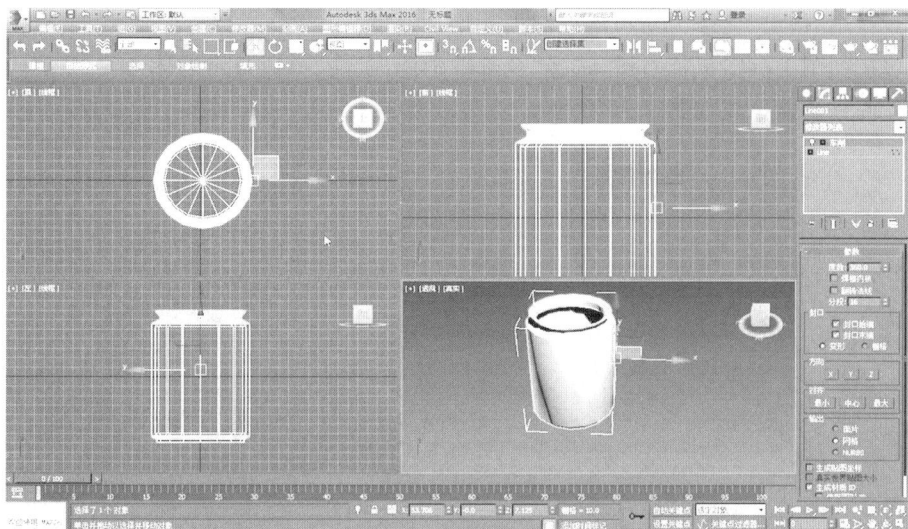

图 4.9　设置"车削"参数

(8)单击"创建"→"图形"→"多边形"工具,在顶视图中创建一个正多边形,设置其边数为 3,并适当调整角半径值使角圆滑。

(9)单击"对齐"工具,单击视图中的圆形,在弹出的对齐对话框中设置 X、Y、Z 轴中心对齐。

(10)单击工具栏中的"选择并旋转"工具旋转三角形的一角,使其与圆形中心对齐,并利用移动工具将其适当向边缘移动。

(11)单击"修改"菜单的"可编辑样条线"命令,在参数面板中单击"附加"按钮,在视图中选择圆形,将两个图形结合为一个图形。

(12)单击修改面板中的"顶点"按钮,选择三角形中靠近圆心的两个点,利用移动工具适当向圆心移动。调整后的形状如图 4.10 所示。

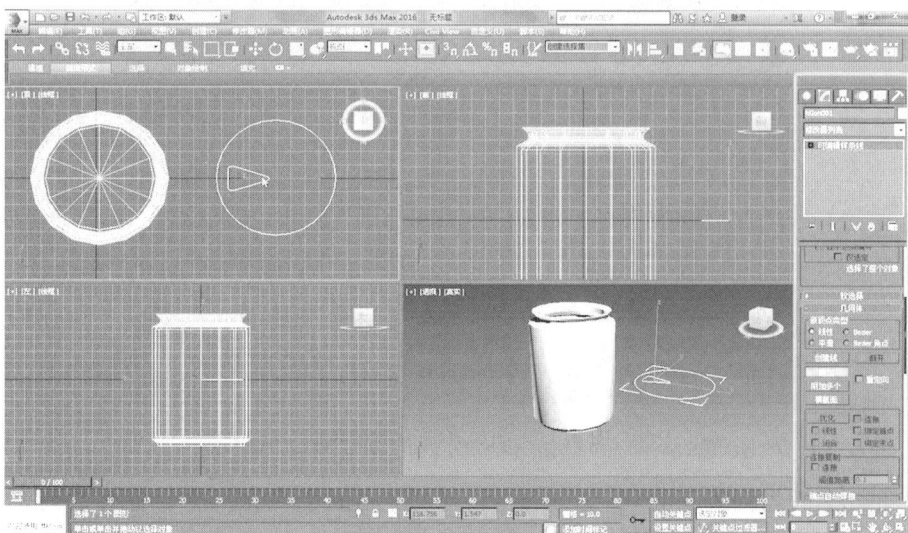

图 4.10　制作罐盖图形

(13)利用"挤出"命令为易拉罐顶部模型增加厚度。

(14)在视图中单击鼠标右键,选择"全部取消隐藏"命令,以显示罐体。

(15)调整罐盖位置如图4.11所示。

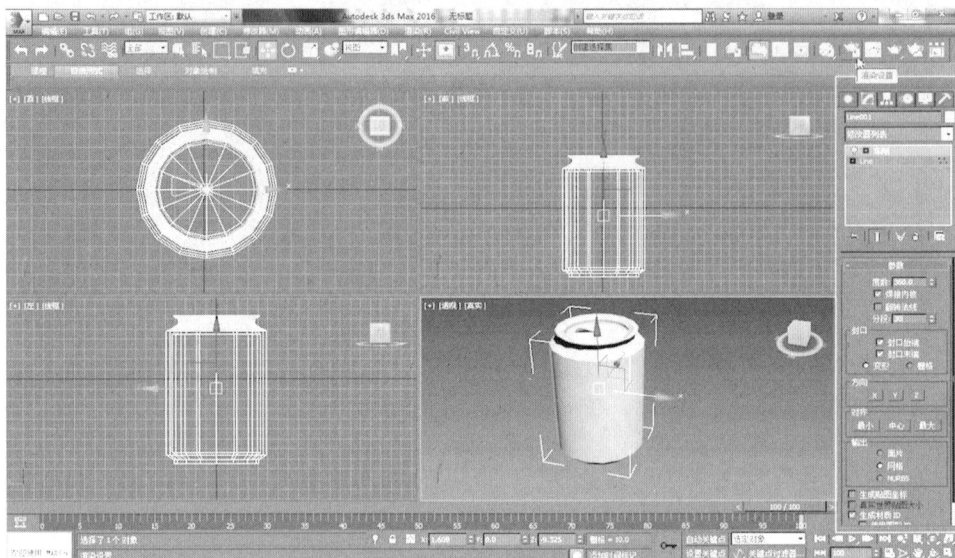

图 4.11　调整罐盖位置

⚙ **课堂实例2** | 制作瓦罐模型

(1)单击"样条线"→"线"工具,在前视图中画出如图4.12所示的样条线。

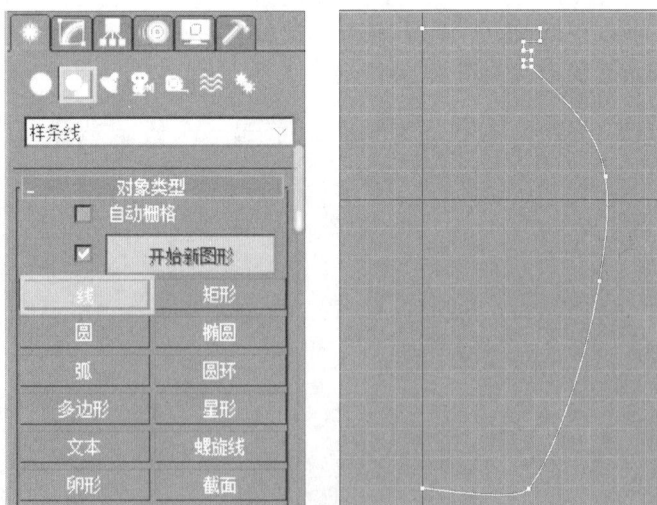

图 4.12　画出瓦罐形状样条线

(2)单击修改器列表下的"车削"修改器,对样条线进行车削操作。在参数列表中找到"方向",选择"Y",并选择对齐方式"最小",如图4.13所示。

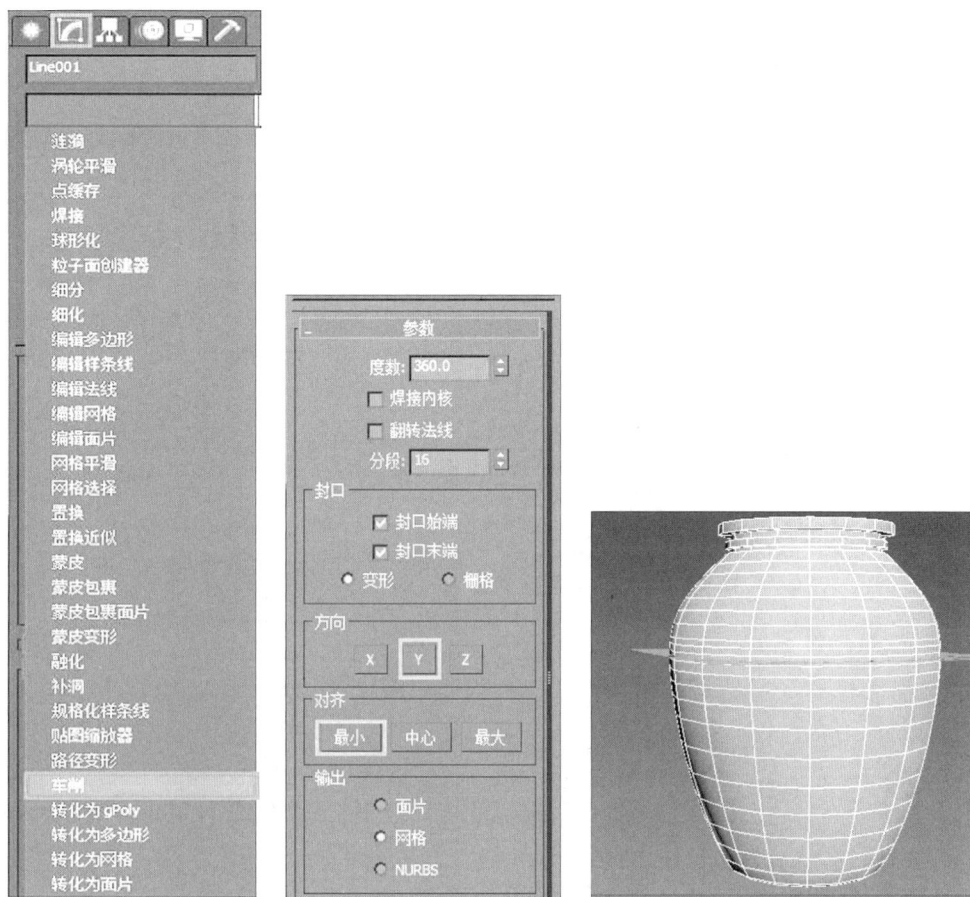

图 4.13　车削操作

（3）选中瓦罐并右击，在弹出的菜单中选择"转化为可编辑多边形"，选择可编辑多边形下的"多边形"子层级；在透视图中按 Ctrl 键选中瓦罐顶面的多边形，如图 4.14 所示。

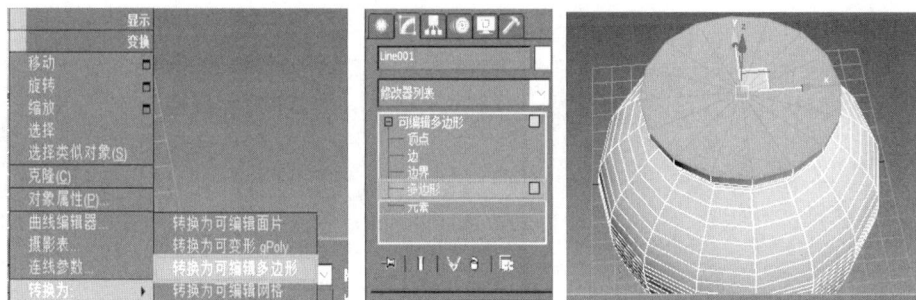

图 4.14　转换为可编辑多边形并选中

（4）单击"插入"按钮，将数量设置为 10；按 Ctrl 键把中心的多边形也选中；单击"挤出"按钮，将挤出数量设置为－1，如图 4.15 所示。

（5）选择"圆环"工具，在前视图中做一个圆环，并修改参数，如图 4.16 所示。

（6）选中圆环并单击鼠标右键，在弹出的菜单中选择"转化为可编辑多边形"，选中可编

辑多边形下的"多边形"子层级；在前视图中选中圆环下半部分，并按 Delete 键删除；调整圆
环位置，如图 4.17 所示。

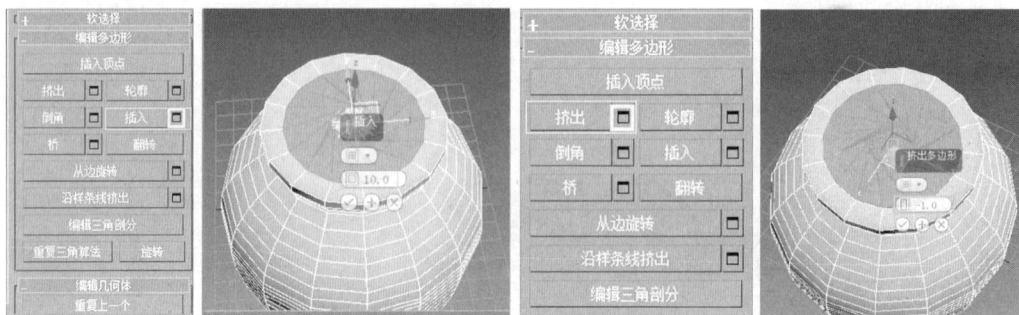

图 4.15 挤出瓦罐顶面造型

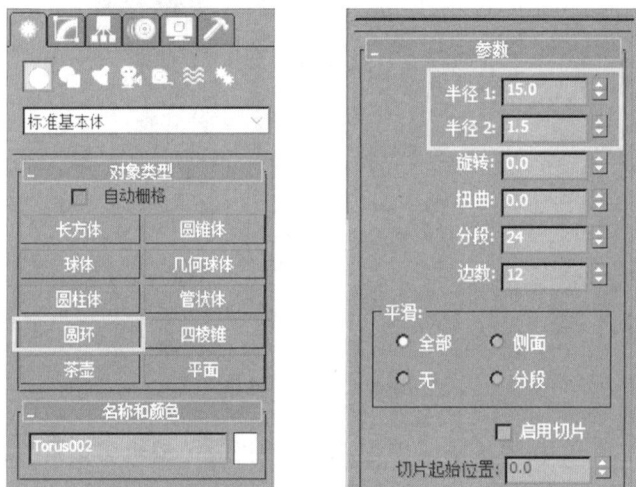

图 4.16 制作圆环

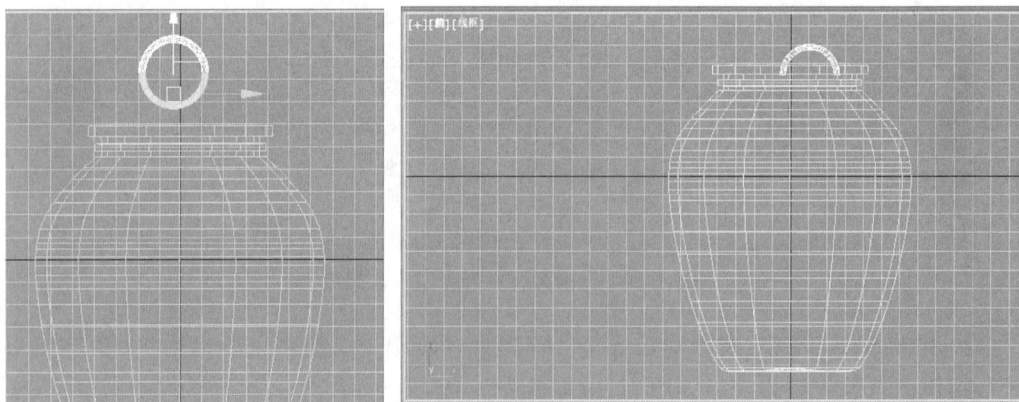

图 4.17 制作瓦罐顶部造型

任务二 三维图形修改器

视频 4-2
三维图形
修改器

▶ 任务描述

在现代家居生活里,家具是实用与装饰的完美融合,其品质能体现主人的性情、爱好和生活品味。本任务以三维家具模型制作为例,介绍各类修改器的使用方法。

▶ 任务分析

在常用的对象空间修改器中,部分修改器具备将二维图形转化为几何体的功能,另有一些修改器可同时作用于图形,使其产生相应变化。这些知识与技能可为家具模型制作提供更多思路与方法。

▶ 知识准备

一、知识链接

"弯曲"修改器:能使模型沿着指定轴发生弯曲形变,通过调整弯曲角度、方向和范围等参数,可创建弧形管道、弯折的建筑构件等。

"锥化"修改器:通过对模型两端进行缩放操作,使其呈现锥形外观。用户可自由设置锥化数量控制锥化程度,并调整曲线参数以改变锥化的过渡效果。

"扭曲"修改器:能够围绕指定轴对模型进行扭曲处理。通过设定扭曲角度和偏移量,可制作螺旋楼梯、扭转的艺术雕塑等独特造型。

"拉伸"修改器:可沿着特定方向对模型进行拉伸或压缩,通过调节拉伸值控制拉伸幅度,选择拉伸轴确定拉伸方向,从而改变模型的整体比例。

"晶格"修改器:可将模型的边转化为可调节粗细的圆柱形结构,顶点生成可选的多面体关节(即晶格样式),通过调节参数改变结构,常用于打造科幻框架、抽象艺术造型等。

"FFD"修改器:也叫做自由形式变形器,该修改器可以通过操纵包含模型的一个空间平行点阵对模型施加柔和的力使其变形。自由形式变形器可以在对象周围加入一个结构网格。这个结构网格包绕着对象,可以通过移动结构网格控制点来更改对象的表面。

二、操作技巧

使用"弯曲"修改器时,明确弯曲轴,按需设角度、方向与范围,先小幅度调整看效果,再逐步精准设定。

使用"锥化"修改器时,确定锥化方向,从设置低数量值开始,配合曲线参数,反复预览找最佳效果。

使用"扭曲"修改器时,选好扭曲轴,从小角度尝试,依需求调角度与偏移量,随时观察模型变化。

使用"拉伸"修改器时,定好拉伸轴,缓慢改变拉伸值,注意模型整体比例,避免过度变形。

使用"晶格"修改器时,先备份模型,从默认参数起步,调节边与顶点粗细等,结合效果逐步优化。

使用"FFD"修改器时,单击修改堆栈里的 FFD 名称,展开次对象级。选中任一次对象级,在视图里选中对应次对象,就能使用工具栏中的移动、缩放等变换工具。在对象周边会生成点阵网格控制点,移动控制点可改变对象曲面。在 FFD"参数"卷展栏中,"显示"区有"晶格""源体积"选项,"变形"区有"仅在体内""所有顶点"选项。操作失误时,单击"控制点"区的"重置"按钮,可使模型恢复至初始形状。

一、"弯曲"修改器

"弯曲"修改器可以使模型弯曲。它允许当前选中对象围绕单一轴进行 360°弯曲,在对象几何体上产生均匀弯曲效果。用户不仅可以在 X、Y、Z 轴上控制弯曲的角度和方向,还可以对几何体的特定区段限制弯曲范围。

"弯曲"修改器主要参数如下:

Gizmo(线框):可以在子对象层级上与其他对象一样对 Gizmo 进行变换并设置动画,也可以改变弯曲修改器的效果。转换 Gizmo 会以相等的距离移动 Gizmo 的中心,并基于中心执行转动和缩放操作。

Center(中心):可以在子对象层级上平移中心并设置动画,从而改变弯曲 Gizmo 的图形,并由此改变弯曲对象的图形。

角度:表示从顶点平面开始的弯曲角度值。

方向:表示弯曲相对于水平面的方向。

弯曲轴:表示要弯曲的轴向。

限制:可以将弯曲变换控制在一定区域内。

上限:用世界单位设置上部边界,此边界位于弯曲中心点上方,超出此边界,弯曲不再影响几何体。

下限:用世界单位设置下部边界,此边界位于弯曲中心点下方,超出此边界,弯曲不再影响几何体。

长方体模型如图 4.18 所示,对其弯曲后,效果如图 4.19 所示。

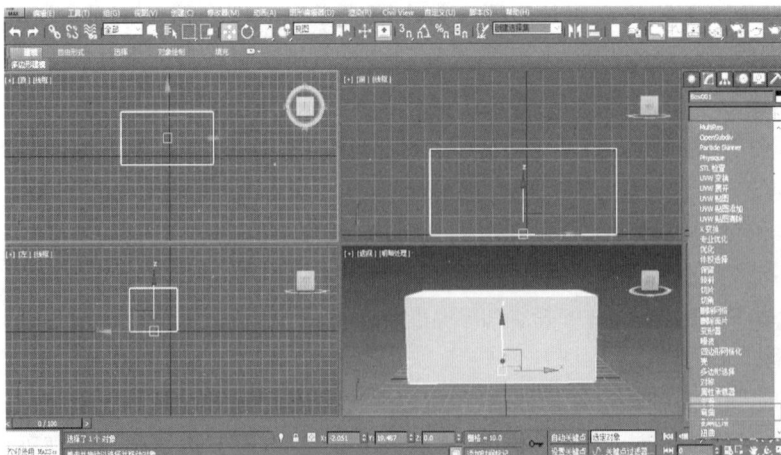

图 4.18　模型弯曲前

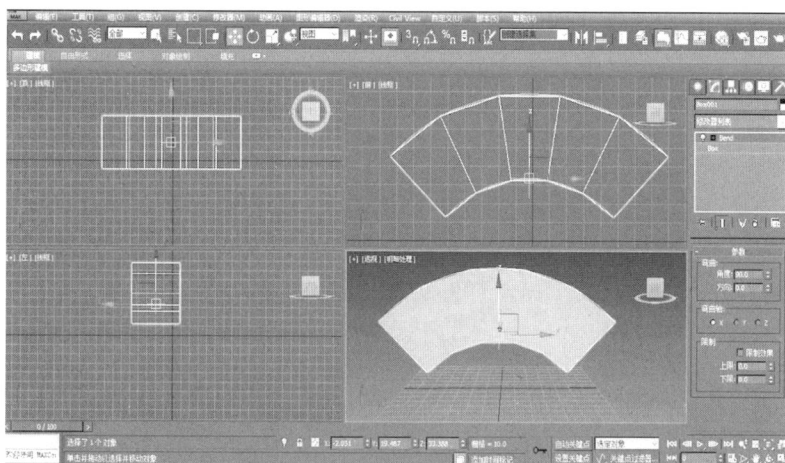

图 4.19 模型弯曲后

二、"锥化"修改器

在 3ds Max 中,若需对现有对象进行形体修改,就会用到修改器,比如"锥化"修改器。它通过对模型两端进行锥化缩放来达成锥化效果,能在两组轴上控制锥化的量和曲线,还可限制锥化效果的位置,实现对模型特定区段的锥化。其作用原理是缩放模型的两端,将一端放大另一端缩小,从而产生锥化轮廓。"锥化"修改器的参数面板如图 4.20 所示。

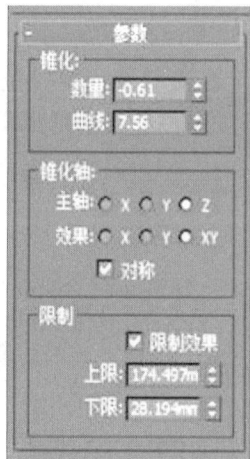

图 4.20 "锥化"修改器参数面板

"锥化"修改器主要参数如下:

数量:用于控制锥化程度,即模型两端的缩放比例差异。

曲线:用于控制锥化后模型侧面的弯曲的程度。

主轴:指锥化的中心轴或中心线,可选择 X 或 Y 或 Z,默认为 Z。

效果:用于设置主轴上锥化方向的轴或轴对。可用选项取决于主轴的选取,影响轴可以是剩下两个轴的任意一个,也可以是它们的合集。如果主轴是 X,影响轴可以是 Y、Z 或 YZ,默认设置为 XY。

对称：围绕主轴产生对称轴化效果。锥化始终围绕影响轴对称，默认为禁用状态。

模型锥化后的效果如图 4.21 所示。

图 4.21　模型锥化效果

三、"扭曲"修改器

"扭曲"修改器通过在某个轴向上对模型进行旋转扭曲，使模型产生变形效果。用户可控制单一轴上的扭曲角度，并通过设置偏移量调整扭曲在轴向上的分布效果，也可对模型的特定区段应用扭曲。

"扭曲"修改器主要参数如下：

角度：表示围绕垂直轴扭曲的量。

偏移：此参数为负值时，对象的扭曲效果会向 Gizmo 中心集中；此参数为正值时，扭曲效果会远离 Gizmo 中心而扩散；此参数为 0 时，对象将产生均匀扭曲的效果。

扭曲轴：用于指定模型沿哪条轴进行扭曲。

模型扭曲后效果如图 4.22 所示。

四、"拉伸"修改器

"拉伸"修改器可在模型体积不变的情况下，对模型沿一个方向进行拉伸或压缩。"拉伸"是指沿着模型的特定拉伸轴应用缩放效果，并沿着剩余的两个副轴应用相反的缩放效果。使用"拉伸"修改器可以模拟挤压和拉伸的传统动画效果。

在"拉伸"修改器参数中，"拉伸"用于设置拉伸值，"扩大"值决定拉伸中部扩大变形程度。"拉伸轴"用于设置拉伸的轴向。在"限制"中勾选"限制影响"选项后，可设置拉伸的范围。

模型拉伸后的效果如图 4.23 所示。

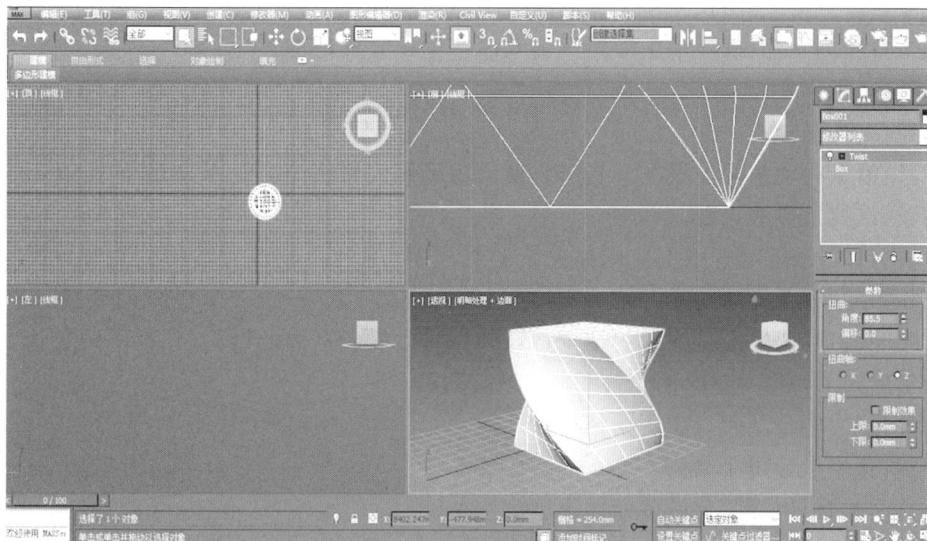

图 4.22　模型扭曲效果

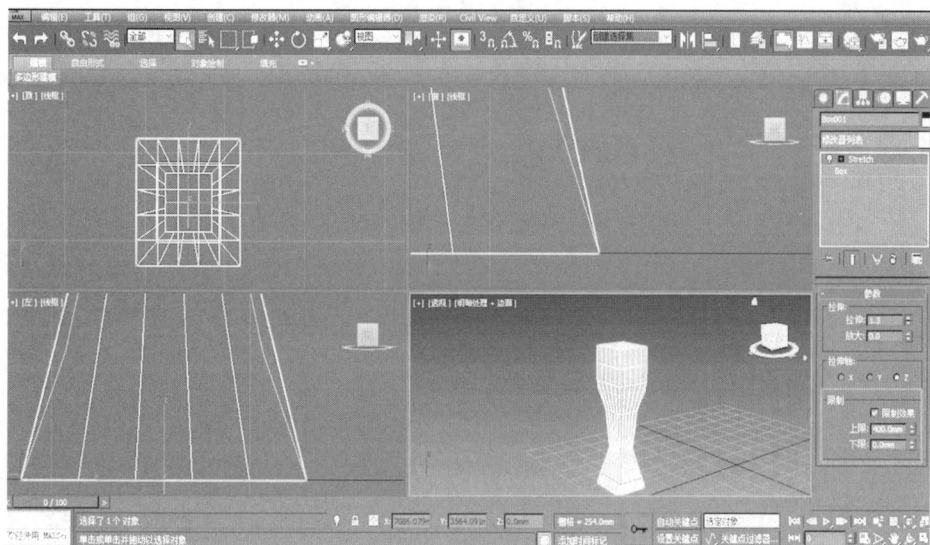

图 4.23　模型拉伸效果

五、"晶格"修改器

使用"晶格"修改器可基于网格拓扑创建可渲染的几何体结构，或作为实现线框渲染效果的一种方法。"晶格"修改器可以根据模型的网络结构把模型晶格化，快捷地做出框架结构效果。

"晶格"修改器主要参数如下：

应用于整个对象：将"晶格"应用到对象的所有边或线段上。禁用时，仅将"晶格"应用到选中的子对象。默认设置为启用。

仅来自顶点的节点:仅显示由原始网格顶点产生的关节(多面体)。

仅来自边的支柱:仅显示由原始网格线段产生的支柱(多面体)

二者:显示支柱和关节。

半径:结构半径。

分段:沿结构轴向的分段数。当需要使用后续修改器使结构变形时,增加此值。

边数:结构边界的边数。

材质 ID:用于指定应用于结构和关节的材质 ID 编号。通过为结构和关节分配不同的材质 ID,可快速为二者指定独立的材质。

忽略隐藏边:仅生成可视边的结构,禁用时,将生成所有边的结构,包括不可见边。默认设置为启用。

末端封口:将末端封口应用于结构。

平滑:将平滑应用于结构。

基点面类型:用于关节的多面体类型。

应用晶格效果的模型如图 4.24 所示。

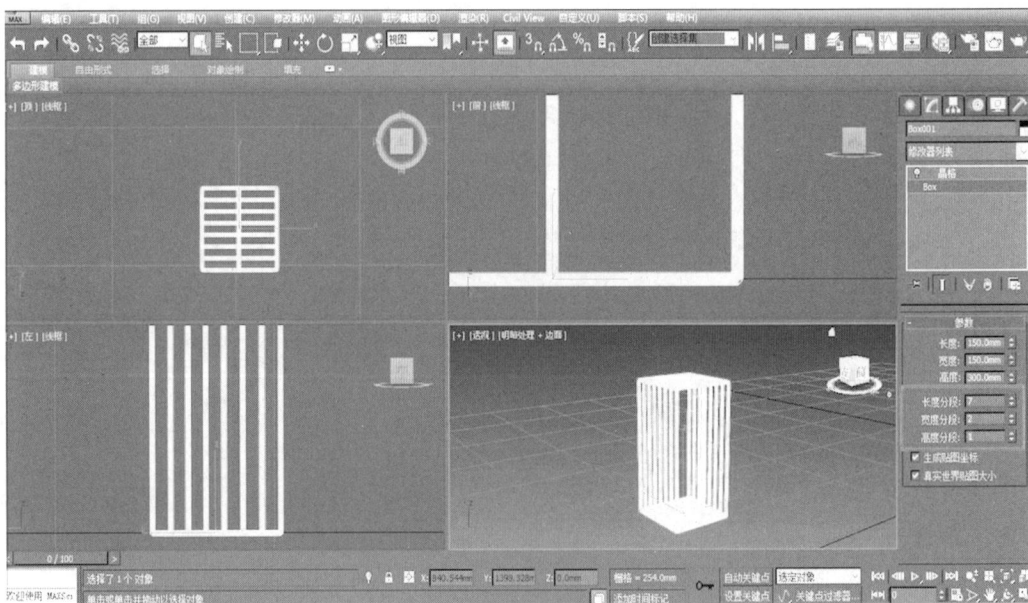

图 4.24 晶格模型效果

六、"FFD"修改器

"FFD"修改器,也叫做自由形式变形器,该修改器可以通过操纵包含模型的一个空间平行点阵对模型施加柔和的力使其变形。利用自由形式变形器可以在对象周围加入一个结构网格。这个结构网格包绕着对象,用户可以通过移动结构网格控制点来更改对象的表面。

单击修改堆栈中的"FFD",即可展开其次对象级。单击选中一种次对象级,在视图中选中相应的子对象,即可利用工具栏中的变换工具进行移动或缩放操作等。利用"FFD"修改器可以在对象附近创建点阵形的网格控制点,通过移动控制点可以改变对象的曲面。

"FFD"修改器包括 3 种不同的网格控制方式：FFD2×2×2、FFD3×3×3、FFD4×4×4。

在 FFD"参数"卷展栏中，"显示"选项区有"晶格"和"源体积"两个选项，"变形"选项区有"仅在体内"和"所有顶点"两个选项。在操作失误时，可以单击"控制点"选项区中的"重置"按钮，使模型恢复至原来的形状。

使用"FFD"修改器后模型的效果，如图 4.25 所示。

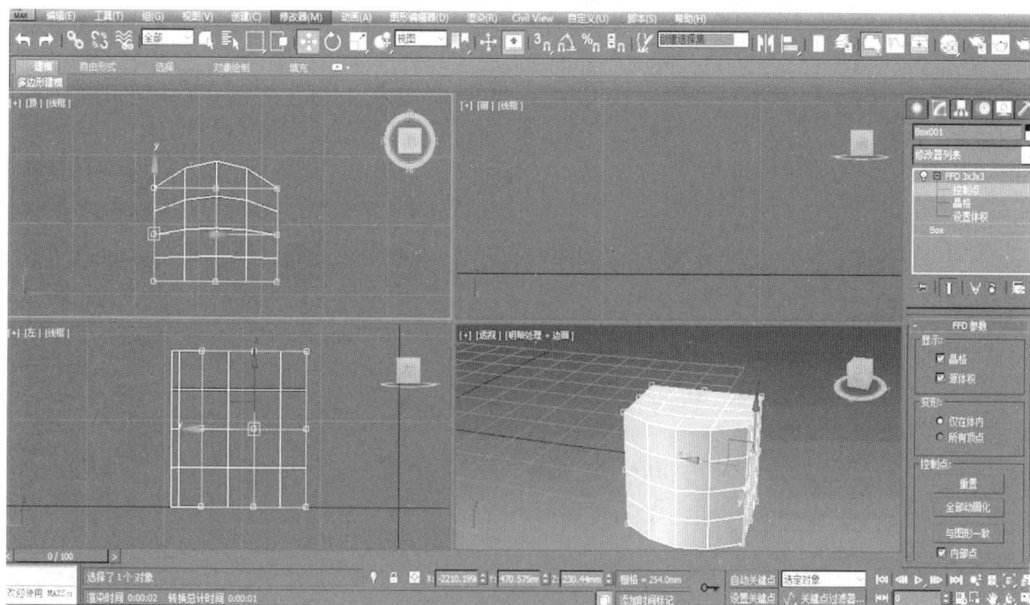

图 4.25　FFD 模型效果

● 课堂实例　创建沙发模型

沙发是现代家居中最常见的家具之一，是实用与装饰完美结合的代表性家具。下面我们来学习制作一个沙发模型，效果如图 4.26 所示。

（1）单击"创建"→"几何体"→"标准基本体"→"长方体"，在前视图中绘制长方体，并设置参数，如图 4.27 所示。

图 4.26　沙发模型效果

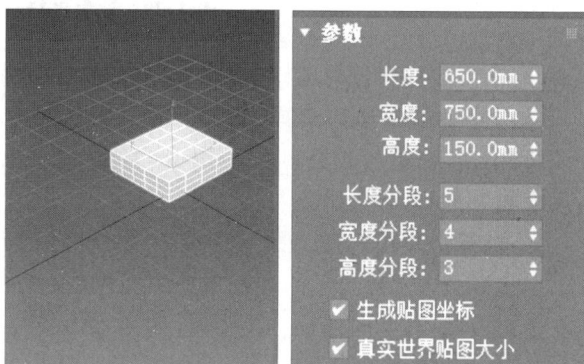

图 4.27　绘制长方体并设置参数

（2）打开修改器列表，在修改器列表中选择"FFD3×3×3"，切换到透视图，如图 4.28 所示。对沙发坐垫进行调整，在前视图中选择长方体中间控制点，并向上拉一段距离以调整沙发坐垫中间部分的造型；在顶视图中选择中间和右边的控制点，并向外拉一段距离以调整坐垫侧面部分的造型，如图 4.29 所示。

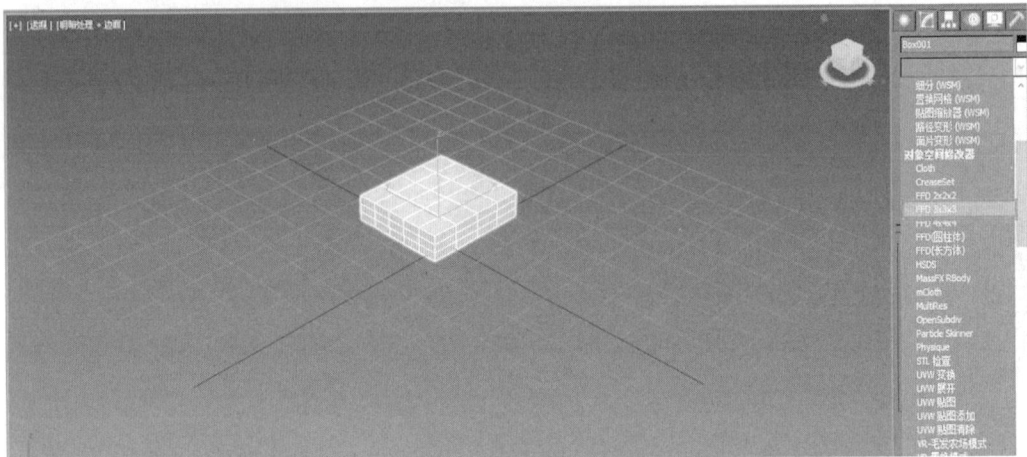

图 4.28 选择"FFD3×3×3"

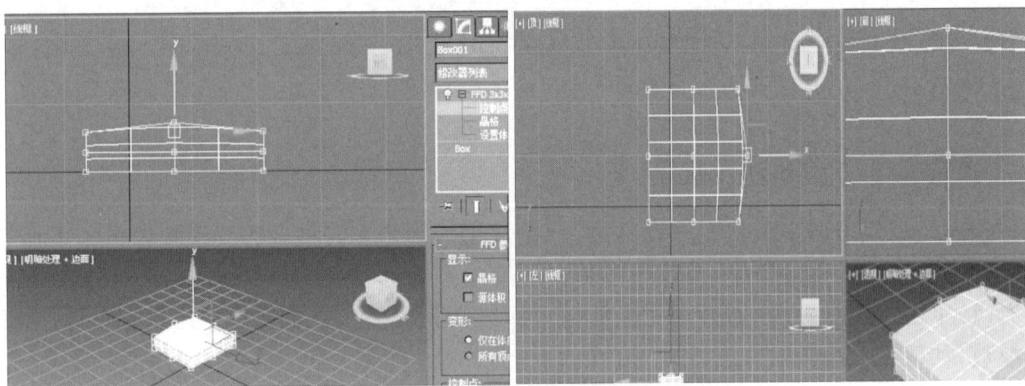

图 4.29 沙发坐垫造型调整

（3）在修改器列表中选择"切角"，切角"数量"设置为 15mm，如图 4.30 所示。

（4）在修改器列表中选择"涡轮平滑"，如图 4.31 所示。

（5）单击"创建"→"几何体"→"标准基本体"→"长方体"，在顶视图中按原来坐垫的大小再次绘制一个长方体，如图 4.32 所示。

（6）打开修改器列表，在修改器列表中选择"FFD3×3×3"，选中第一个坐垫，并将其隐藏。在前视图中选择可见的沙发坐垫中间控制点，并向上拉一段距离；在顶视图中选择中间和右边的控制点，并向外拉一段距离，如图 4.33 所示。

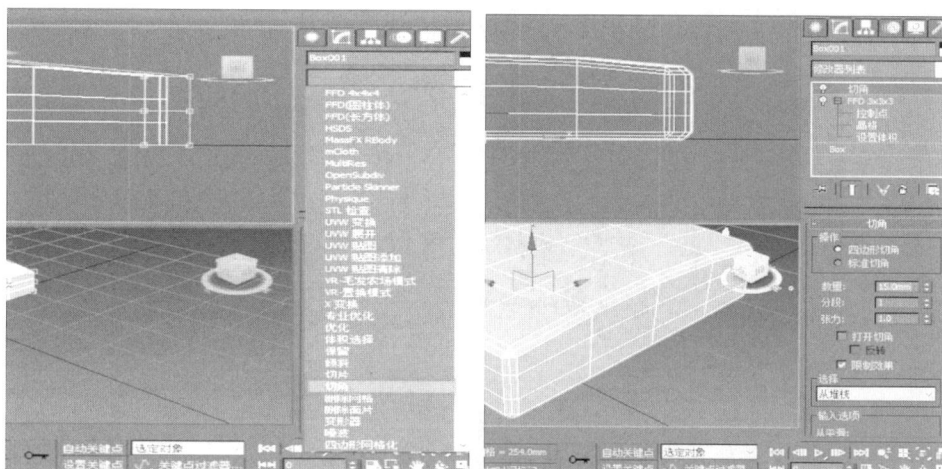

图 4.30　选择"切角"并设置

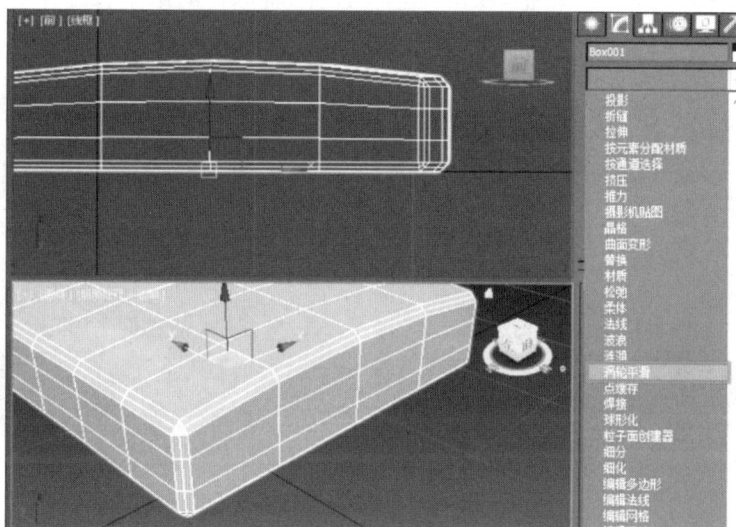

图 4.31　选择"涡轮平滑"

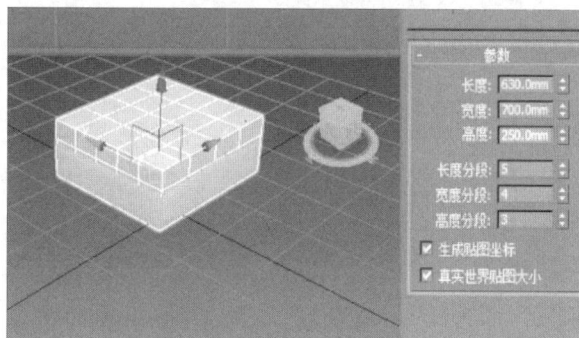

图 4.32　再次绘制长方体

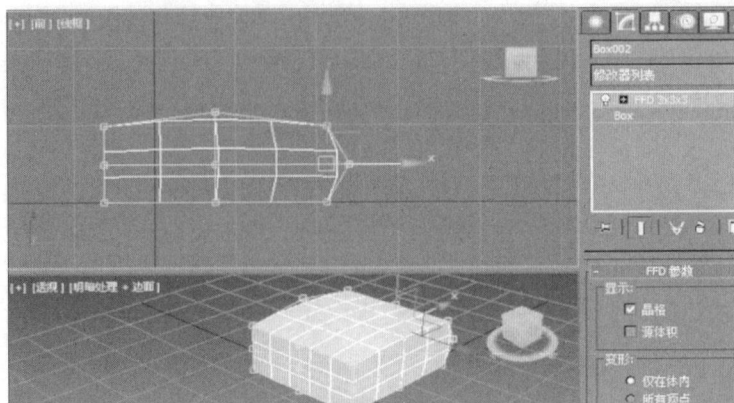

图 4.33　使用 FFD 修改器调整模型

（7）在修改器列表中选择"涡轮平滑"，单击鼠标右键，在弹出的菜单中选择"全部取消隐藏"。在图形显示方式上进行调整，取消"边面"选择，将制作的两个长方体对齐，如图 4.34 所示。

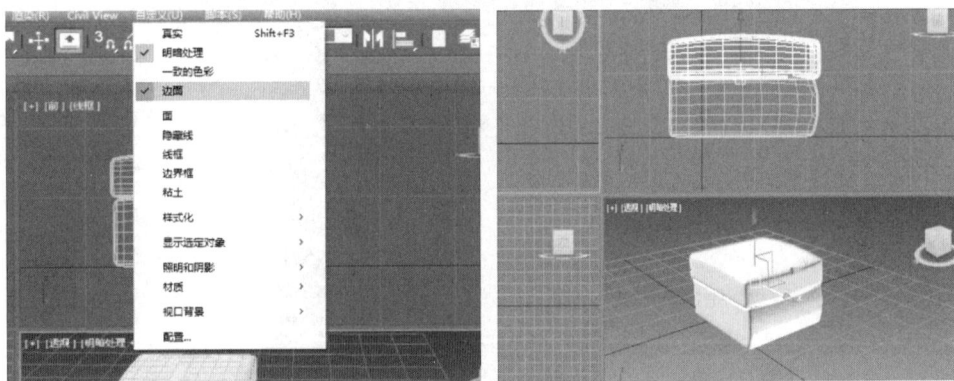

图 4.34　长方体对齐

（8）在顶视图中绘制一个长方体作为沙发的靠背，参数如图 4.35 所示。

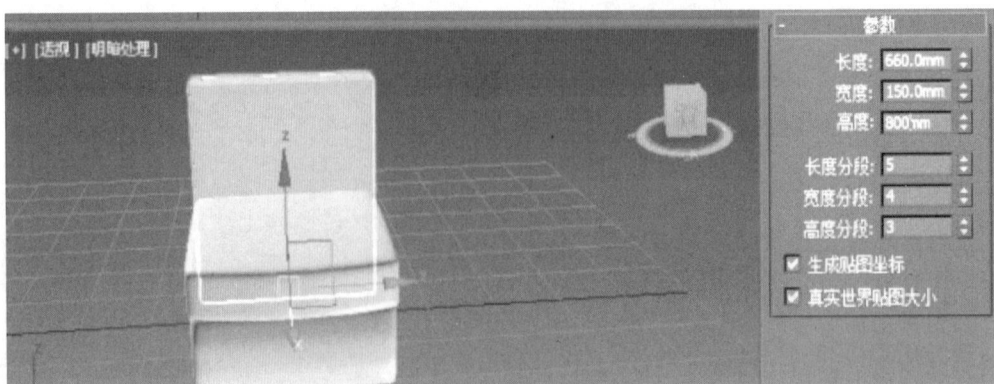

图 4.35　创建靠背几何体

(9)打开修改器列表,在修改器列表中选择"FFD3×3×3",选中沙发靠背的顶端,并向上拉出一点弧度;将沙发左右两侧也向外拉出一点弧度;在顶视图中选择中间控制点向外移动,做出圆弧形靠背造型,如图4.36所示。

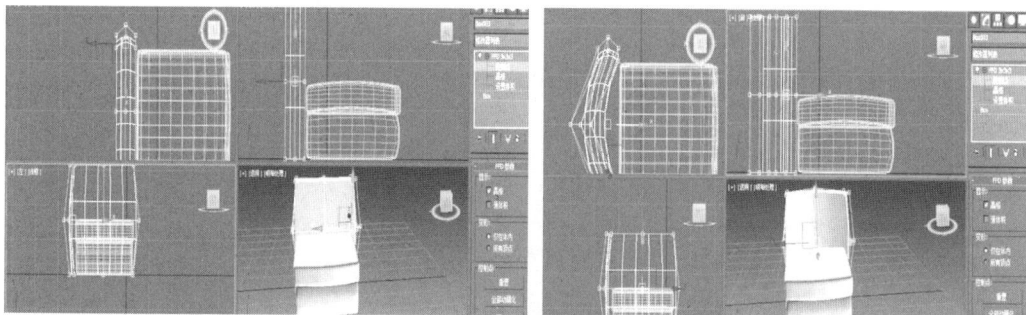

图 4.36 修改靠背

(10)在修改器列表中,选择"切角",并设置"切角"参数,如图4.37所示。

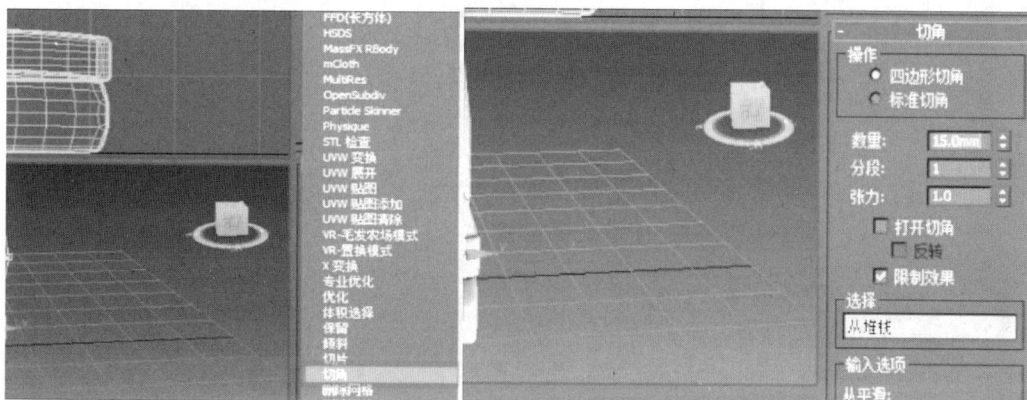

图 4.37 选择"切角"并设置

(11)再次选择控制点进行微调,让沙发顶端的圆弧的弯曲程度增大一点。使用"旋转"工具,让靠背向后倾斜;使用"移动"工具,将靠背移动到合适的位置,如图4.38所示。

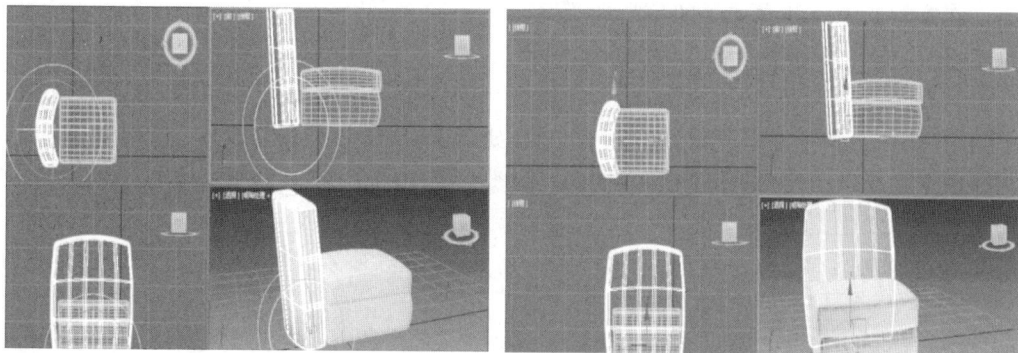

图 4.38 调整靠背角度和位置

(12)观察沙发整体效果,并将靠背设置为长550mm、宽150mm、高850mm,将上方坐垫宽设为550mm,下方坐垫宽设为530mm,如图4.39所示。

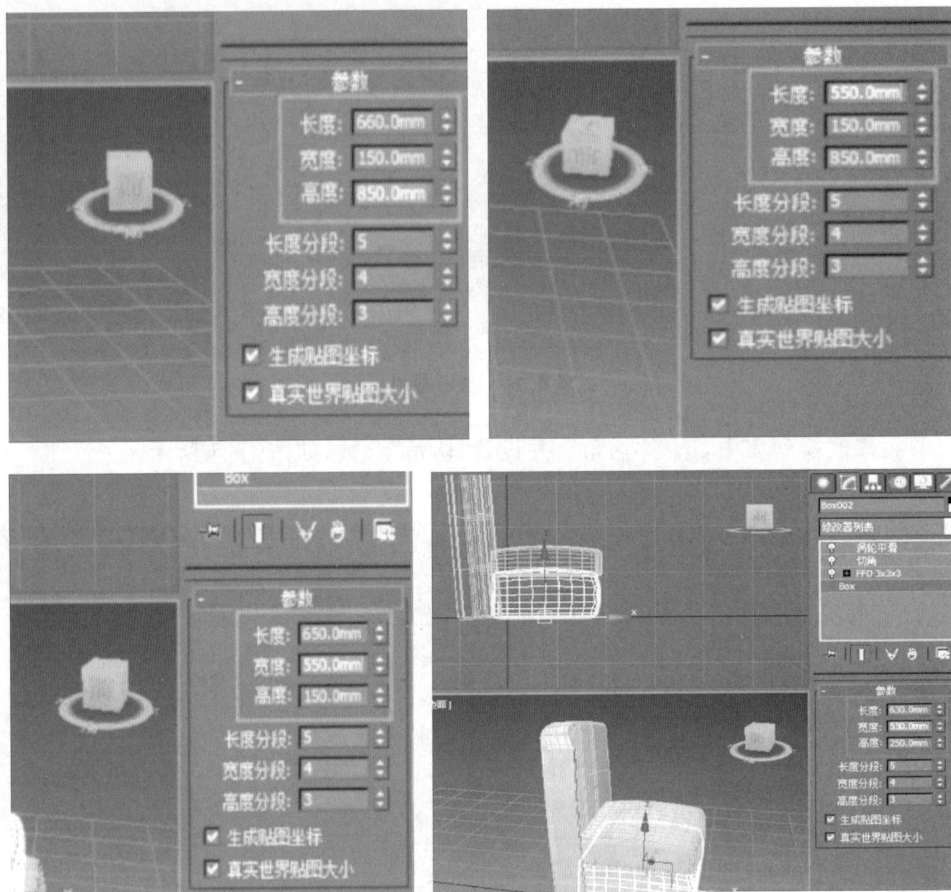

图4.39　整体造型调整

(13)单击"创建"→"几何体"→"标准基本体"→"长方体",在顶视图中绘制长方体,用来做扶手,如图4.40所示。

(14)打开修改器列表,在修改器列表中选择"FFD3×3×3",选中沙发扶手的中间的控制点。在前视图中将沙发扶手的顶端向上拉出一点弧度,将沙发扶手的前端也向外拉出一点弧度,做出扶手的弯曲造型,如图4.41所示。

(15)在修改器列表中,选择"切角",制作好一侧扶手后使用克隆实例的方法,按住Shift键移动,复制一个扶手并将其放在沙发另一侧,如图4.42所示。在修改器列表中选择"涡轮平滑",由于选择的是实例,两个扶手共用一个修改器,因此当修改其中一个扶手时,另一个扶手也会随之发生变化。

(16)对沙发所有的部件模型进行位置调整,如图4.43所示。

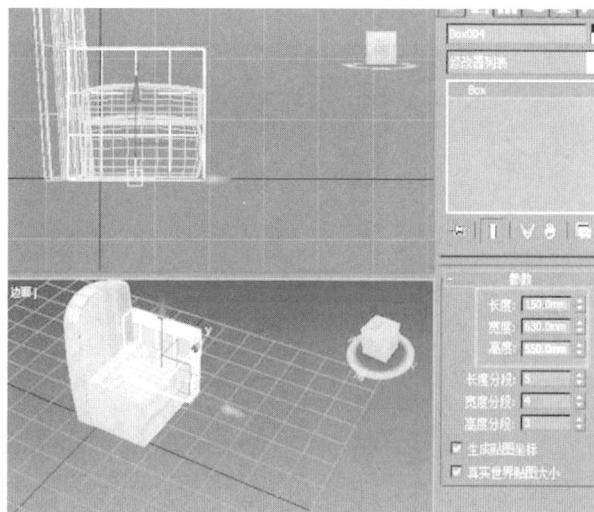

图 4.40　创建扶手

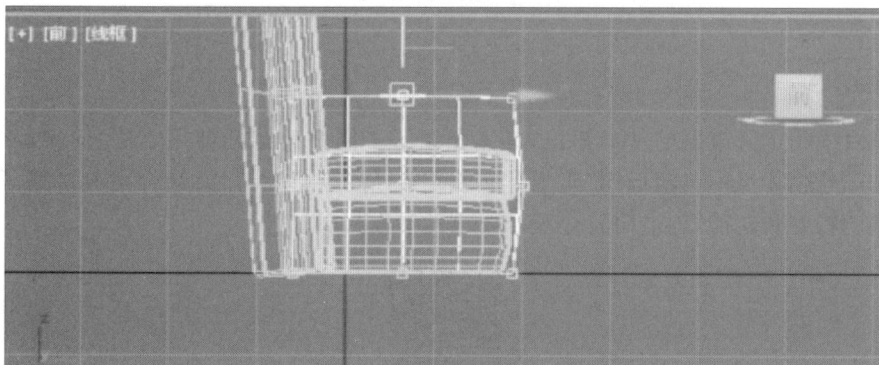

图 4.41　修改扶手

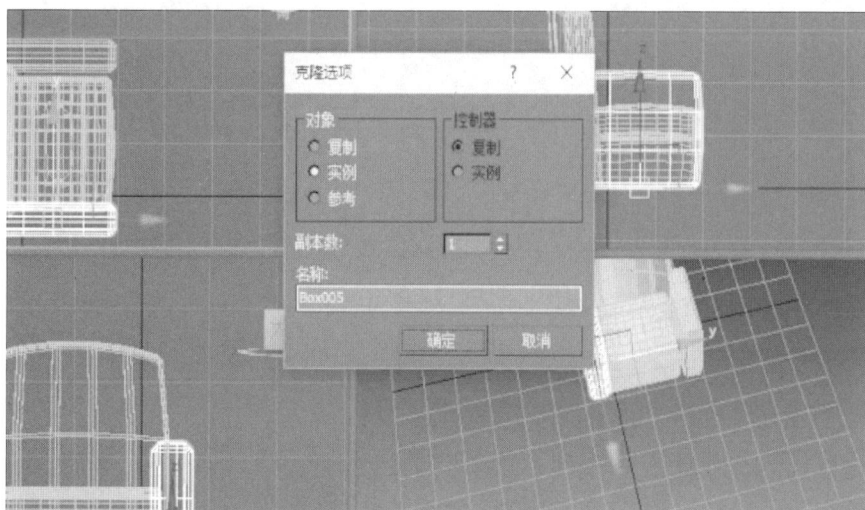

图 4.42　复制扶手并调整

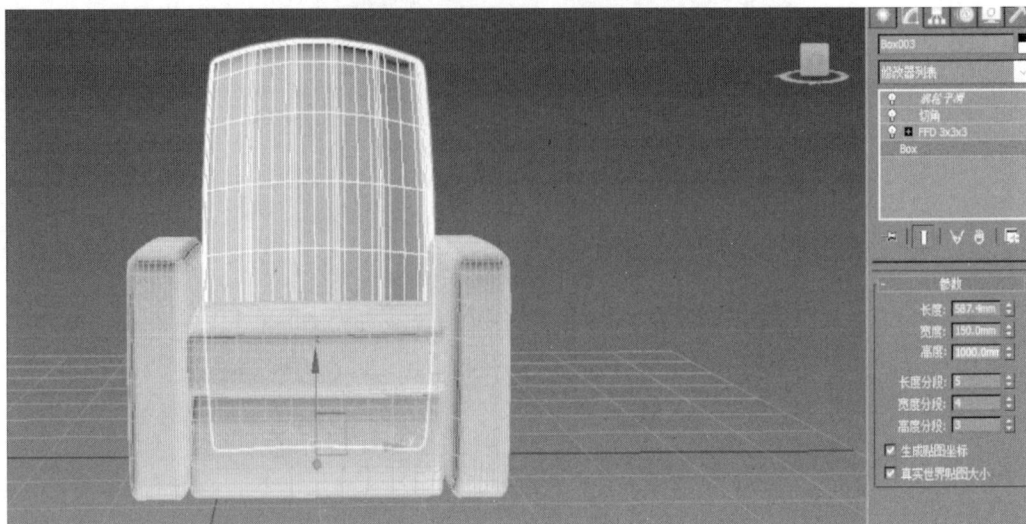

图 4.43 各部件位置调整

项目小结

本项目介绍了修改器的基本知识,具体介绍了不同修改器的使用方法、应用场景,以及如何在实际建模项目中灵活运用"车削""挤出""倒角"等修改器,并结合案例讲解了如何利用修改器的特点和功能,创造出符合设计要求的沙发模型。

项目四考核

项目五

高级建模

引言

前面介绍了基础建模和修改器建模。基础建模就像搭积木,通过修改标准基本体或扩展基本体的参数来搭建模型;修改器建模,是通过设置修改器命令中的参数,让建模对象产生相应的效果。然而在三维动画或游戏场景建模中,模型往往很复杂,并不都是可以通过上面两种方法来建模的。

如何将简单的三维模型编辑成复杂的三维模型?这就需要学习本项目内容——高级建模。3ds Max 提供了很多种高级建模方法,使用较多的是多边形建模、复合建模、网格建模、面片建模、NURBS 建模等。可以将高级建模理解为捏泥人,通过高级建模可以将模型渐渐延展、雕刻成符合要求的形状。

思政要素

高级建模需要花费大量的心思和时间,需要反复观察、设计、调整优化,"千锤百炼"后才能制作出精品。

项目目标

通过学习多种高级建模方法来制作模型。
(1)培养耐心、恒心和刻苦钻研、精益求精的匠人精神。
(2)掌握多边形建模、复合建模不同卷展栏中的参数所代表的意义和设置方法。
(3)学会通过高级建模的方法和技巧,创建出复杂的三维模型。

任务一 多边形建模

视频 5-1
多边形建模

任务描述

多边形建模是常用的高级建模方法,其比较容易理解,非常适合初学者学习。它以简单的模型结构为基础,通过挤出、切割、倒角等操作将简单模型细化为复杂的模型结构。

任务分析

很多家居用品的形状不规则,结构相对复杂,对其建模则需要使用高级建模方法。选用合适的多边形来实现模型的创建是非常重要的,如可通过沿样条线挤出等方法来辅助模型创建。

知识准备

一、知识链接

1. 转换为可编辑多边形

主要学习将基础对象转换成可编辑多边形的技巧。

2. "选择"卷展栏

主要学习对编辑多边形中子对象的选择功能,以更有效地操作子对象。

3. "软选择"卷展栏

"软选择"可以将当前所选子对象的作用范围向四周扩散,并可以通过衰减、收缩、膨胀等命令调整所选子对象的权重和范围。因子对象受影响程度不同,产生的操作效果不同。

4. "编辑顶点"和"编辑几何体"卷展栏

此卷展栏包含针对"顶点"和"几何体"子对象操作的所有命令,通过学习,掌握"顶点"和"几何体"子对象的编辑方法。

5. "编辑边"卷展栏

此卷展栏是对多边形"边"子对象进行编辑的命令集合,需要重点学习。

6. "编辑边界"卷展栏

"边界"是指开放式的边,很多建模操作是通过"边界"子对象层级来完成的。

7. "编辑多边形"和"编辑元素"卷展栏

主要学习子对象"多边形"的编辑方法。这里的"多边形"子对象也可以理解为面,是多边形建模中非常重要的子对象层级。

8. "细分曲面"卷展栏

利用细分曲面方法,可以对当前的多边形网格进行网格平滑式处理,相当于在修改堆栈中添加"网格平滑"修改器。

二、操作技巧

(1)分段挤出。挤出模型的某个部分时,往往需要多次分段挤出,需要提前规划好模型的细分结构,将分段数设计好,挤出完成后,再对挤出部分分段编辑,以达到复杂结构的编辑效果。

(2)细分曲面。多边形建模过程中,经常需要细分曲面,才可对曲面上的复杂结构进行建模。细分曲面的方法有很多种,常用的是拖拽、切割、连接、挤出、插入、倒角等。

"编辑多边形"修改器为选定的对象(顶点、边、边界、多边形和元素等)提供编辑工具。"编辑多边形"修改器涵盖了"可编辑多边形"对象的大部分核心功能,但不包含"顶点颜色"信息、"细分曲面"卷展栏、"权重和折逢"设置和"细分置换"卷展栏。使用"编辑多边形",可设置子对象变换的动画。另外,由于它是一个修改器,所以可保留对象创建参数,用户可在之后作出修改。编辑多边形堆栈,如图 5.1 所示。

一、转换为可编辑多边形

在透视图中随机创建一个图形,如"茶壶",右键单击茶壶对象,弹出如图 5.2 所示菜单。单击"转换为:",弹出如图 5.3 所示菜单,选择"转换为可编辑多边形"。这种方法无法在修改面板中修改参数。

第二种方法为,单击修改面板中修改器列表后的小方块,选择"编辑多边形",如图 5.4 和图 5.5 所示。这种方法能在修改面板中修改参数。

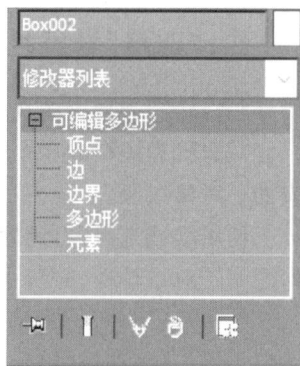

图 5.1 编辑多边形堆栈

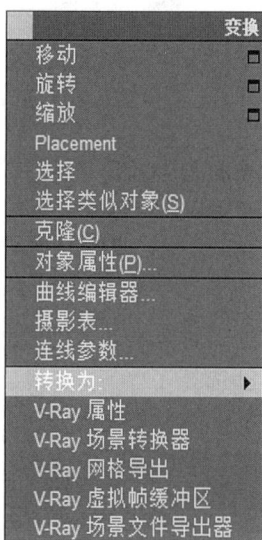

图 5.2 快捷菜单

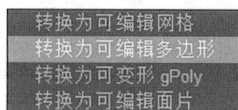

图 5.3 选择"转换为可编辑多边形"

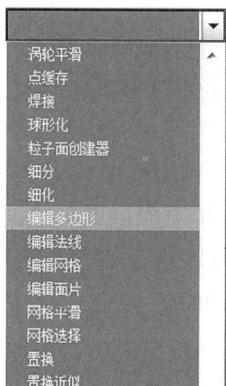

图 5.4 "编辑多边形"选项

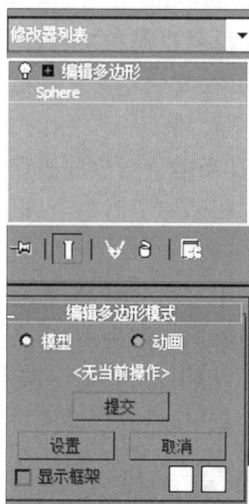

图 5.5 "编辑多边形"参数

二、"选择"卷展栏

"选择"卷展栏中的选项如图 5.6 所示。

"选择"卷展栏的 5 个子对象层级按钮用于显示和激活对应的子对象层级。

使用堆栈选择：启用后，自动使用在堆栈中向上传递的任何现有子对象选择，并禁止手动更改选择。

按顶点：启用后，只有通过选择所用的顶点，才能选择子对象。单击顶点时，将使用该选定顶点的所有子对象。该功能在"顶点"子对象层级上不可用。

忽略背面：启用后，系统会自动隐藏所选对象的背面。

按角度：启用后，选择一个多边形时，系统会基于复选框右侧设置的角度，自动选择相邻多边形。该值可以确定要选择的邻近多边形之间的最大角度。仅在多边形子对象层级可用。

收缩：通过取消选择最外部的子对象逐步缩小子对象的选择区域。当无法再进一步减少选择大小时，其余的子对象将全部被取消选择。

扩大：朝所有可用方向外侧扩展选择区域。

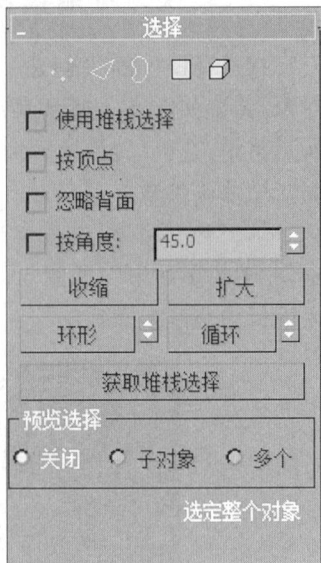

图 5.6 "选择"卷展栏

环形：通过"环形"按钮旁的微调器，可将当前选择范围沿对象曲面的切线方向，移动到相同环路上的其他平行边（即相邻的同方向循环边）。若已选择了循环，使用该功能可以进一步选择相邻的循环组。需要注意的是，此功能仅适用于"边"和"边界"子对象层级。

循环：在保持与所选边对齐的状态下，将边的选择范围向尽可能远的方向拓展。循环选择仅通过四向连接的边（即仅连接到四个顶点的边）进行传播。

获取堆栈选择：使用修改器堆栈中上层对象传递下来的子对象选择，替换当前层级的选择集。

"预览选择"选项组：在正式提交并确定子对象选择之前，利用该选项组能够对选择效果进行预览。基于鼠标所处的位置，用户既可以在当前子对象层级下直接预览选择效果，也可以让系统根据鼠标位置自动切换到合适的子对象层级进行预览，从而更直观、便捷地确定最终的选择方案，提升操作的精确度和效率。

①关闭：预览不可用。

②子对象：仅在当前子对象层级启用预览，光标移至子对象时，该子对象会以高亮显示。如果需要选择特殊相邻的子对象，可以按住 Ctrl 键移动光标并拖动需要选择的子对象，单击鼠标即可选择。

③多个：以与"子对象"相同的方式发挥作用，在操作和属性响应上，表现出与"子对象"一致的特性。但根据鼠标的位置，可在顶点、边和多边形子对象层级别之间自动变换。

选定整个对象：用于显示文本，提供有关当前选择的信息。如果没有选中任何子对象，或者选中了多个子对象，那么该文本给出选择的数目和类型。

三、"软选择"卷展栏

"软选择"卷展栏的选项如图 5.7 和图 5.8 所示。

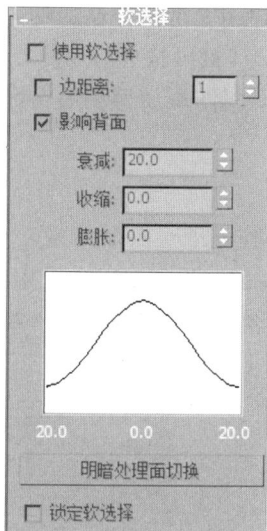

图 5.7　"软选择"卷展栏(1)

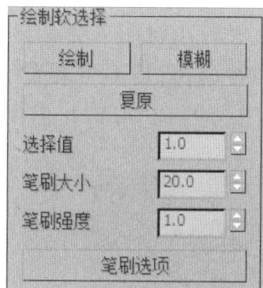

图 5.8　"软选择"卷展栏(2)

使用软选择:启用该选项后,3ds Max 会将样条线曲线变形应用到所变换的所选子对象周围的未选定子对象。要产生效果,则必须在变换或修改选择之前启用该复选框。

边距离:启用该选项后,能将软选择限制在指定的面数范围内,以此界定进行选择的区域与软选择最大范围之间的界限。

影响背面:启用该选项后,那些法线方向与所选子对象平均法线方向相反的、取消选择的面会受到软选择的影响。

①衰减:用于定义软选择影响区域的距离,用当前单位衡量从选择中心到影响范围边界的距离。衰减值越高,选择过渡越平缓,具体效果受几何体比例影响。

②收缩:沿着垂直轴提高并降低曲线的顶点。用于设置区域的相对"突出度"。设置为负数时,将生成凹陷,而不是点;设置为 0 时,收缩效果将跨越该轴生成平滑变换效果。

③膨胀:沿着垂直轴展开和收缩曲线。

明暗处理面切换:显示颜色渐变,与软选择权重相适应。

锁定软选择:启用该选项将禁用标准软选择选项,通过锁定标准软选择的一些调节数值选项,避免程序选择对它进行更改。

"绘制软选择"选项组:用户可以通过鼠标在视图中直接绘制软选择区域,通过绘制不同权重的不规则形状实现精细化选择效果。与标准软选择相比,"绘制软选择"可以更灵活地控制软选择图形的范围,让用户不再受固定衰减曲线的限制。

①绘制:选择该选项,在视图中拖动鼠标,可在当前对象上绘制软选择区域。

②模糊:选择该选项,在视图中拖动鼠标,可对当前软选择的权重边界进行模糊处理。

③复原:选择该选项,在视图中拖动鼠标,可逐步撤销对软选择的修改,将其恢复至初始状态或最近一次保存的权重分布。

④选择值:指绘制或复原软选择的最大权重,最大值为 1。

⑤笔刷大小:指绘制软选择区域的笔刷大小,通过 Ctrl＋Shift＋鼠标左键,可以快速调整笔刷大小。

⑥笔刷强度:指绘制软选择的笔刷强度,强度越高,达到完全值的速度越快。通过 Alt＋Shift＋鼠标左键,可以快速调整笔刷强度,绘制时按住 Ctrl 键可快速启用复原工具。

⑦笔刷选项:可打开绘制笔刷对话框对笔刷的形状、镜像、敏压等相关属性进行设置。

四、"编辑顶点"和"编辑几何体"卷展栏

顶点是位于相应位置的点,它们构成多边形对象的其他子对象的结构。当移动或编辑顶点时,它们形成的几何体也会受影响。顶点可以独立存在,独立顶点可以用来构建其他几何体,但在渲染时,它们是不可见的。在编辑多边形的顶点子对象时,往往需运用"编辑顶点"卷展栏(见图 5.9)和"编辑几何体"卷展栏中(见图 5.10)的命令。

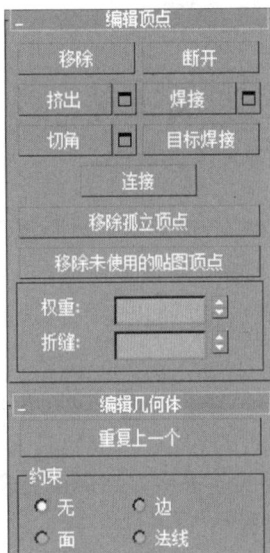

图 5.9　"编辑顶点"卷展栏　　　　　图 5.10　"编辑几何体"卷展栏

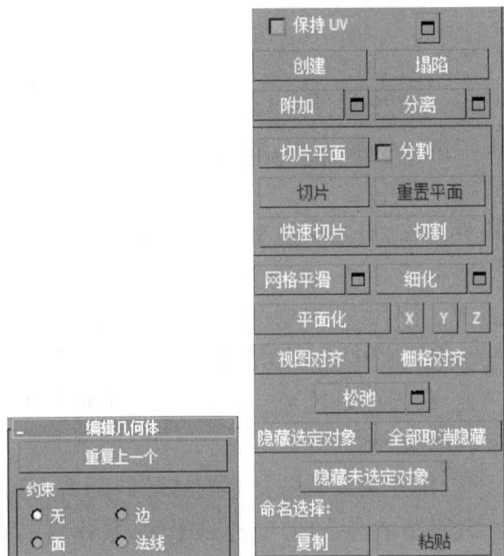

移除:删除选中的顶点,并将使用它们的多边形结合起来。

断开:在与选定顶点相连的每个多边形上都创建一个新顶点,多边形的角原来是连在原始顶点上的,这项操作可使它们互相断开;如果顶点是孤立的,或者只有一个多边形使用,则顶点将不受影响。

挤出:顶点被挤出时,它会沿法线方向移动,并且形成新的多边形,从而形成挤出的面,顶点与当前对象相连。挤出对象的面数,与原来使用挤出顶点的多边形数一样。

焊接:对"焊接"对话框中指定的公差范围之内连续的、选中的顶点进行合并,所有边都会与所产生的单个顶点连接。当模型局部区域存在多个邻近顶点时,焊接功能可通过自动合并顶点实现网格简化。

切角:单击此按钮,在活动对象中拖动顶点,即可完成切角操作。若要使用数字对顶点进行切角操作,则单击"切角设置"按钮,然后调整"切角量"。如果对多个选定的边进行切角处理,则这些边的切角效果相同。如果拖动一个未选中的顶点,那么任何选定的顶点都会先被取消选定。

目标焊接:选择一个顶点,当光标处在顶点之上时它会变成"＋"形状。单击并移动鼠标

会出现一条虚线,虚线的一端是顶点,另一端是箭头光标。将光标放在附近的顶点之上,再次出现"＋"时,单击鼠标,第一个顶点就会移到第二个的位置上,然后它们两个被焊接在一起。

连接:在选中的顶点之间,创建新的边。

移除孤立顶点:将不属于任何多边形的所有顶点删除。

移除未使用的贴图顶点:某些建模操作会留下未使用的贴图顶点,它们会显示在"展开UVW"编辑器中,但是不能用于贴图。可以利用这一按钮,删除这些贴图顶点。

重复上一个:重复最近使用的命令。

约束:使用现有的几何体约束子对象的变换。

创建:创建新的几何体。此按钮的使用方式取决于活动的级别。

塌陷:通过将顶点与选择的中心的端点焊接,使连续选定的子对象组产生塌陷。

附加:用于将场景中的其他对象附加到选定的可编辑多边形中。可以附加任何类型的对象,包括样条线、片面对象和 NURBS 曲面。附加非网格对象时,可以将其先转化成可编辑多边形,再选择要附加到当前所选多边形对象中的对象。

分离:将选定的子对象及其关联的多边形,从原对象中提取为独立的对象或元素。

切片平面:为切片平面创建 Gizmo。可以对它定位或旋转,从而指定切片位置。还可以单击"切片"和"重置平面"按钮。如果捕捉处于禁用状态,那么在转换切片平面时,可以预览切片。要执行切片操作,则单击"切片"按钮。

快速切片:可以对所选对象快速切片,而不操纵 Gizmo。选择对象并单击"快速切片"按钮,在切片的起点处单击一次,然后在其终点处单击一次,执行命令时,可以继续对选定对象执行切片操作。

切割:用于创建一个多边形到另一个多边形的边,或在多边形内创建边。单击起点,并移动光标,然后单击,再移动和单击,以创建新的内连接边。单击鼠标右键,退出当前切操作,可以开始新的切割或者再次单击鼠标右键退出"切割"模式。

网格平滑:使用当前设置对对象进行平滑处理。此命令使用细分功能,它与"网格平滑"修改器中的"NURMS 细分"类似,但是与"NURMS 细分"不同的是,它立即将平滑应用到控制网格的选定区域中。

细化:根据细化设置细分对象中的所有多边形。

平面化:强制所有选定的子对象共面,该平面的法线是所选的平均曲面法线。

视图对齐:使对象中的所有顶点与活动视图所在的平面对齐,如果子对象模式处于活动状态,则该功能只能影响选定的顶点或属于子对象的顶点。如果活动视图是前视图,则使用"视图对齐"的效果与对齐构建网格(主网格处于活动状态时)一样。与透视图(包括摄影机视图和灯光视图)对齐时,将会对顶点进行重定向,使其与某个平面对齐。其中,该平面与摄影机的查看平面平行。该平面与距离顶点的平均位置最近的查看方向垂直。

栅格对齐:使选定对象中的所有顶点与活动视图所在的平面对齐。如果子对象模型处于活跃状态,则该功能只适用于选定的子对象。该功能可以使选定的顶点与当前的构建平面对齐。启用主栅格的情况下,当前平面由活动视图指定。使用栅格对象时,当前平面是活动的栅格对象。

松弛:在"松弛"对话框中进行设置,可以将"松弛"功能应用于当前的选定内容。"松弛"可以规格化网格空间,方法是朝着邻近对象的平均位置移动每个顶点,其工作方式与"松弛"

修改器相同。

隐藏选定对象：隐藏任意所选子对象。

全部取消隐藏：还原任何隐藏子对象，使之可见。

隐藏未选定对象：隐藏未选定的任意子对象。

复制：将命名选择集放置到复制缓冲区。

粘贴：在复制缓冲区中粘贴命名选择集。

五、"编辑边"卷展栏

边是连接两个顶点的线，它可以作为多边形的边。边不能由两个以上多边形共享。在编辑多边形的边子对象时，主要应用"编辑边"卷展栏中的命令，如图 5.11 所示。

插入顶点：用于手动细分可视的边。

移除：删除所选的边。移除边可以优化模型的几何结构，即删除不必要的边来简化模型，减少面数或改变模型的流线形。这对于调整模型的形状、修改拓扑结构或进行进一步的编辑操作非常有用。

分割：沿着选定边分割网格。

挤出：在执行手动挤出操作后单击该按钮，在当前选定对象上与预览对象上执行的挤出效果相同。"挤出"对话框中的"挤出高度"值为最后一次挤出时的高度值。

焊接：指几何体的焊接操作，例如两个以上多边形共享边的焊接操作。

切角：如果对多个选定的边进行切角处理，则这些边的切角效果相同。如果拖动未选择的边，那么任何已选择的边都将先被取消选定。

图 5.11 "编辑边"卷展栏

目标焊接：选择边并将其焊接到目标边。将光标放在边上时，光标会变成"＋"形状。单击并移动鼠标会出现一条虚线，虚线的一端是顶点，另一端是箭头光标。将光标放在其他边上，如果光标再次显示为"＋"，则单击鼠标。此时，第一条边将会移到第二条边的位置，从而两条边被焊接在一起。

桥：创建一个新的面或多边形来连接选定的两条边。可以在两条边之间创建一个新的连接，填补它们之间的空隙，从而形成一个新的面或多边形。

连接：是将两个选定的边通过创建新的边连接起来的操作。可以在两条边之间添加一个新的边，从而改变模型的拓扑结构和形状。

创建图形：选择一条或多条边后，单击此按钮，打开"创建图形设置"对话框，通过设置可创建一个或多个样条线图形。

编辑三角剖分：通过绘制对角线将多边形细分为三角形。

旋转：通过单击对角线修改多边形，将其细分为三角形，激活"旋转"模式时，在线框和边面视图中对角线显示为虚线，在"旋转"模式下，单击对角线可更改其位置。要退出"旋转"模式，则在视图中单击鼠标右键或再次单击"旋转"按钮。

六、"编辑边界"卷展栏

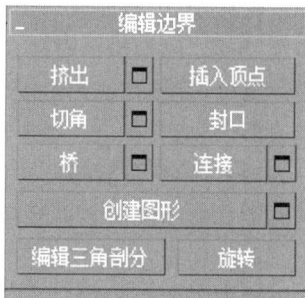

图 5.12　"编辑边界"卷展栏

边界是网格的线性部分,通常可以描述为孔洞的边缘。它通常是多边形仅位于一面时的边序列。例如,长方体没有边界,但茶壶有若干边界,壶盖、壶身、壶嘴、壶把上有边界。如果创建圆柱体后,删除末端多边形,则相邻的一圈边会形成边界。"编辑边界"卷展栏如图 5.12 所示。

挤出:在执行手动挤出操作后单击该按钮,在当前选定对象上和在预览对象上执行挤出命令的效果相同。"挤出"对话框中的"挤出高度"值为最后一次挤出时的高度值。

插入顶点:启用"插入顶点"后,单击边界边即可在该位置处添加顶点,可以连续细分边界边。要停止插入顶点,则在视图中单击鼠标右键,或者重新单击"插入顶点"按钮。

切角:如果对多个选定的边进行切角处理,则这些边的切角效果相同。如果拖动未选择的边,那么任何已选择的边都将先被取消选定。

封口:使用单个多边形封住整个边界环。

桥:使用多边形的"桥"连接对象的两个边界。

连接:在选定边界边之间创建新边,这些边可以通过其中的点相连。

创建图形:选择一个或多个边界后,单击此按钮,打开"创建图形设置"对话框,通过设置可创建一个或多个样条线图形。

编辑三角剖分:通过绘制对角线将多边形细分为三角形。

旋转:通过单击对角线修改多边形,将其细分为三角形,激活"旋转"模式时,在线框和边面视图中显示为虚线,在"旋转"模式下,单击对角线可更改其位置。要退出"旋转"模式,则在视图中单击鼠标右键或再次单击"旋转"按钮。

七、"编辑多边形"和"编辑元素"卷展栏

多边形是通过曲面连接的三条或多条边的封闭序列,在"编辑多边形"子对象(多边形)层级下,可选择单个或多个多边形,然后使用标准的方法对它们进行变换,这与"元素"子对象层级相似。"编辑多边形"卷展栏和"编辑元素"卷展栏分别如图 5.13 和图 5.14 所示。

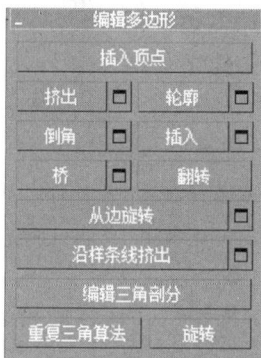

图 5.13　"编辑多边形"卷展栏

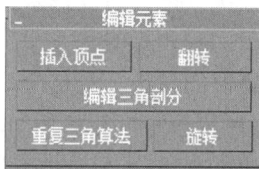

图 5.14　"编辑元素"卷展栏

轮廓：用于增加或减少每组连续选定的多边形外边。执行挤出或倒角操作后，通常可以使用"轮廓"调整挤出面的大小。它不会缩放多边形，只会更改外边的大小。

倒角：直接在视图中操纵时，可以执行手动倒角操作。单击此按钮，然后垂直拖动任何多边形，可将其挤出。释放鼠标，然后垂直移动光标，可设置挤出轮廓。

插入：执行没有高度的倒角操作，即在选定多边形的平面内执行该操作。单击此按钮，然后垂直拖动任何多边形，以便将其插入。

从边旋转：通过在视图中直接操纵，执行手动旋转操作。选择多边形，并单击该按钮，然后沿着垂直方向拖动任何边，可旋转选定多边形。如果光标在某条边上，将会变为"＋"形状。

沿样条线挤出：沿样条线挤出当前的选定内容。

编辑三角剖分：可以通过绘制内边，将多边形细分为三角形。

重复三角算法：在当前选定的一个或多个多边形上进行最佳三角剖分。

旋转：通过单击对角线修改多边形，将其细分为三角形，激活"旋转"模式时，在线框和边面视图中对角线显示为虚线，在"旋转"模式下，单击对角线可更改其位置。要退出"旋转"模式，则在视图中单击鼠标右键或再次单击"旋转"按钮。

"编辑元素"卷展栏中的工具与"编辑多边形"卷展栏中相应的工具功能相同，这里不再赘述。

八、"细分曲面"卷展栏

3ds Max"细分曲面"卷展栏，可对多边形网格做细分平滑处理，生成更精细的三角化网格，辅助复杂几何体操作，与"网格平滑"修改器功能重叠，但不完全相同，它还涉及细分算法、参数控制等，用于优化模型细节与平滑度。从操作效果上看，这类似于在修改堆栈中添加一个"网格平滑"修改器，但"细分曲面"与"网格平滑"修改器之间仍存在一些关键区别。其一，采用 NURMS 细分方式进行光滑处理后，不会像常规操作那样产生光滑后的控制点；其二，NURMS 细分仅能应用于整个网格，无法针对网格的局部区域进行单独操作，而"网格平滑"修改器在某些情况下可以实现局部处理。"细分曲面"卷展栏如图 5.15 所示。

平滑结果：对所有的多边形网格应用一个平滑组，与"多边形：平滑组""多边形：材质 ID""多边形：顶点颜色"一样，都是选中"多边形"时才会呈现的。

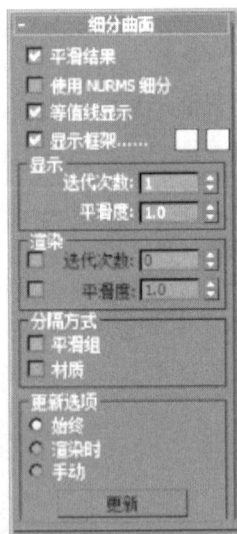

图 5.15 "细分曲面"卷展栏

使用 NURMS 细分：对多边形进行细分，使模型更加平滑。可以通过增加迭代次数提高细分效果，可以调整平滑度，最大为 1.0。

等值线显示：勾选"等值线显示"后网格就会变得很少，用最重要的线显示多边形的形状。迭代次数越高，显示的线条越多。

显示框架：在勾选"使用 NURMS 细分"时使用"显示框架"，几何体的轮廓就会显示出来。单击后面的小方块，可以更改轮廓线条的颜色。

渲染："迭代次数"对应的是渲染设置中的参数，勾选后可以调整渲染状态下的平滑度。

分割方式:可以通过"平滑组"和"材质"这两种方式对当前编辑的多边形对象进行分割,可以有多个不同的细分面。

课堂实例 创建水龙头模型

(1)单击"创建"→"几何体"→"圆柱体",在前视图、顶视图、左视图中分别创建三个圆柱体,如图 5.16 所示。

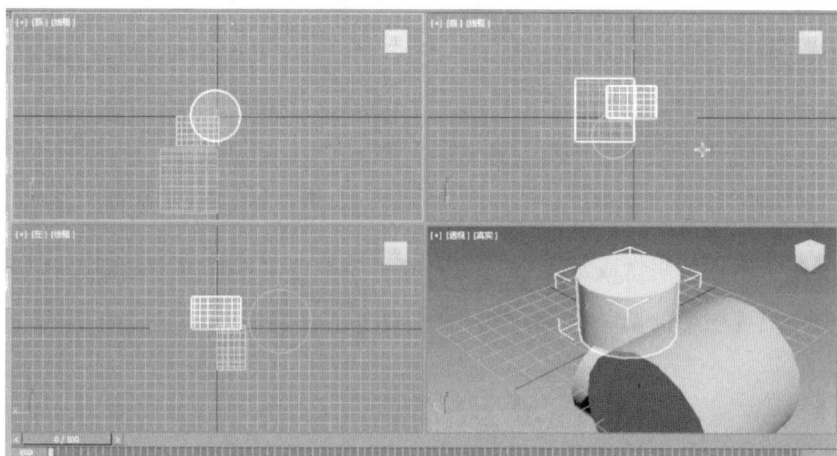

图 5.16 创建圆柱体

(2)选中顶视图中的圆柱体,单击修改面板,将圆柱体的半径设为 2.5,高度设为 2.0,高度分段设为 2,其余参数不变(见图 5.17)。

(3)选中前视图中的圆柱体,单击修改面板,将圆柱体的半径设为 2.5,高度设为 1.0,高度分段设为 2,其余参数不变(见图 5.18)。

(4)选中左视图中的圆柱体,单击修改面板,将圆柱体的半径设为 2.5,高度设为 6.0,高度分段设为 11,边数设为 28,其余参数不变(见图 5.19)。

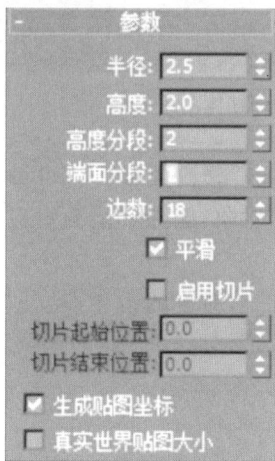

图 5.17 顶视图圆柱体参数　　图 5.18 前视图圆柱体参数　　图 5.19 左视图圆柱体参数

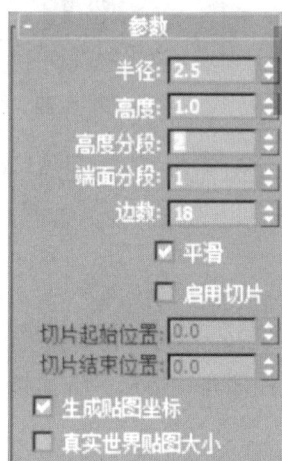

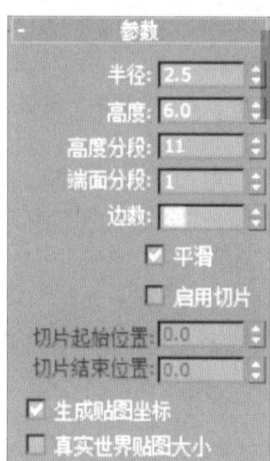

(5)选中圆柱体,单击"选择并移动"工具,分别将三个圆柱体的 X、Y、Z 轴设置为 0(见图 5.20)。将视图中的圆柱体选中并移动至合适位置,如图 5.21 所示。

图 5.20　设置圆柱体 X、Y、Z 轴

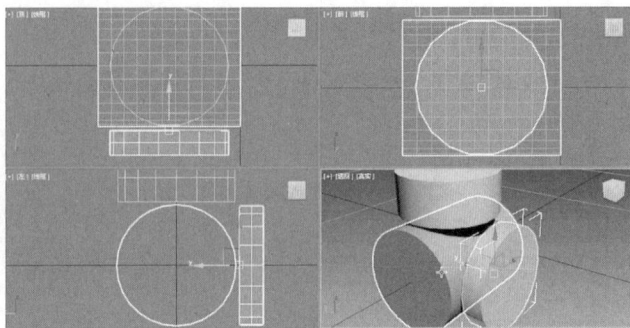

图 5.21　移动圆柱体

(6)将这三个圆柱体制作成水龙头的三通接头。首先将左视图中的圆柱体转化为可编辑多边形,选中前视图中的圆柱体,单击缩放工具 ,将其在 Y 轴向上压缩 80%(见图 5.22)。

(7)按 Alt＋W 键以最大化前视图,通过前视图中的圆柱体观察后面的图形。单击"修改面板"→"多边形",勾选"忽略背面",选中后面圆柱体对应的部分,然后按 Delete 键删除(见图 5.23)。

图 5.22　Y 轴向上压缩 80%

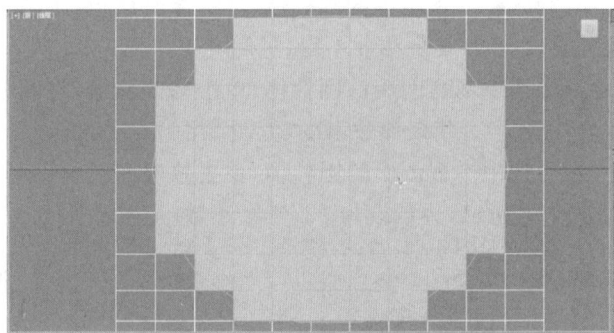

图 5.23　删除后面圆柱体对应部分

(8)单击"附加",将这两个圆柱体附加成一个多边形对象。单击"修改面板"→"可编辑多边形"→"多边形",如图 5.24 所示。单击刚添加的后面的圆柱体对象,删除其前面对应的部分,如图 5.25 所示。

(9)单击"修改面板"→"可编辑多边形"→"边界",选中两个圆柱体对应的边界,通过"编辑边界"卷展栏中的"桥"(见图 5.26),将它们进行连接。

(10)用相同的方法将上面的圆柱体与多边形进行连接(见图 5.27)。

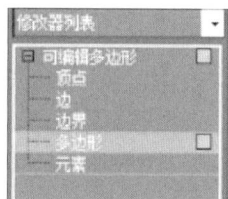

图 5.24　选择"多边形"

图 5.25　删除圆柱体前面对应部分

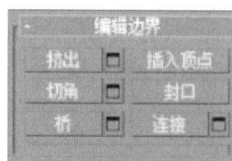

图 5.26　"桥"工具

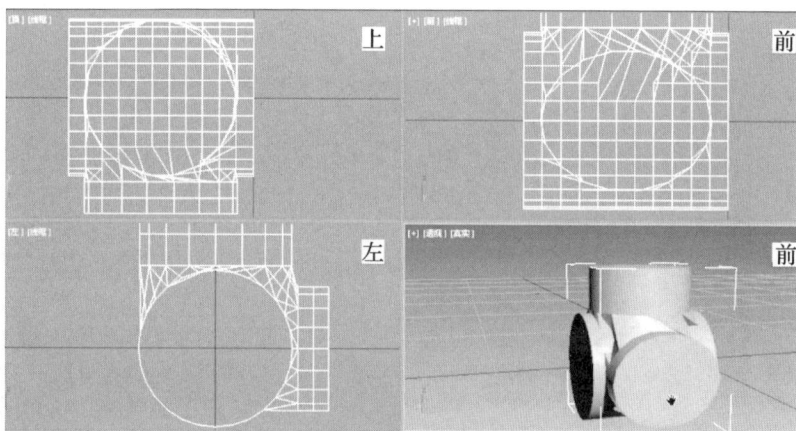

图 5.27　连接圆柱体和多边形

（11）单击"创建"→"图形"→"线"，在左视图中创建一条线，按住 Shift 键，创建直线（见图 5.28）。单击"修改面板"→"Line"→"顶点"，选中右上角的顶点，单击修改面板中的"圆角"按钮，进行圆角处理（见图 5.29）。

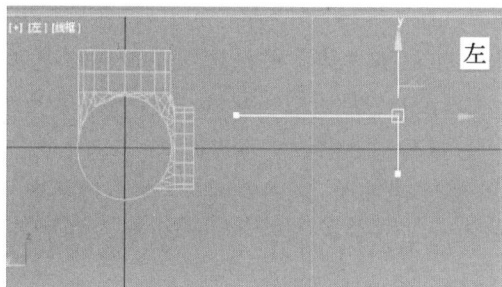

图 5.28　创建直线

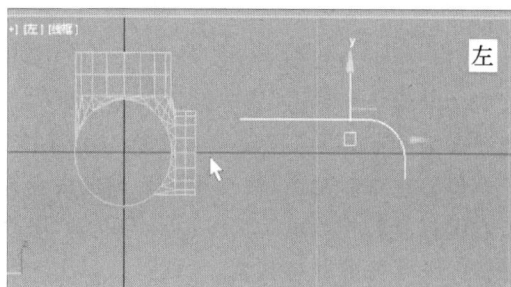

图 5.29　圆角处理

（12）单击选择多边形，在"编辑多边形"卷展栏中，选中"沿样条线挤出"命令（见图5.30），单击后面的按钮，通过拾取样条线（见图5.31），拾取刚刚创建好的二维样条线，并通过减小锥化量生成一个水龙头嘴（见图5.32）。

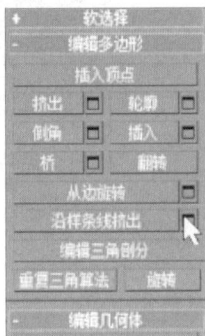

图5.30　沿样条线挤出

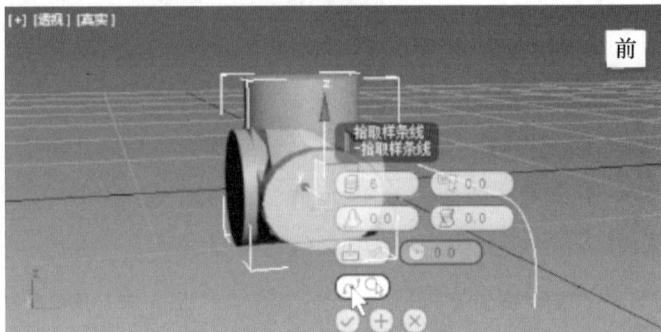

图5.31　拾取样条线

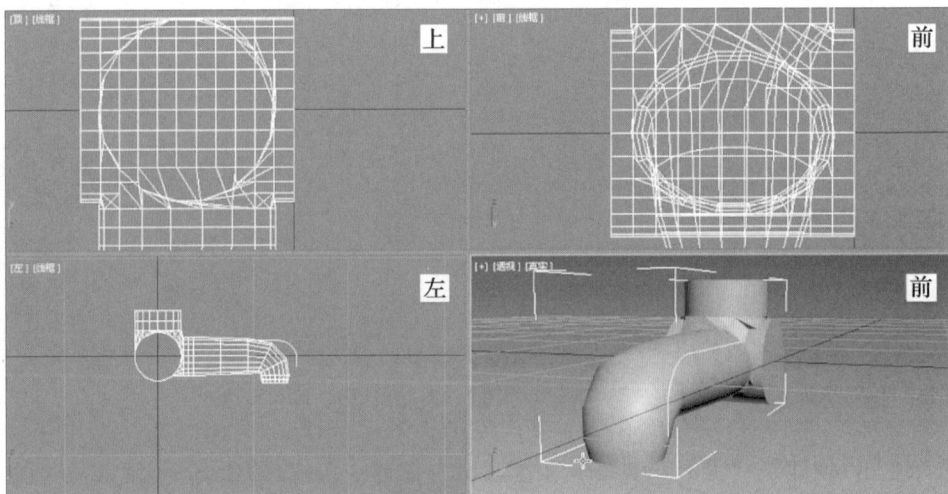

图5.32　水龙头嘴

（13）用相同的方法创建水龙头两侧的水管，并对水管进行旋转形成如图5.33所示图形。

（14）接下来制作水龙头的手柄。单击"创建"→"扩展基本体"→"油罐"，在顶视图中创建一个油罐体。单击"修改面板"，将油罐体半径设为2.5，高度设为4.0，封口高度设为0.7，边数设为20，高度分段设为4，其余参数不变（见图5.34）。

（15）选中左视图，按Alt＋W键最大化左视图；选中油罐体，按Alt＋Q键使其孤立；单击右键将其转化为可编辑多边形。单击"修改面板"→"可编辑多边形"→"多边形"，选中油罐体的下半部分并将其删除（见图5.35）。

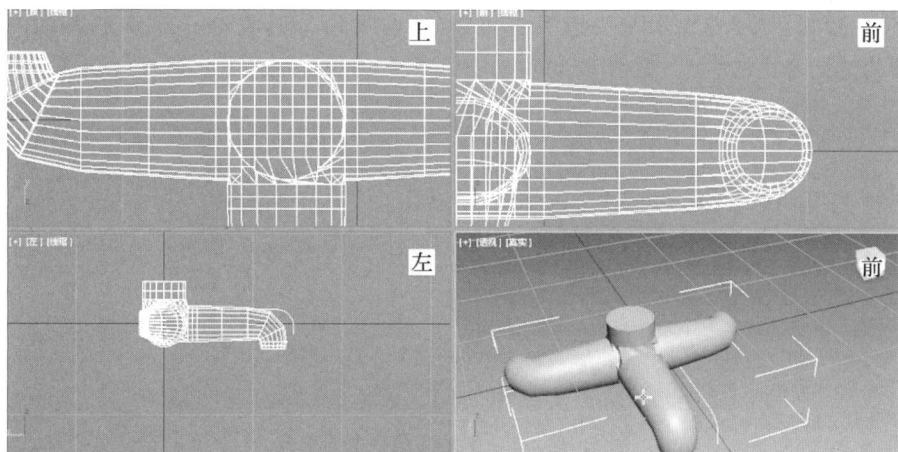

图 5.33 创建两侧水管并旋转

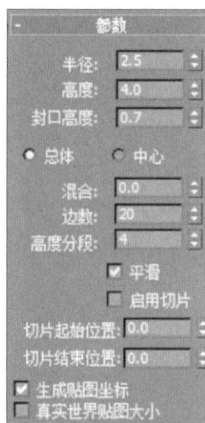

图 5.34 设置油罐体参数

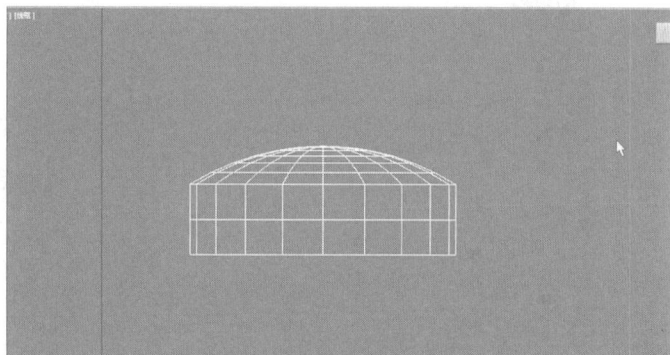

图 5.35 删除油罐体下半部分

(16)选中油罐体右上角部分,单击修改面板,在"编辑多边形"卷展栏中,选中"挤出",先将挤出值设为 7.0,单击"＋"号,将挤出值设为 3.0(见图 5.36),单击"√"号结束挤出操作。

(17)单击"修改面板"→"可编辑多边形"→"顶点",选择"顶点"层级,拖动当前的点(见图 5.37)。

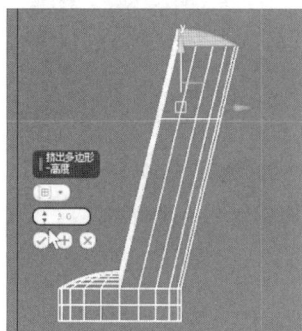

图 5.36 挤出

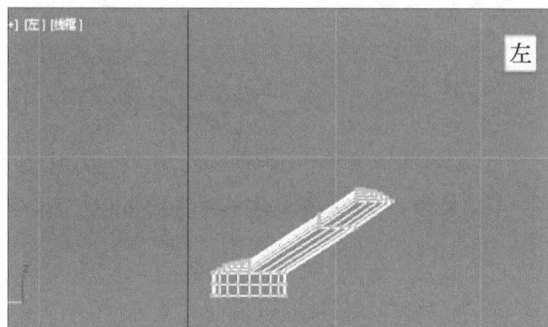

图 5.37 调整点

(18)在顶视图中,选中水龙头把手中间部分(见图 5.38),将这一部分在 X 轴向上进行缩放,以调整至合适的大小(见图 5.39)。

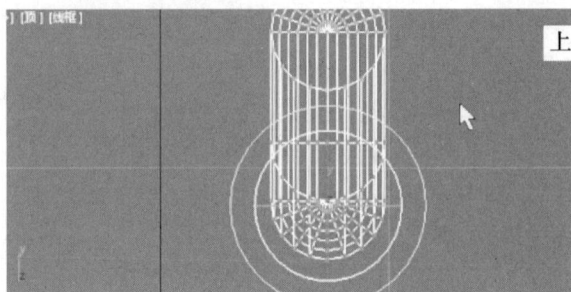

图 5.38　选中水龙头把手中间部分

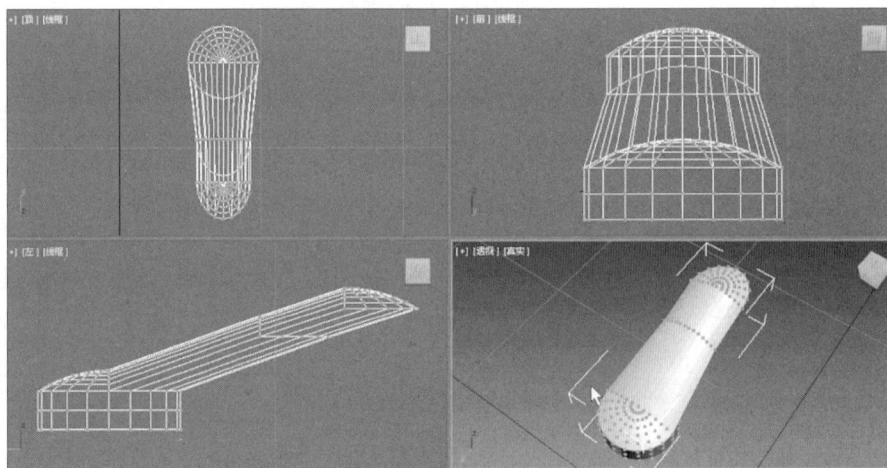

图 5.39　调整大小

(19)按 Alt+Q 键结束孤立,将水龙头手柄放到已创建好的模型上(见图 5.40)。

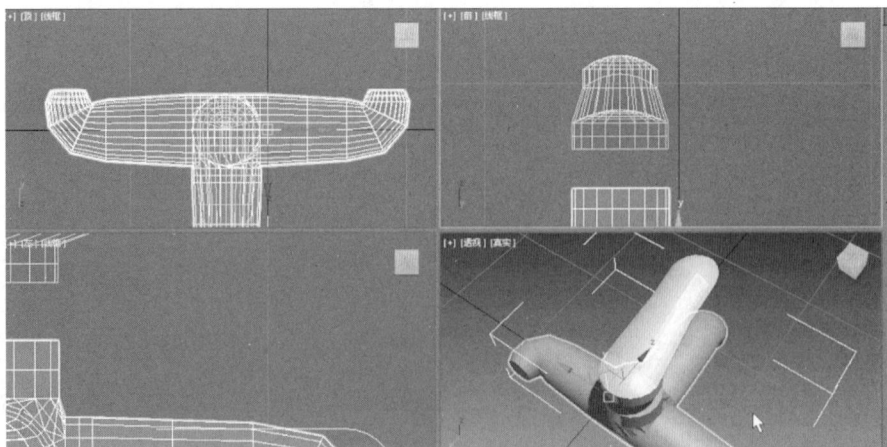

图 5.40　调整水龙头手柄位置

(20)单击水龙头模型,选中水龙头上方的面,单击"修改面板"→"可编辑多边形"→"多边形"。在"编辑多边形"卷展栏中,单击"插入",将插入量设为0.5,单击"√"号后,再次对水龙头主体和手柄连接部分的圆面进行挤出处理,将挤出量设为1.0,单击"√"号结束挤出操作,如图5.41所示。

图5.41 插入并挤出

(21)选中水龙头的手柄部分,再将其放到水龙头的上面(见图5.42)。由此,手柄创建完成。

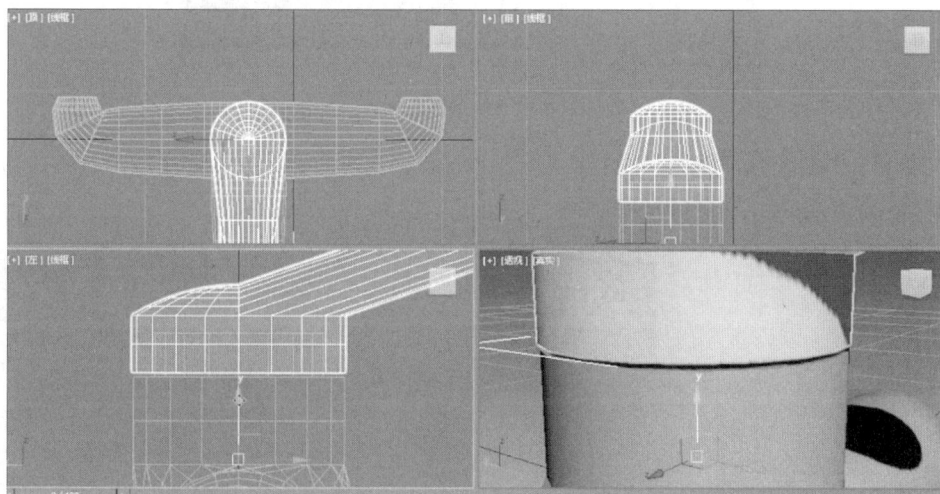

图5.42 再次调整水龙头手柄位置

(22)单击"创建"→"几何体"→"圆柱体",在前视图中创建一个圆柱体,将其半径设为3.5,高度设为1.0,边数设为30,其余参数不变。将其转换为可编辑多边形,选中前面的多边形。在"编辑多边形"卷展栏中,选中"倒角",将倒角高度设为0.5,倒角轮廓设为一1.5(见图5.43)。

(23)单击"修改面板"→"可编辑多边形"→"边",选中一条边,单击"环形",则系统自动选中与当前边平行的所有连续边(形成环形边链)(见图5.44)。按Ctrl键,单击"多边形",这样相邻的多边形就全部选中了。

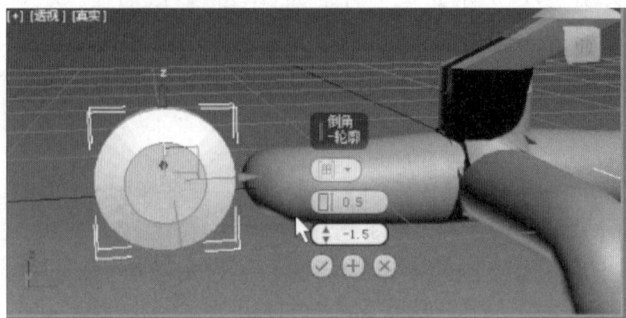

图 5.43　倒角设置

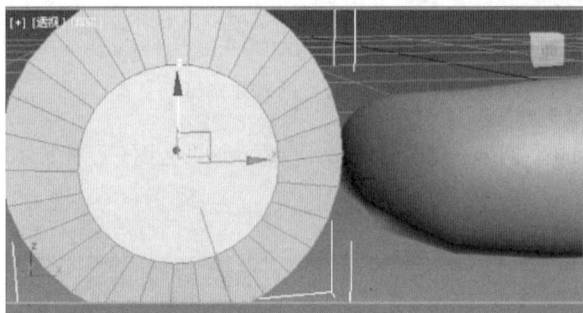

图 5.44　选中边

（24）单击"多边形：平滑组"，选择一个平滑组，对其进行平滑处理（见图 5.45）。取消选中，这时就会出现平滑效果（见图 5.46）。

图 5.45　选择平滑组

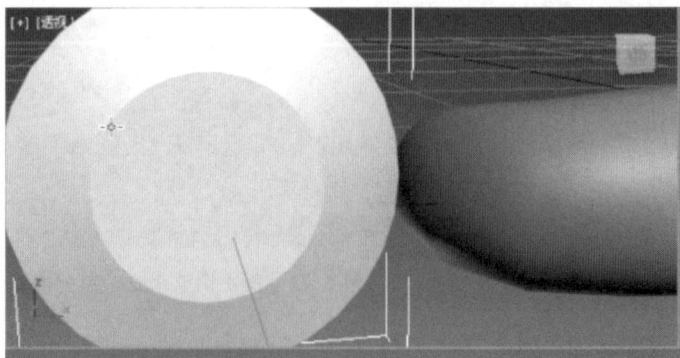

图 5.46　平滑效果

（25）选择并移动当前多边形，将其移动至水龙头进水口处（见图 5.47）。采用实例复制方法复制一个多边形，并将其放到水龙头另一个进水口处。

（26）在"编辑多边形"卷展栏中，选中"附加"，将模型合成一个整体。单击"修改面板"，单击修改器列表后面的下拉三角形，单击"细分曲面"下的"涡轮平滑"，给水龙头添加一个涡轮平滑效果，这样水龙头模型就做好了（见图 5.48）。

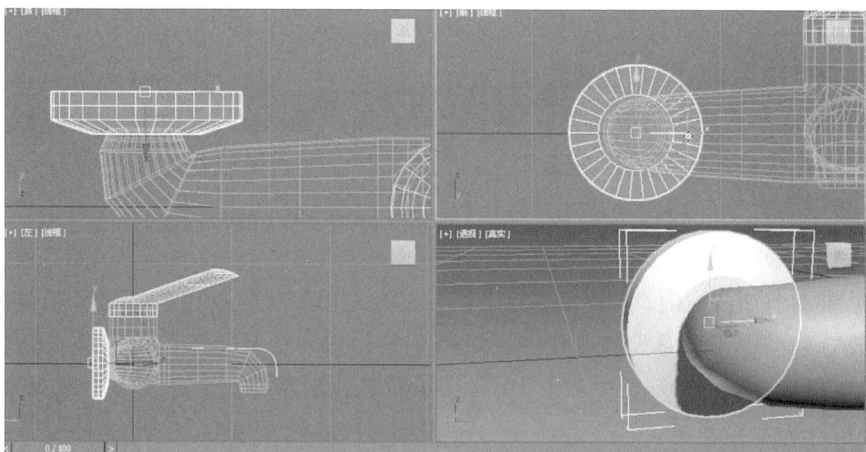

图 5.47　移动到合适位置

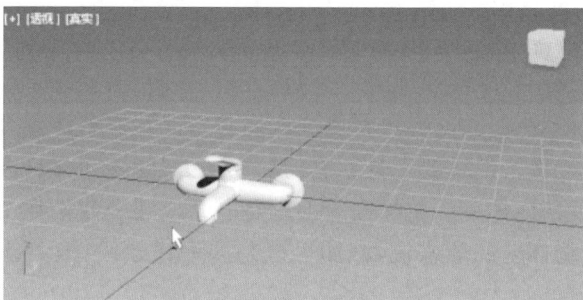

图 5.48　水龙头模型效果

视频 5-2
复合建模

任务二　复合建模

任务描述

本任务主要讲解复合建模的应用和技巧。在 3ds Max 中,复合建模是指运用"复合对象"命令面板中的放样、连接、图形合并、布尔等常用的复合建模工具创建模型。这类建模方法是使用两个及以上对象结合建模的方式,往往在建模的后期使用。其中,放样工具的功能强大,在常见的建模过程中很多复杂的模型都是运用放样工具制作出来的。

任务分析

采用复合建模进行模型创建时可以按照外观和材质的不同,将模型分为不同的部分。当两个部分形状差异较大时,使用多边形建模创建模型容易造成人力浪费,应当使用不同的工具和修改器进行建模。

知识准备

一、知识链接

放样建模需要有两类关键元素:放样路径和截面图形。放样允许在放样路径上指定多个截面图形,这些截面图形可以完全不同,因此我们可以利用放样实现很多复杂模型的构建。另外可以加上拟合、缩放、旋转等操作,达到我们想要的效果。

二、操作技巧

(1)三维对象面数要合理,面较多的模型在复合建模时很容易因数据运算量过大而运行缓慢,在复合建模中三维对象的分段和面数都不宜过多。当然也不能为了降低运行数据量而使面数过少,这样运算完成后的模型结构会很粗糙。这需要我们在实践中多观察和积累,从而获得最优的建模效果。

(2)图形合并时二维对象结构要简单。结构过于复杂的二维图形,在计算过程中容易引发错误,尤其是文本类的二维图形,在选择字体时要选择轮廓饱满而不宜产生大量边线相交情况的字体。

放样是对复合物体的创建命令,可将两个或两个以上的样条线复合成一个三维模型,是从二维图形到三维图形转变的重要工具。它的功能强大,能够制作许多复杂的几何体,它包含一些内部命令,所以自成体系。放样实际上就是一个或几个截面在一个特定的路径上,按设定的方式生成三维物体。一般来说,截面可以是多个样条线,但不能有自相交情况,路径必须是非复合线形。

一、放样参数面板

放样参数面板如图 5.49 所示。

获取路径:将路径指定给选定图形或更改当前指定的路径。

获取图形:将图形指定给选定路径或更改当前指定的图形。

移动、复制、实例:指定路径或将图形转换为放样对象的方式。选中"移动"时,不保留副本,或转换为副本或实例。

平滑长度:沿着路径的长度提供平滑曲面。当路径曲线或路径上的图形改变大小时,这类平滑非常有用。默认设置为启用。

平滑宽度:围绕横截面图形的周界提供平滑曲面。当更改图形顶点数或外形时,这类平滑非常有用。默认设置为启用。

应用贴图:启用或禁用放样贴图坐标。必须启用"应用贴图"选项才能访问其余的项目。

真实世界贴图大小:控制应用于该对象的纹理贴图材质所使用的缩放方法。缩放值由应用材质的"坐标"卷展栏下的"使用真实世界比例"参数控制。默认设置为禁用。

长度重复:用于设置在路径的长度方向上重复贴图的次数。贴图的底部放置在路径的第一个顶点处。

宽度重复:用于设置围绕横截面图形的周界重复贴图的次数。贴图的左边缘将与每个

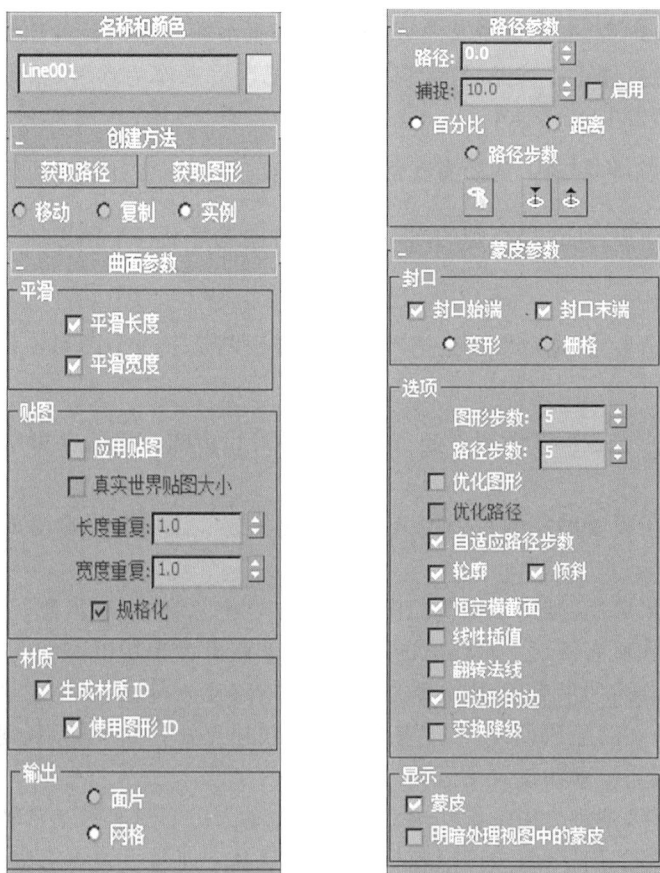

图 5.49　放样参数面板

图形的第一个顶点对齐。

规格化:用于控制贴图坐标在路径上分布方式的功能选项。启用后,系统会忽略路径顶点,沿着路径长度并围绕图形均匀地应用贴图坐标和重复值,使得贴图能够平均分布在整个路径与图形上,不受顶点位置影响。若禁用规格化,则主要路径划分和图形顶点间距就会对贴图坐标间距产生作用,贴图坐标和重复值将按照路径划分间距或图形顶点间距成比例应用,这意味着贴图在路径和图形上的分布会因顶点间距的不同而出现疏密变化。

生成材质 ID:在放样期间生成材质 ID。

使用图形 ID:提供使用样条线材质 ID 来定义材质 ID 的选择。

面片:放样过程中可生成面片对象。

网格:放样过程中可生成网格对象。

路径:用于设置路径的级别。如果启用"捕捉"模式,则路径值变为上一个捕捉值的增量。该路径值依赖于所选择的测量方法,更改测量方法将导致路径值的改变。

捕捉:用于设置沿着路径放样的各个图形之间的恒定距离。该捕捉值依赖于所选择的测量方法,更改测量方法会更改捕捉值。

启用:当启用该选项时,"捕捉"处于活动状态。默认设置为禁用。

百分比:将路径级别表示为路径总长度的百分比。

路径步数:一种用于确定图形在路径上的位置的方式。它通过依据路径的步数和顶点来对图形进行导航定位,而不是像其他方式那样,根据沿着路径的百分比或距离来确定图形的位置。这种方式更侧重于将路径的具体步数和顶点信息作为参考,精确地将图形放置在路径上的特定位置。

拾取图形:将路径上的所有图形设置为当前级别。在"修改"面板中可用。

上一个图形:从路径级别的当前位置沿路径跳至上一个图形。单击此按钮可以禁用"捕捉"选项。

下一个图形:从路径级别的当前位置沿路径跳至下一个图形。单击此按钮可以禁用"捕捉"选项。

图形步数:用于设置横截面图形的每个顶点之间的步数。该值会影响沿放样长度方向的分段数。

路径步数:用于设置路径的每个主分段之间的步数。该值会影响沿放样长度方向的分段数。

优化图形:如果启用,则对于横截面图形的直分段将忽略"图形步数"。如果路径上有多个图形,则只优化在所有图形上都匹配的直分段。默认设置为禁用。

自适应路径步数:如果启用,则分析放样,并调整路径分段数,以生成最佳蒙皮效果。主分段将沿路径出现在路径顶点、图形位置和变形曲线顶点处。如果禁用,则主分段将沿路径只出现在路径顶点处。默认设置为启用。

轮廓:如果启用,则每个图形都将遵循路径的曲率。每个图形的正 Z 轴与形状层级中路径的切线对齐;如果禁用,则每个图形都保持平行,且其方向与放置在层级 0 中的图形相同。默认设置为启用。

倾斜:如果启用,则只要路径弯曲并改变其局部 Z 轴的高度,图形便围绕路径旋转。倾斜量由 3ds Max 控制。如果该路径为 2D,则忽略倾斜。如果禁用,则图形在穿越 3D 路径时不会围绕其 Z 轴旋转。默认设置为启用。

恒定横截面:如果启用,则在路径中的拐角处缩放横截面,以保持路径宽度一致;如果禁用,则横截面保持其原来的局部尺寸,从而在路径拐角处产生收缩。

线性插值:如果启用,则使用每个图形之间的直边生成放样蒙皮效果。默认设置为禁用。

翻转法线:如果启用,则法线翻转 180°。可使用此选项来修正内部外翻的对象。默认设置为禁用。

四边形的边:如果启用,且放样对象的两部分的边数相同,则将两部分缝合在一起的面将显示为四边形。具有不同边数的两部分之间的边将不受影响,仍与三角形连接。默认设置为禁用。

变换降级:使放样蒙皮在子对象的图形或路径变换过程中消失。如果禁用,则只显示放样子对象。默认设置为启用。

明暗处理视图中的蒙皮:如果启用,则忽略"蒙皮"设置,在着色视图中显示放样的蒙皮;如果禁用,则根据"蒙皮"设置来控制蒙皮的显示。默认设置为启用。

放样建模效果如图 5.50 所示。

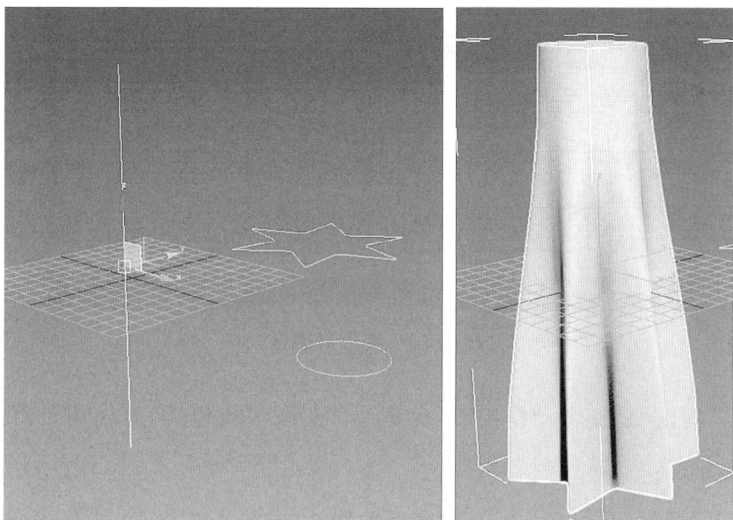

图 5.50 放样建模效果

二、放样的"变形"卷展栏

"放样"自带 5 个变形命令,用户能够对放样对象的截面进行自由修改,从而改变整个放样对象的形态。选中放样模型,进入修改面板,在面板的底部有"变形"卷展栏,如图 5.51 所示。

缩放:基于单个图形中放样对象,使图形在沿路径移动时只改变缩放比例。

扭曲:可以沿着对象的长度方向创建盘旋或扭曲的对象。利用该功能能够为对象沿路径指定旋转量,通过调整该旋转量,可使对象在路径上呈现出不同程度和方向的扭曲效果,进而为模型添加独特的变形动画,丰富其表现形式。

图 5.51 "变形"卷展栏

倾斜:围绕 X 轴和 Y 轴旋转图形。在"蒙皮参数"卷展栏下选择"轮廓"时,"倾斜"是自动选择的工具。当手动控制轮廓效果时,则要使用"倾斜"变形。

倒角:用于处理对象边缘。在现实世界中,很多实体对象存在倒角,因为制造绝对尖锐的边缘不仅难度大,还会增加时间和成本。所以,在创建虚拟对象时,为了模拟真实物体形态,通常会使用倒角工具生成已切角化、有倒角或边缘减缓的效果,使对象更加自然和真实。

拟合:在放样建模中,"拟合"是指通过调整对象的形状,使其与所选曲线或路径相匹配。"拟合"曲线主要用来定义对象的顶部和侧剖面。若想通过绘制放样对象的剖面来生成放样对象,则要使用"拟合"变形。

三、变形设置参数

"缩放""扭曲""倾斜""倒角""拟合"的变形对话框具有相同的布局,如图 5.52 所示。

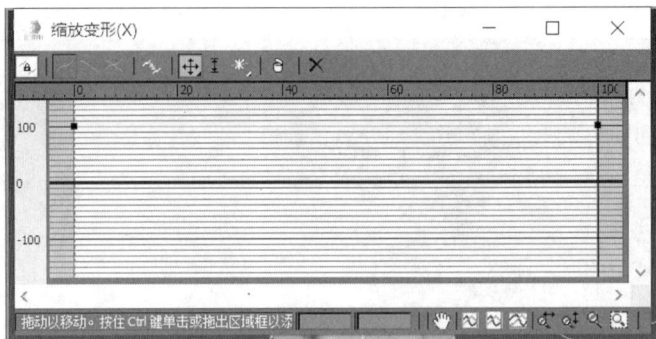

图 5.52　变形对话框

均衡："均衡"是一个动作按钮,也是一种曲线编辑模式,可以用于对对称轴和形状应用相同的变形。

显示 X 轴:仅显示红色的 X 轴变形曲线。

显示 Y 轴:仅显示绿色的 Y 轴变形曲线。

显示 XY 轴:同时显示 X 轴和 Y 轴变形曲线,各条曲线分别使用独立颜色标识。

交换变形曲线:在 X 轴和 Y 轴之间复制曲线。启用"均衡"时,此按钮无效。

移动控制点:垂直或水平移动控制点。

缩放控制点:相对于 0 缩放一个或多个选定控制点。仅在需要更改选中控制点的变形量,而不用更改值的相对比率时使用此功能。

插入角点:包含用于插入两个控制点类型的按钮。

删除控制点:删除所选的控制点。

重置曲线:删除所有控制点(但两端的控制点除外)并恢复自由曲线的默认值。

经过变形处理的模型的效果如图 5.53 所示。

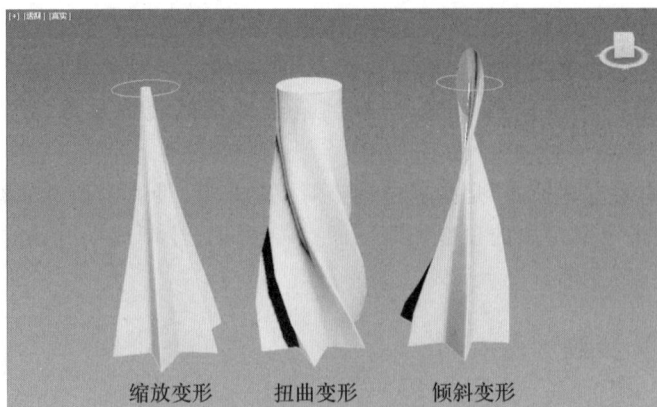

图 5.53　模型变形效果

课堂实例　创建牙刷模型

（1）打开创建好的牙刷曲线，如图 5.54 所示。

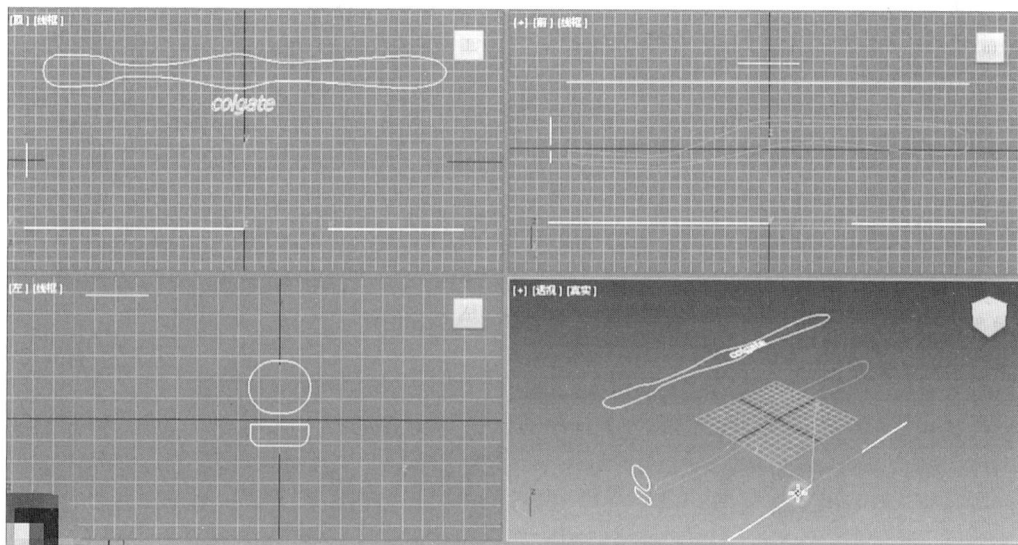

图 5.54　牙刷曲线

（2）选择牙刷的放样路径，单击"放样"，选择"获取图形"，选择圆的截面图形，放样出一个椭圆柱体，如图 5.55 所示。

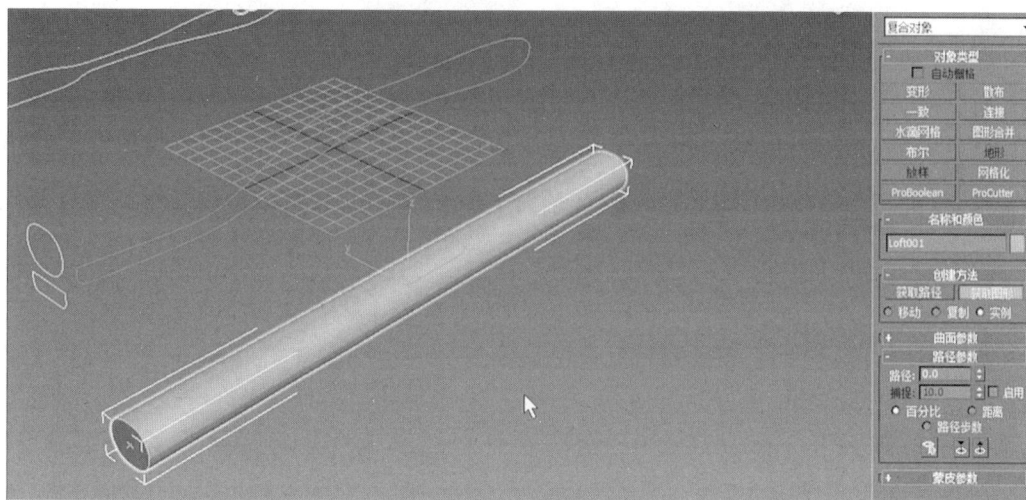

图 5.55　放样后的图形

（3）将路径调整到 85%，再次单击"获取图形"，获取圆下面的梯形，如图 5.56 所示。

（4）将路径调整为 75%，再次获取圆的截面图形，这时牙刷柄和牙刷头的基础模型就创建完成了，如图 5.57 所示。

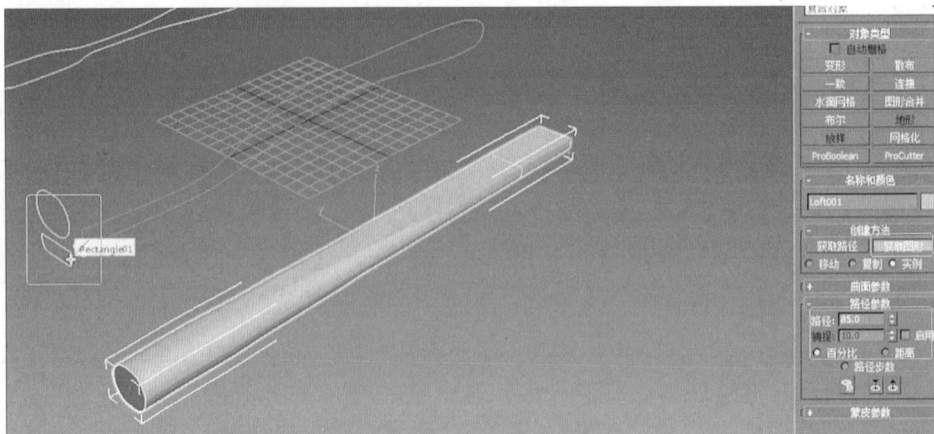

图 5.56　再次获取后的图形

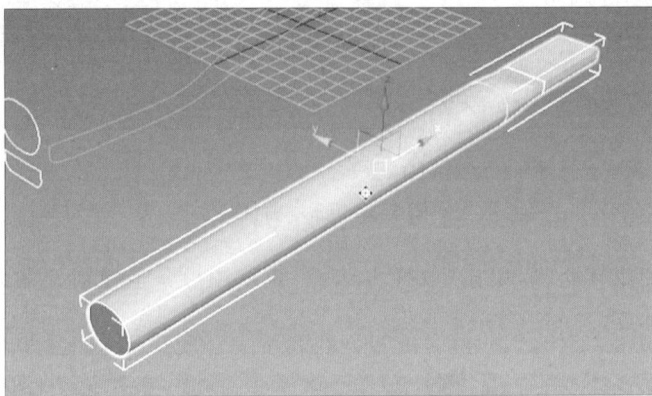

图 5.57　牙刷基础模型

(5)单击修改面板,找到"拟合",单击打开"拟合"变形对话框,取消"均衡",单击 ▱ 显示 X 轴,单击 ▱ 获取图形,单击牙刷 X 轴向上的截面图形,如图 5.58 所示。

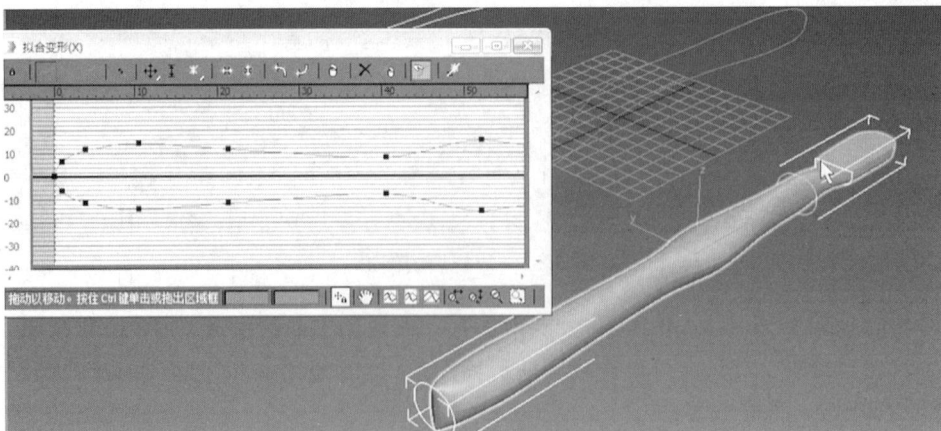

图 5.58　拟合放样

（6）单击 显示 Y 轴，再次单击 获取图形，单击 Y 轴向上的截面图形，完成拟合放样，如图 5.59 所示。

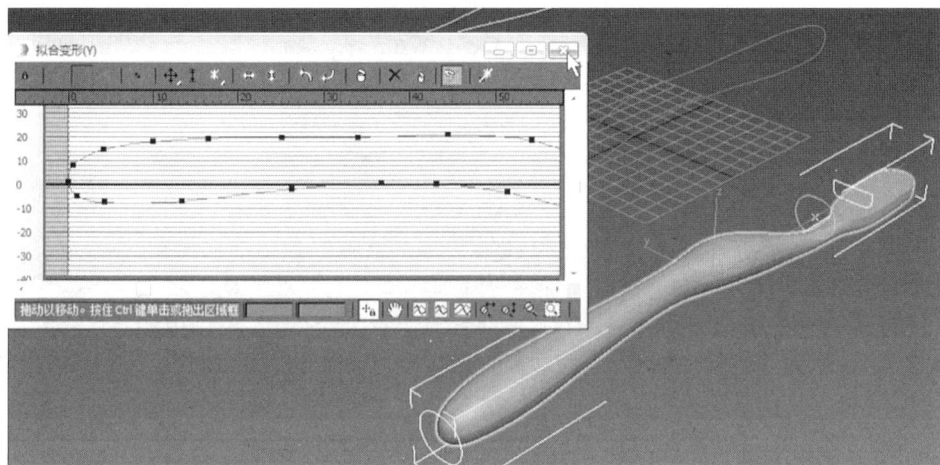

图 5.59 再次拟合放样后的模型

（7）切换到顶视图，选择圆柱体来创建牙刷毛，如图 5.60 所示。对圆柱体进行复制，形成牙刷毛，图 5.61 所示。

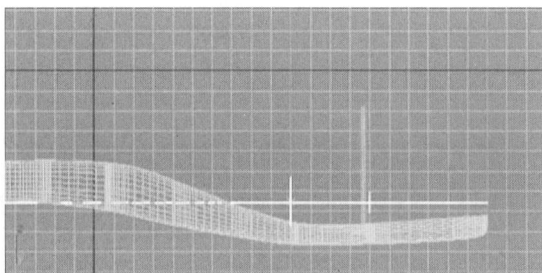

图 5.60 创建圆柱体

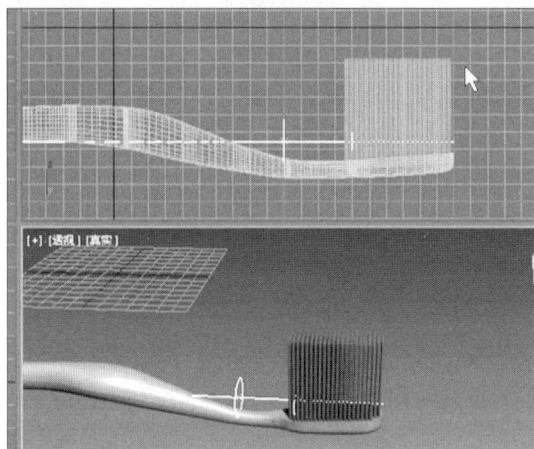

图 5.61 复制圆柱体

(8)选择其中一个圆柱体,将其转换为可编辑多边形,选择"附加",将所有圆柱体合成一个整体,如图5.62所示。

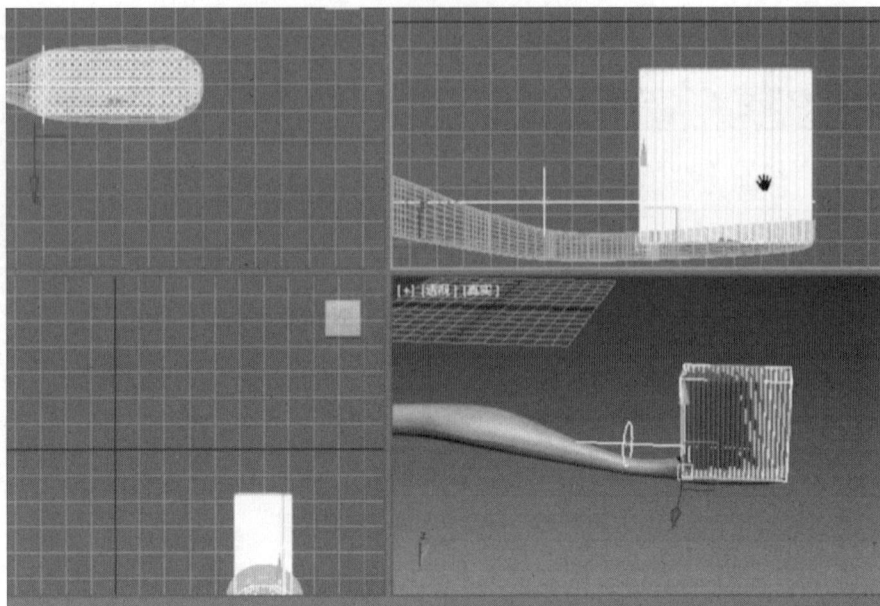

图5.62　附加后的圆柱体

(9)使用"样条线"工具,绘制出一个锯齿状图形,并给其添加"挤出"效果,如图5.63所示。

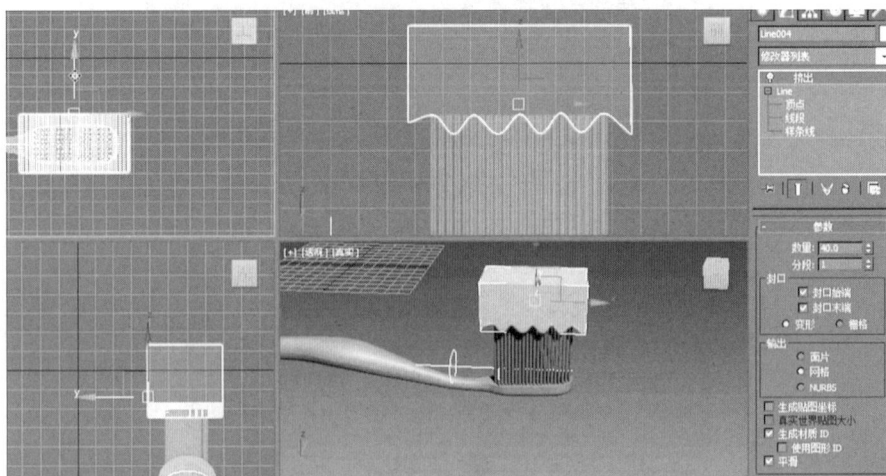

图5.63　挤出后的样条线

(10)选择"圆柱体",选择"布尔"工具,选择"差集(A-B)",单击"拾取操作对象B",单击上方放样出的图形,完成牙刷毛的创建,如图5.64所示。

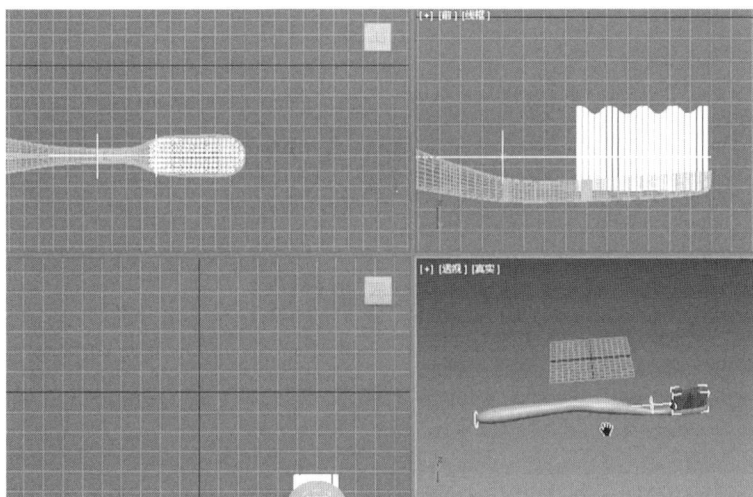

图 5.64 牙刷模型

课后练习 创建大蒜灯模型

创建大蒜灯模型,效果如下:

项目小结

本项目主要介绍了多边形建模和复合建模这两种 3ds Max 中的高级建模方法。具体介绍了如何将三维模型转换为可编辑多边形、常用的子对象编辑工具等。

在实际工作中,各种建模技法都是综合使用的。创建模型前,应先有一个大致的、合理的建模思路,即依次分别制作模型的哪个部分,使用什么命令等。

项目五考核

项目六

材质与贴图

引言

在效果图和动画的表现中,精美的模型只能满足最基本的形体要求,若想呈现真实的画面效果,则必须依赖材质与贴图的加持。

在 3ds Max 中,材质用于描述物体如何反射和传播光线,它包括物体的一些表面信息,如颜色、纹理、图案等,可使模型更具真实感。贴图实际上就是一幅图像,主要用于模拟物理质地,提供纹理图案,形成反射、折射等效果。在 3ds Max 中,大部分材质均需搭配贴图使用,贴图与材质相配合可以产生一些特殊的效果。材质与贴图的应用是决定渲染效果的关键环节。

思政要素

从思政视角审视,精准还原材质细节恰似在工作与学习中追求精益求精的态度。每一道纹理的细腻刻画、每一丝光泽的精准调校,都是对工匠精神的生动诠释。这启示我们在面对各项任务时,需摒弃敷衍与浮躁,以高度的责任感和专注度全情投入,力求将工作做到极致,让严谨细致的作风成为成长道路上的鲜明底色。

项目目标

(1)具备创新精神和专业设计理念。

(2)了解常用贴图的特点和作用。

(3)掌握为材质添加贴图的方法。

任务一　材质编辑器

视频 6-1
材质编辑器

任务描述

材质编辑器用于制作、编辑材质和贴图,在材质和贴图效果图制作中起着至关重要的作用,合理地为模型添加材质和贴图,可以使模型更加逼真。本任务将介绍在材质编辑器中调制材质和贴图,并将其分配给指定模型的方法。

任务分析

3ds Max 的材质编辑器功能强大,利用它可以创建出非常真实的自然材质和具有不同质感的人造材质。

知识准备

一、知识链接

在 3ds Max 中,标准材质是系统默认的材质编辑类型,也是最基本、最重要的一种类型。指定给材质的图像称为贴图,通过将贴图指定给材质的不同组件,可以改变其颜色、不透明度、曲面的平滑度等。

二、操作技巧

为模型选择合适的基础材质时,需遵循"属性匹配"原则,如金属类物体选用金属材质,塑料类物体选用塑料材质等。漫反射参数决定材质的基础颜色,需根据真实物体的固有色精准设定;高光参数控制反光强度,可模拟不同材质的表面光泽特性;粗糙度参数影响表面质感,数值越高则材质表面越显粗糙,反之则更光滑。此外,可借助纹理贴图强化细节表现,如法线贴图通过记录表面凹凸信息,在不增加模型面数的前提下,可模拟真实的浮雕或肌理效果;漫反射贴图可进一步细化材质特征,使模型更贴近现实的视觉效果。

三、拓展提高

(1)按创作需求将多种基础材质进行混合,从而生成复杂的材质效果。

(2)通过遮罩贴图,能够精准控制材质混合的区域。

(3)借助调整材质 ID,可在同一模型上分区应用不同材质,轻松实现破损、渐变、分层等独特效果,显著提升模型的视觉表现力与细节丰富度。

一、材质编辑器简介

"材质编辑器"是个浮动的对话框,材质与贴图的建立和编辑都是通过"材质编辑器"来完成的。材质将使场景更具真实感。材质可详细描述对象如何反射或折射灯光。材质属性与灯光属性相辅相成;明暗处理或渲染将两者合并,用于模拟对象在真实世界设置下的情况。

示例窗显示材质的预览效果。默认情况下,窗口一次可显示 6 个示例球,用户可通过滚动栏在不同示例窗之间切换查看(见图 6.1)。

如果场景复杂,材质多样,为了使操作更加方便,可以设置示例窗中的示例球显示 15~24 个,可通过右键菜单实现设置(见图 6.2)。

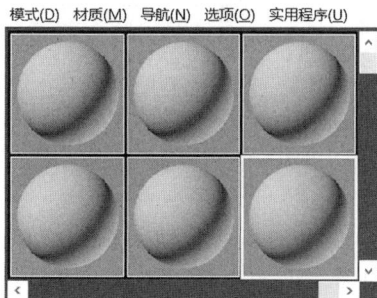

图 6.1 默认材质示例窗

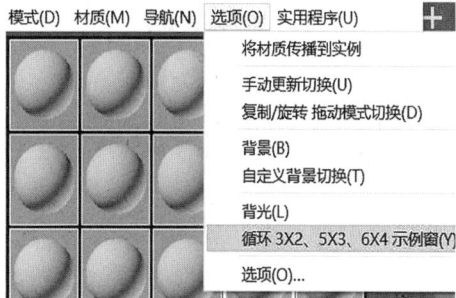

图 6.2 示例窗显示调整

工具列包含 9 个命令按钮,这些命令主要控制示例球的显示状态,以便用户观察所调整的材质效果,这些工具的设置与材质本身的设置没有关系。

采样类型:使用"采样类型"弹出按钮,可以选择要显示在活动示例中的几何体。

背光:启用"背光"可将背光添加到活动示例窗中。默认情况下,此按钮处于启用状态。

背景:启用"背景"可将多颜色的方格背景添加到活动示例窗中。如果要查看不透明和透明度的效果,该图案背景十分实用。

采样 UV 平铺:使用"采样 UV 平铺"弹出按钮可以在活动示例窗中调整采样对象上的贴图图案重复次数。

视频颜色检查:用于检查示例对象上的材质颜色是否超过安全 NTSC 或 PAL 阈值。若对象上的颜色超过阈值,就会被模糊处理,而此功能可帮助提前发现并避免这类情况,确保视频呈现出的色彩精准、合规。

生成预览:可以使用动画贴图对场景添加运动效果。例如,要模拟天空视图,可以将移动的云的动画添加到窗口。"生成预览"选项可用于在应用材质之前,在"材质编辑器"中试验它的效果。

选项:此按钮可打开"材质编辑器选项"对话框(见图 6.3)。用户可控制材质和贴图在示例中的显示。

按材质选择:可以基于"材质编辑器"中的活动材质选择对象。除非活动示例窗包含场景中使用的材质,否则此命令不可用。

材质/贴图导航器:该导航器显示当前活动示例窗中的材质和贴图。通过单击列在导航器中的材质或贴图,可以导航至当前材质的对应层级。反之,当用户导航"材质编辑器"中的材质时,当前层级将在导航中高光显示。选定的材质或贴图将在示例窗中处于活动状态,同时在下面显示所选材质或贴图对应的卷展栏。

工具行中的工具主要用于获取材质、贴图,以及将制作好的材质赋予场景中的模型。

获取材质:显示材质/贴图浏览器,利用它用户可以选择材质或贴图。

将材质放入场景:在用户编辑材质之后更新场景中的材质。

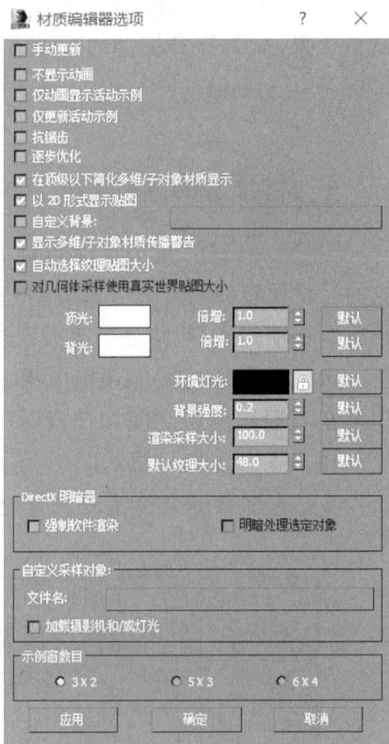

图 6.3 "材质编辑选项"对话框

将材质指定给选定对象:可将活动示例窗中的材质应用于场景中当前选定的对象。

X 重置材质:重置活动示例窗中的贴图或材质的值。

复制材质:复制材质后,示例窗不再是热示例窗,但材质仍然保持其属性和名称。调整材质而不影响场景中的该材质。如果获得了想要的内容,单击"将材质放入场景"按钮,可以更新场景中的材质,系统再次将示例窗更改为热示例窗。

使唯一:可以使贴图实例成为唯一的副本;还可以使一个实例化的子材质成为唯一的独立子材质,用户可以为子材质提供一个新材质名。子材质是多维/子对象材质中的一种材质。

放入库:可以将选定的材质添加到当前库中。

材质 ID 通道:使用"材质 ID 通道"弹出按钮可将材质标记为 Video Post 效果或渲染效果,或存储为以 PLA 或 RPF 文件格式保存的渲染图像目标。

视口中显示明暗处理材质:允许用户在使用软件和硬件时对视口显示进行切换,同时允许用户在使用交互式渲染器的明暗处理视口中,切换对象曲面上已贴图材质的显示状态。

显示最终结果:处于禁用状态时,示例窗只显示材质的当前级别。使用复合材质时,此工具非常有用。如果不能取消其他级别的显示,将很难精确地看到特定级别上创建的效果。

转到父对象:只有不在复合材质的顶级时,该按钮才不可用;处于顶级时,在编辑字段中的名称与在"材质编辑器"标题栏中的名称相匹配。

转到下一个同级页:单击该按钮,将移动到当前材质中相同层级的下一个贴图或材质。

在材质编辑器中,工具行下面的部分内容繁多,包括 6 个部分的卷展栏。由于材质编辑口大小的限制,一部分内容不能显示出来,用户可以将光标放置到卷展栏的空白处,当光标变成抓手的形状时,拖动鼠标上下推动卷展栏,即可观察全部内容,因此这部分界面称为材质编辑器的"活动界面"。

材质编辑器的活动界面内容在材质设置更改时会发生不同的变化。一种材质的初始设置是标准材质,其他材质类型的参数与标准材质大同小异,这里只介绍标准材质活动窗口。标准材质的参数主要包括"明暗器基本参数""扩展参数""贴图"等(见图 6.4)。

图 6.4 标准材质参数

二、标准材质的使用

(一)标准材质的基本参数

标准材质的基本参数主要位于"明暗器基本参数""Blinn 基本参数""扩展参数"3 个卷

展栏中,如图 6.5 所示。

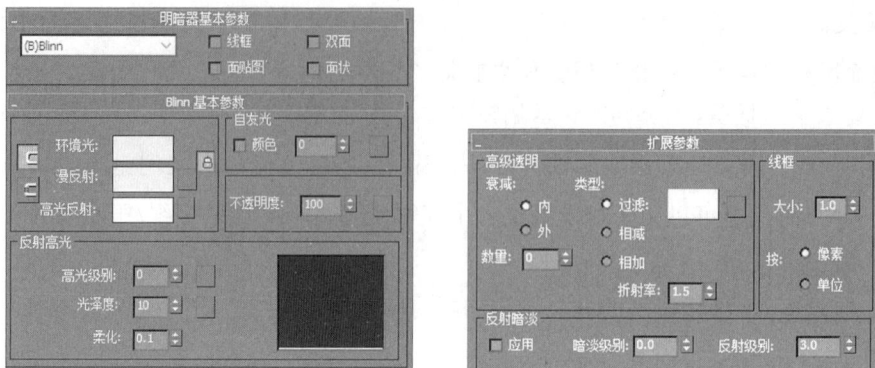

图 6.5　标准材质基本参数

1.“明暗器基本参数”卷展栏

明暗器下拉列表:用于选择明暗器。材质的“基本参数”卷展栏可更改为显示所选明暗器的控件。默认明暗器为 Blinn,有 8 种不同的明暗器(见图 6.6)。

线框:以线框模式渲染材质,可在扩展参数上设置线框的大小。

双面:使材质为两面,将材质应用到选定面的正反两面。

面贴图:将材质应用到几何体的各面。如果材质是贴图材质,则不需要贴图坐标,贴图会自动应用到对象的每一面。

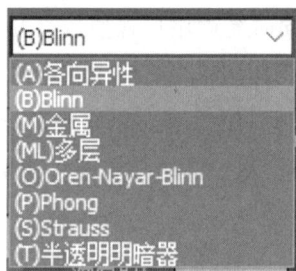

图 6.6　明暗器

面状:把表面当作平面,渲染表面的每一面。

2.“Blinn 基本参数”卷展栏

环境光:用于控制环境光颜色。环境光颜色是位于阴影中的颜色(间接灯光)。

漫反射:用于控制漫反射颜色。漫反射颜色是位于直射光中的颜色。

高光反射:用于控制高光反射颜色。高光反射颜色是发光物体高度显示的颜色。

颜色:启用后,色样会显示自发光颜色。

不透明度:用于控制材质是不透明的、透明的还是半透明的。

高光级别:影响反射高光的强度。随着该值增大,高光将越来越亮,默认值为 5。

光泽度:影响反射高光的大小。随着该值增大,高光面积越来越小,材质将越来越亮,默认值为 25。

柔化:柔化反射高光,特别是由反射光形成的反射高光。

3.“扩展参数”卷展栏

衰减:用于设置在内部还是在外部进行衰减,以及衰减的程度。

类型:用于设置如何应用不透明度。

数量:用于指定最外或最内的不透明数量。

折射率:用于设置折射贴图和光线跟踪所使用的折射率(IOR)。IOR 用来控制材质对透射灯光的折射程度。对于左侧 1 的 IOR,对象沿其边缘反射,如在水面下看到的气泡。默认值为 1。

大小:指线框模式中线框的大小。可以按像素或当前单位进行设置。

按:用于选择度量线框的方式。

应用:启用该选项后,使用反射暗淡;禁用该选项后,反射贴图材质就不会因为直接灯光的存在或不存在而受到影响。默认设置为禁用状态。

暗淡级别:阴影中的暗淡量。该值为 0 时,反射贴图在阴影中为全黑;该值为 0.5 时,反射贴图为半暗淡;该值为 1 时,反射贴图不经暗淡处理,材质看起来好像禁用了"应用"一样。默认设置为 0。

反射级别:影响不在阴影中的反射的强度。该值会与反射明亮区域的照明级别相乘,以补偿暗淡。在大多数情况下,默认值 3 可使明亮区域的反射强度维持在禁用反射暗淡时的同等水平。

(二)贴图使用

对于纹理较为复杂的材质的创建,就需要用贴图来实现。掌握贴图的应用技巧,对表现效果图的真实性将起到很大的作用。在"材质/贴图浏览器"对话框中有多种类型的贴图(见图 6.7、图 6.8)。按贴图功能,可分为五大类。

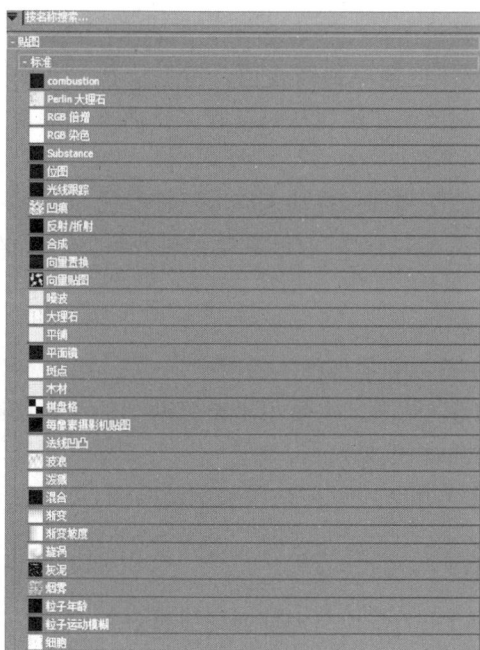

图 6.7 标准贴图

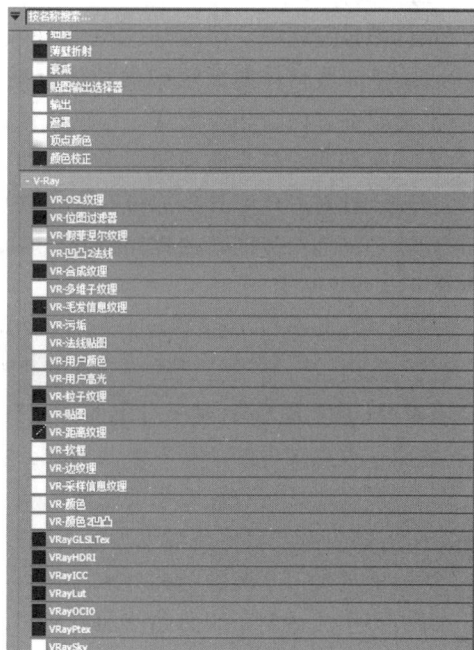

图 6.8 VRay 贴图

1.2D

2D 贴图是二维图像,通常或将其贴到几何对象的表面,或作为环境贴图为场景创建背景。2D 贴图类型如下。

位图：是由彩色像素的固定矩阵生成的图像，如马赛克。位图可以用来创建多种材质，例如木纹、墙面、蒙皮和羽毛等，也可以使用动画或视频文件替代位图来创建动画材质。

棋盘格：基于两种颜色，可以通过贴图替换颜色。

Combustion：与 Disereet Combustion 产品配合使用。用户可以在位图或对象上直接绘制，并且在材质编辑器和视口中可以看到更新后的效果。该贴图包括其他 Combustion 效果，并且可以将其他效果图设置为动画。

渐变：表示从一种颜色到另一种颜色的明暗处理。

渐变坡度："渐变坡度"是与"渐变"贴图相似的 2D 贴图，它从一种颜色到另一种颜色进行着色。在这个贴图中，可以为渐变指定任何数量的颜色或贴图。它有许多用于高度自定义渐变的控件。几乎所有"渐变坡度"参数都支持动画设置。

漩涡：是一种 2D 程序的贴图。它生成的图案类似于两种口味冰激凌的外观。与其他双色贴图原理一样，其任意一种颜色都可用其他贴图替换。

平铺：使用"平铺"程序贴图，可以创建砖、彩色瓷砖或材质贴图。

2. 3D

3D 贴图是根据程序以三维方式生成的图案。3D 贴图类型如下。

细胞：是一种程序贴图，可生成多样化的细胞图案视觉效果，包括马赛克瓷砖、鹅卵石表面甚至海洋表面等。

凹痕：扫描过程中，"凹痕"根据分形噪波产生随机图案。

衰减：基于几何体曲面法线的角度衰减，生成从白到黑的渐变值。根据所选方法的不同，指定衰减的方向会相应改变。根据默认设置，贴图会在法线从当前视图指向外部的面上生成白色，而在法线与当前视图相平行的面上生成黑色。

大理石：针对彩色背景生成带有彩色纹理的大理石曲面，自动生成第三种颜色。

噪波：是三维湍流图案的程序贴图。与 2D 形式的棋盘格一样，其基于两种颜色，每一种颜色都可以设置贴图。

粒子年龄：基于粒子的寿命更改粒子的颜色。

粒子运动模糊：基于粒子的移动速率更改粒子前端和尾部的不透明度。

烟雾：用于生成无序、基于分形的湍流图案的 3D 贴图。主要用于设置动画的不透明贴图，以模拟一束光线中的烟雾效果或其他云状流动贴图效果。

斑点：可生成具有斑点效果的表面图案。该图案用于漫反射贴图和凹凸贴图，可创建类似于花岗岩的表面或其他斑驳纹理的视觉效果。

泼溅：生成类似于泼墨画的分形图案。

灰泥：可生成适用于凹凸贴图的表面图案，专门用于模拟灰泥墙面的质感效果。

波浪：用于生成水花或波纹的 3D 效果贴图，它生成一定数量的球形波浪中心并将它们随机分布在球体上。用户可以控制波浪组数量、振幅和波浪速度。此贴图相当于同时施加漫反射和凹凸效果的贴图。在与不透明贴图结合使用时，它也非常实用。

木材：将整个对象渲染成波浪纹图案。用户可以控制纹理的方向、粗细和复杂度。

3. 合成贴图

合成贴图专用于合成尚没有的颜色或贴图。在图像处理中，合成图像是指两个或多个图像叠加形成的图案。合成贴图类型如下。

合成：由用户选择的贴图组成，并且可使用 Alpha 通道和其他方法将该层置于其他层之上。对于此类贴图，可使用含 Alpha 通道的叠加图像。

遮罩：使用遮罩贴图，可以在曲面上通过一种材质查看另一种材质。遮罩控制应用于曲面的第二个贴图的位置。

混合：通过混合贴图可以将两种颜色或材质合成在曲面的一侧，也可以将"混合数量"参数设为动画，借助变形功能曲线创建对应的贴图，通过该贴图来控制两个贴图随时间混合的方式。

4.颜色修改器贴图

使用颜色修改器贴图可以改变材质中像素的颜色。颜色修改器贴图类型如下。

输出：使用输出贴图，可以将输出设置应用于没有这些设置的程序贴图，如方格或大理石。

RGB 染色：可调整图像中三种颜色通道的值。三种色样代表三种通道，更改色样可以调整其相关颜色通道的值。

顶点颜色：应用于可渲染对象的顶点颜色。可以使用顶点绘制修改器、指定顶点颜色工具来设置顶点颜色，也可以使用可编辑网格顶点控件、可编辑多边形顶点控件来指定顶点颜色。

5.反射和折射贴图

反射和折射贴图在材质/贴图浏览器中是创建反射和折射的贴图。下列每个贴图都有特定用途。

平面镜：应用到共面的面集合时，生成反射环境对象的材质。可以将它指定为材质的反射贴图。

光线跟踪：提供全部光线跟踪反射和折射效果，生成的反射和折射效果比反射/折射贴图更精准。渲染光线跟踪对象的速度比使用反射/折射贴图的速度低。光线跟踪对 3ds Max 场景渲染进行优化，并且通过将特定对象或效果排除于光线跟踪之后，可以进一步优化场景。

反射/折射：生成反射或折射表面。

薄壁折射：用于模拟光线穿过透明介质时的缓进或偏移效果。在为玻璃建模时，该贴图相比于传统反射/折射贴图，具有渲染速度更快、内存占用更少、视觉效果更优的特点。

(三)贴图坐标

贴图并不是随机铺在模型表面上的。贴图坐标就是指定贴图按照何种方式、尺寸在物体表面显示的坐标系统。贴图坐标包括内建贴图坐标和外在贴图坐标两种形式，内建贴图坐标是模型自带的贴图坐标，外在贴图坐标是通过修改器添加的贴图坐标。

1.材质编辑器中贴图坐标的调整

当材质调用了贴图后，材质便有了材质和贴图两个级别。通过材质编辑器工具行中的级别转换按钮，可以在贴图与材质级别之间转换，从而调整贴图的坐标(见图 6.9)。

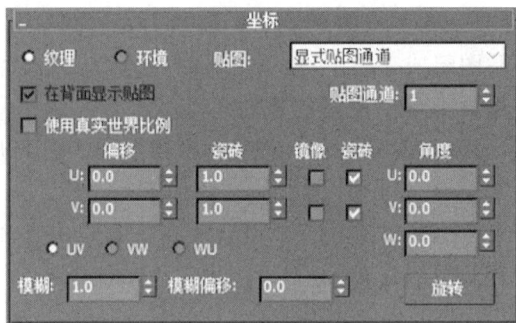

图 6.9　贴图坐标

纹理：将该贴图作为纹理贴图应用于表面。

环境：使用贴图作为环境贴图。

贴图：所包含的选项因选择纹理贴图或环境贴图而异。

在背面显示贴图：启用此选项后，平面贴图将被投影到对象的背面并参与渲染；禁用此选项后，不能对对象背面的平面贴图进行渲染。默认设置为启用。

使用真实世界比例：启用此选项后，贴图将基于真实"宽度"和"高度"值（而不是 UV 值）应用于对象。默认设置为启用。

偏移：在 UV 坐标中更改贴图的位置。

瓷砖：决定贴图沿着每根轴平铺（重复）的次数。

镜像：沿水平轴（从左至右）或垂直轴（从上至下）镜像翻转贴图。

角度：绕 U、V 和 W 轴旋转贴图。

模糊：基于贴图与视图的距离影响贴图的锐度或模糊度。距离越远越模糊。主要用于消除锯齿。

模糊偏移：影响贴图的锐度或模糊度，而与视图的距离无关，可直接模糊对象空间中的贴图图像本身。如果需要对贴图的细节进行软化处理或散焦处理以达到模糊图像的效果，则使用此选项。

旋转：打开"旋转"对话框，可通过在弧形球图上拖动鼠标来旋转贴图。

2. UVW Map 修改器

一个模型创建完成后，就具有一个贴图坐标，也就是内建的贴图坐标。但是如果被模型修改了，其贴图坐标就会被破坏，此时就需要指定一个外在的贴图坐标。

在场景中选中模型，在修改命令面板的下拉列表中选择"UVW 贴图"命令，其"参数"卷展栏如图 6.10、图 6.11 所示。

平面：从对象上的一个平面投影贴图，在某种程度上类似于投影幻灯片。

柱形：从柱体投影贴图，使用它包裹对象。位图接合处的缝是可见的，除非使用无缝贴图。柱形投影用于基本形状为柱形的对象。

球形：使用从球体投影的贴图来包围对象。在球体顶部和底部、位图边与球体两极交汇处有缝和贴图极点。球形投影用于基本形状为球形的对象。

收缩包裹：使用球形贴图，但是它会截去贴图的各个角，然后用一个单独极点将它们全部结合在一起，仅创建一个极点。收缩包裹贴图用于隐藏贴图极点。

图 6.10　UVW 贴图"参数"卷展栏(1)

图 6.11　UVW 贴图"参数"卷展栏(2)

长方体:从长方体的六个面投影贴图,每个面的投影将形成一个平面贴图。表面效果的呈现依赖于曲面法线。

面:对对象的每个面应用贴图副本。使用完整矩形贴图共享隐藏边的成对面。使用贴图的矩形部分贴图不带隐藏边的单个面。

XYZ 到 UVW:将 3D 程序坐标贴图添加到 UVW 坐标,这会将程序纹理贴到表面。如果表面被拉伸,3D 程序贴图也将被拉伸。对于包含动画拓扑的对象,要结合程序纹理使用此选项。如果当前选择了 NURBS 对象,那么"XYZ 到 UVW"不可用。

长度、宽度、高度:指定"UVW 贴图"Gizmo 的尺寸,在应用修改器时,贴图图标的默认缩放由对象的最大尺寸决定。可以在 Gizmo 层级设置投影的动画。

U 向平铺、V 向平铺、W 向平铺:是 UVW 贴图坐标系统中控制纹理在对应轴向(U/V 为纹理空间横纵轴,W 可理解为三维空间深度方向)的重复次数的参数。通过浮点值设置非整数倍平铺效果,支持动画关键帧驱动纹理动态重复或位移。

X、Y、Z:选择其中之一,可变换贴图 Gizmo 的对齐方式,指定 Gizmo 的哪个轴与对象的局部 Z 轴对齐。

操纵:启用时,视口中的目标对象会显示 Gizmo。

适配:可将 Gizmo 自动缩放至匹配对象的边界范围,并使其居中,从而将贴图坐标锁定到对象上。在启用时"真实世界贴图大小"不可用。

中心:移动 Gizmo,使其中心与对象的中心一致。

位图适配:单击该功能,会打开标准位图文件浏览器,用于选取位图图像并将其映射到模型表面。不过,当启用"真实世界贴图大小"时,此功能无法使用。它主要用于将位图与模型进行匹配,让纹理能正确映射到模型表面。

法线对齐：单击该按钮后，在目标对象的曲面上拖动鼠标，可将 Gizmo 的原点定位到光标指向的曲面点，并使 Gizmo 的 XY 平面与该曲面的法线方向对齐，同时 Gizmo 的 X 轴会自动适配到对象的局部 XY 平面。该功能可将模型法线与特定方向或平面快速对齐，以便用户在模型特定面上准确应用纹理或修改效果。

视图对齐：将贴图 Gizmo 重定向为面向活动视口，图标大小不变。

区域适配：激活一个模式后，可在视口中通过拖动鼠标手动框选区域，以定义贴图 Gizmo 的区域，不影响 Gizmo 的方向。在启用"真实世界贴图大小"时不可用。

重置：删除控制 Gizmo 的当前控制器，并插入使用"拟合"功能初始化的新控制器，所有 Gizmo 动画都将丢失。可通过单击"撤销"来进行重置操作。

获取：单击该按钮，并拾取目标对象后，可从其他对象复制其 UVW 坐标参数。执行操作后，系统会弹出对话框，提示选择以绝对方式或相对方式完成获取。此功能可快速复用其他对象的 UVW 坐标设置，简化 UVW 展开流程，提高工作效率。

不显示接缝：以固定像素宽度的细线条显示贴图边界，视图缩放不影响线条粗细，便于观察整体纹理布局。

显示厚的接缝：以与视图缩放比例关联的粗线条显示贴图边界，放大时线条变粗，缩小时变细，增强近距离细节辨识度。

显示薄的接缝：以固定细线条显示 UV 展开后的纹理接缝，直观标识 UV 面片边界，辅助检测纹理拼接问题并优化 UV 布局，确保纹理映射自然连续。

⚙ 课堂实例 | 制作书房贴图材质

本例制作的书房贴图材质效果如图 6.12 所示。

图 6.12 书房效果图

（1）创建好一个书房模型。打开材质编辑器，将材质球命名为"玻璃"，单击"V-Ray"→"VRayMtl"→"漫反射"，将"反射"设置为白色，将"折射"设置为白色，如图 6.13 所示。

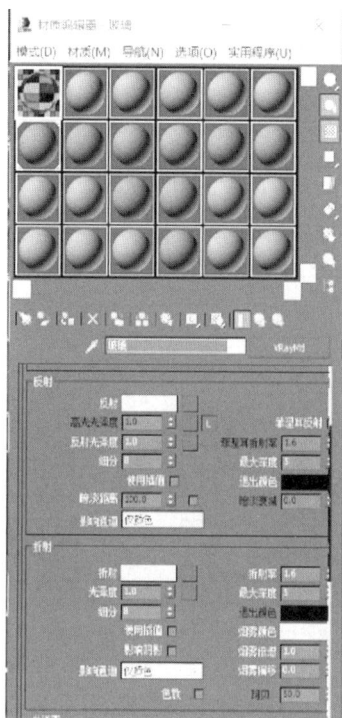

图 6.13 玻璃材质参数设置

(2)选中上一步做好的玻璃窗模型,按 Alt＋Q 键孤立该模型(见图 6.14)。选择中间一层,单击"组"→"打开"(见图 6.15),赋予它材质(见图 6.16)。单击"组"→"关闭",取消孤立。

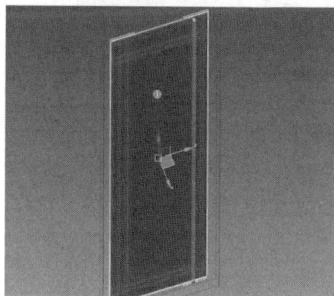

图 6.14 孤立模型

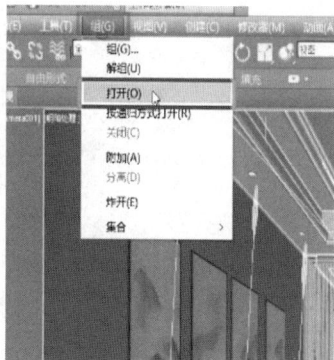

图 6.15 打开组

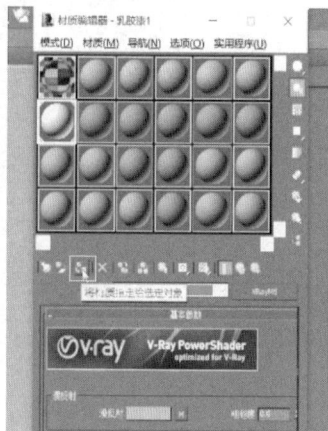

图 6.16 将材质赋予对象

(3)切换到摄影机视图就可以看到透明的效果。打开材质编辑器,将材质球命名为"乳胶漆",单击"V-Ray"→"VRayMtl"→"漫反射"→"VRay 污垢",将半径设置为3,衰减设置为20,非阻光颜色选择白色,如图 6.17 所示。

图 6.17　VRay 污垢参数

（4）单击"父对象向上退一步"，在模型中选择要指定给对象的材质，单击"将材质指定给选定对象"。单击"组"→"打开"，将书房天花板的模型打开，再次将其赋予选定对象。

（5）打开材质编辑器，将材质球命名为"木纹"，单击"V-Ray"→"VRayMtl"，单击"漫反射"后面的方格，单击"位图"（见图 6.18），选择木纹贴图。

图 6.18　添加位图

(6)单击柜子,使其孤立(见图6.19)。单击"组"→"关闭",再单击"组"→"打开"。将材质赋予模型,选中柜子,在修改器中选择"UVW贴图",调整长度、宽度、高度的数值(注意,柜子一侧的木纹得是竖线而不是横线),如图6.20所示。

图6.19 孤立当前选择切换

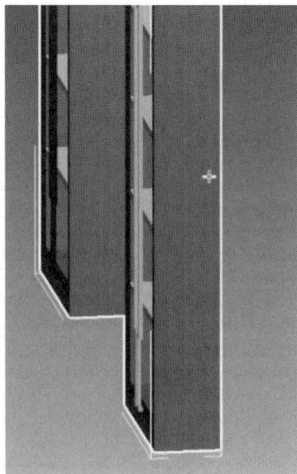

图6.20 UVW贴图调整

(7)取消孤立状态,观察柜子的材质。选择踢脚线,单击"将材质指定给选定对象",在UVW贴图中调整长度、宽度、高度。选择边角线,单击"将材质指定给选定对象"(见图6.21),在UVW贴图上调整长度、宽度、高度(见图6.22)。门和门框的木纹材质应统一,完成孤立操作之后进行精细选择。打开每个门框和玻璃,逐个进行编辑,赋予材质和UVW贴图(如不增加UVW贴图,则木纹图形的大小会不一样),单击"组"→"关闭"。

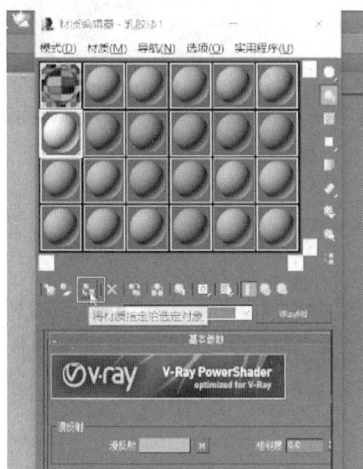

图6.21 将材质指定给选定对象

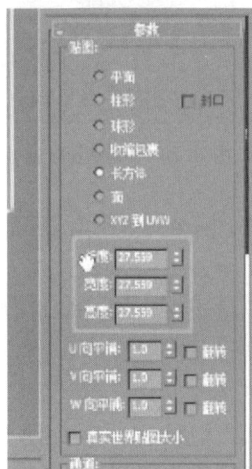

图6.22 调整UVW贴图参数

（8）调节木纹。单击"反射"后面的小方块，选择"衰减"（见图 6.23）。衰减类型选择"Fresnel"（菲涅耳）反射（见图 6.24），反射的光泽度设置为 0.78（见图 6.25）。

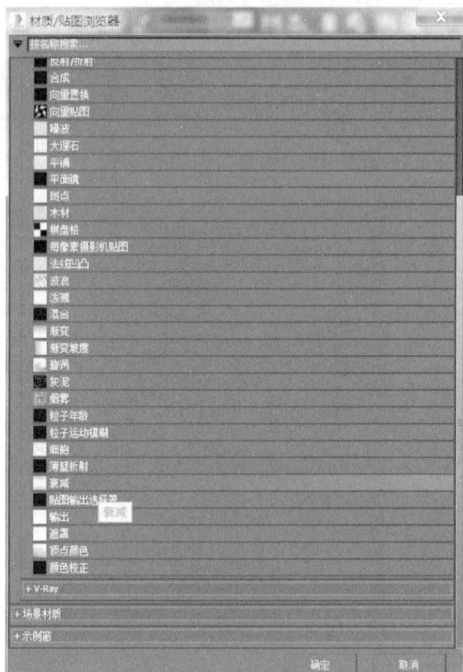

图 6.23　添加衰减

图 6.24　调整衰减类型

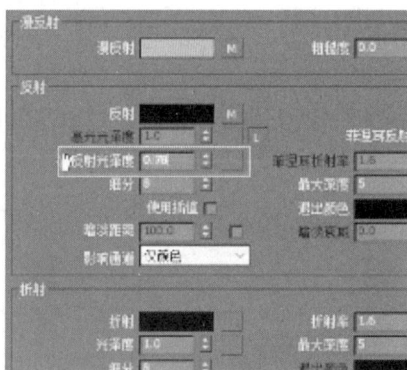

图 6.25　反射光泽度设置

（9）在贴图中，将"漫反射"后面的"贴图"拖动到"凹凸"后面，将凹凸值设置为 80，如图 6.26 所示。

（10）打开材质编辑器，将材质球命名为"木纹"，单击"V-Ray"→"VRayMtl"，单击"漫反射"后面的方格，单击"位图"，选择一个壁纸贴图。单击墙面，将材质赋予墙面，并在视口中观察效果。在修改器中选择"UVW 贴图"，在贴图中将"漫反射"后面的"贴图"拖动到"凹凸"后面，将凹凸值设置为 5，如图 6.27 所示。

（11）打开材质编辑器，将材质球命名为"木地板"，单击"V-Ray"→"VRayMtl"，单击"漫反射"后面的方格，单击"位图"，选择木地板材质的贴图。将其打开后，单击"父对象向上退

图 6.26 凹凸值为 80

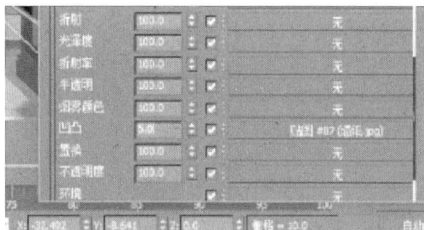

图 6.27 凹凸值为 5

一步"，单击"反射"后面的小方块，选择"衰减"，衰减类型设置为"Fresnel"，反射的光泽度设置为0.75(见图 6.28)。在贴图中将"漫反射"后面的贴图拖动到"凹凸"后面，将凹凸值设置为 50(见图 6.29)。

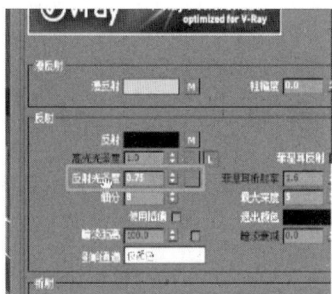

图 6.28 反射的光泽度调整

图 6.29 凹凸值为 50

(12)将"木地板"材质赋予地板，并使其在视口中显示(见图 6.30)。设置 UVW 贴图，孤立地板，查看材质效果。单击"UVW 贴图"的子选项"Gizmo"，单击"旋转"，将角度设置成45°，如图 6.31、图 6.32 所示。

图 6.30 视口显示材质

图 6.31 调整 Gizmo

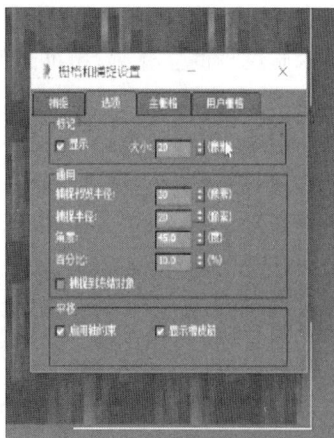

图 6.32 设置角度

(13)打开材质编辑器,将材质球命名为"发光金属"。单击"V-Ray"→"VRayMtl",将"漫反射"设置为金色,"反射"也设置为金色,如图 6.33 所示。打开菲涅耳反射窗口,可以直接将材质指定给选定对象。

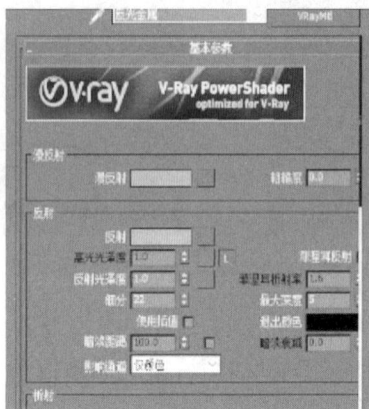

图 6.33 发光金属材质参数

任务二 复合材质

视频 6-2
复合材质

▶ 任务描述

3ds Max 中,模型创建完成后,就能显示其基本色,但默认不附带材质。如果要制作更精细的模型纹理,就要用到材质。

▶ 任务分析

材质包含贴图、质感、光感的表现。在 3ds Max 中,复合材质通过巧妙组合多种基础材质,赋予模型丰富细节。以金属质感为例,可利用反射贴图模拟高反光特性,再结合粗糙度贴图,调整表面微观起伏,呈现真实光感;制作木材材质时,可借助纹理贴图,搭配法线贴图,凸显木质纹理的立体感,精准还原天然质感,从而大幅提升虚拟场景和物体的逼真度。

▶ 知识准备

一、知识链接

理解复合材质后,若想进一步学习,可以研究 UV 映射,它能将三维模型表面展开为二维平面,为模型分配坐标系,使贴图精准投射于模型表面。常用的映射方式有平面映射、立方体映射、球形映射和展开映射。

在材质编辑器中,除了标准材质外,光线跟踪材质可呈现逼真的反射和折射效果,建筑材质能依据物理属性设置对象材质。它们与复合材质一样,都是提升模型真实感的关键要素。

二、操作技巧

在 3ds Max 中处理复合材质时,有不少实用操作技巧。导入材质或材质库时,要确保文件格式兼容,若材质库贴图无法显示,则可通过单击"自定义"→"配置项目路径"→"外部文件"→"添加",设置正确路径。添加混合材质时,先在"材质编辑器"中选中空白材质球,添加两种不同材质,然后在右侧面板"Blend"选项的下拉列表中选"Mix",调整两者比例,就能将混合材质应用到模型上。要是想在模型上呈现干净的拓扑结构,可使用标准材质渲染线框,或利用渲染器参数设置渲染线框。

三、拓展提高

模型创建完成后,会自动生成内建的贴图坐标(即默认贴图坐标)。但是如果修改了模型,其贴图坐标就会被破坏,此时就需要重新指定一个外在的贴图坐标。

所谓复合材质就是通过某种方法将两种或两种以上的材质组合到一起,产生特殊效果的材质。

一、多维子对象

多维子对象材质由多个标准材质或其他类型材质组成。可根据模型 ID 号将不同的材质指定给模型的各面片,从而达到给一个对象赋予多个材质的目的。

在材质编辑器中选择一个示例球,单击 Standard 按钮,在弹出的"材质/贴图浏览器"对话框中,选择"多维/子对象基本参数",在其卷展栏下设置材质的个数,默认状态下的参数如图 6.34 所示。

图 6.34 "多维/子对象基本参数"卷展栏

设置数量:用于设置构成材质的子材质数量。在多维/子对象材质级别上,示例窗的示例对象显示子材质的拼凑效果。

添加:单击该按钮可将新子材质添加到列表中。

删除:单击该按钮可从列表中移除当前选中的子材质。删除子材质的操作可以撤销。

ID:单击该按钮可对列表排序,其顺序为从最低材质 ID 的子材质开始,至最高材质 ID 的子材质结束。

名称:单击该按钮可以输入材质名称。

子材质:单击该按钮将按照显示于子材质按钮上的子材质名称排序。

二、双面材质

双面材质包含两种独立的标准材质,并可分别赋予三维模型的内、外面,使之均成为可见面(见图 6.35)。

在材质编辑器中选择一个示例球,在弹出的"材质/贴图浏览器"对话框中选择"双面材质"类型,"双面基本参数"卷展栏如图 6.36 所示。

图 6.35 双面材质

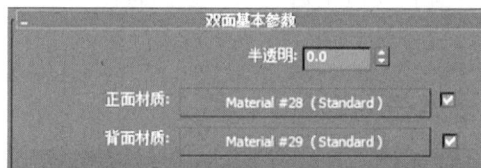

图 6.36 "双面基本参数"卷展栏

半透明:是指一个材质通过其他材质显示的数量,范围为 0～100。设置为 100 时,可以在内部面上显示外部材质,并在外部面上显示内部材质。设置为中间值时,内部材质指定的百分比将下降,并显示在外部面上。默认设置为 0。

正面材质:单击此选项可打开材质/贴图浏览器,从而选择正面使用的材质。

背面材质:单击此选项可打开材质/贴图浏览器,从而选择背面使用的材质。

三、混合材质

混合材质由两种或两种以上不同材质混合而成。混合基本参数中具有可设置动画的"混合量"参数,该参数可以用来绘制材质变形功能曲线,以控制随时间混合两个材质的方式。

在材质编辑器中选择一个示例球,单击 Standard 按钮,在弹出的"材质/贴图浏览器"对话框中选择混合材质类型,"混合基本参数"卷展栏如图 6.37 所示。

材质 1、材质 2:用于设置两个用以混合的材质。利用右侧的复选框来启用或禁用材质。

图 6.37 "混合基本参数"卷展栏

遮罩:用于设置用做遮罩的贴图。两个材质之间的混合度取决于遮罩贴图的强度。遮罩的明亮区域显示的主要为"材质 1",而遮罩的黑暗

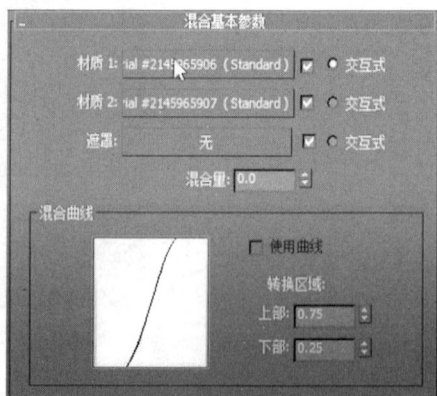

区域显示的主要为"材质 2"。使用右侧的复选框可启用或禁用该遮罩贴图。

混合量:是指混合的比例(百分比)。0 表示只有"材质 1"在曲面上可见,100 表示只有"材质 2"在曲面上可见。如果已指定遮罩贴图,并且勾选遮罩右侧的复选框,则此选项不可用。

使用曲线:用于设置"混合曲线"是否影响混合。只有指定并激活遮罩,该选项才可用。

转换区域:用于调整"上限"和"下限"的级别。如果这两个值相同,那么两个材质会在一个确定的边上接合。若范围较大则能产生从一个子材质到另一个子材质更平缓的混合。混合曲线显示更改这些值的效果。

课堂实例 用棋盘格材质铺地板

棋盘格效果如图 6.38 所示。

图 6.38　棋盘格效果

(1)打开材质编辑器,选择"VRayMtl",单击"漫反射"后面的小方块,选择"Standard"(标准)材质下的"棋盘格",如图 6.39 至图 6.41 所示。

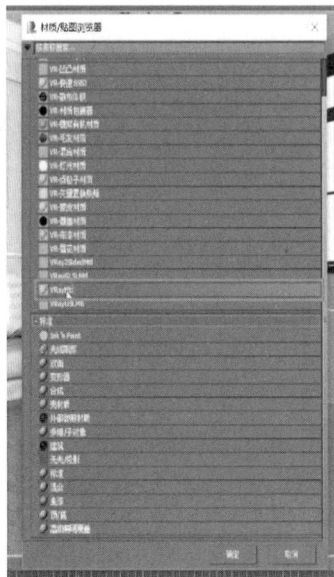

图 6.39　选择"VRayMtl"

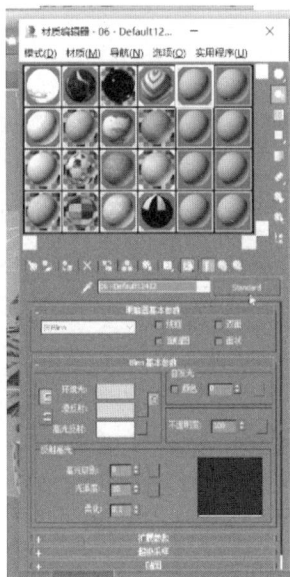

图 6.40　选择"Standard"

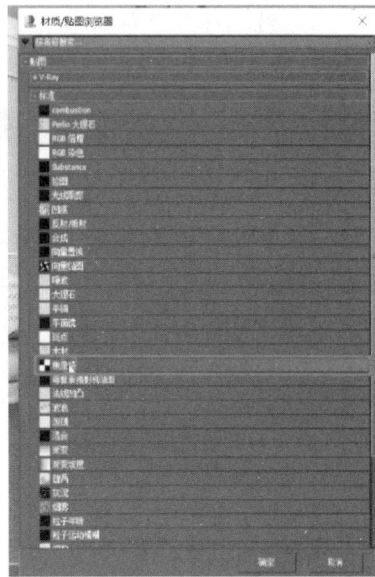

图 6.41　选择"棋盘格"

(2)选择"在视口当中显示",选择"UVW 贴图"下的"长方体",根据需求改变长方体尺寸的大小,如图 6.42 和图 6.43 所示。

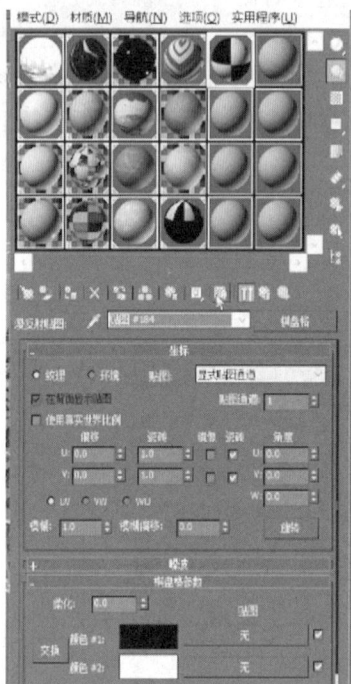

图 6.42　视口显示

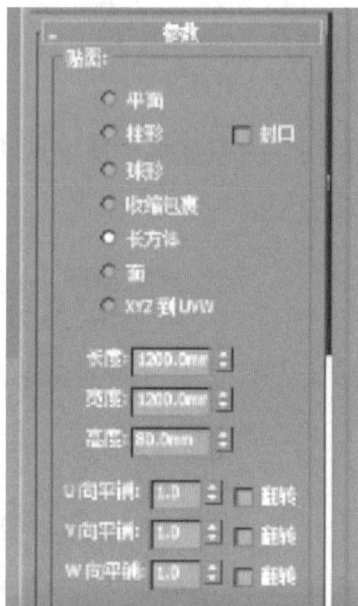

图 6.43　调整 UVW 贴图

(3)选择颜色 1 后面的贴图,对地板赋予一个材质。在"棋盘格参数"中单击颜色 1 后面的"无贴图"(见图 6.44),选择"位图"(见图 6.45),选择一个石材贴图。单击"确定",材质球上就显示出效果了,如图 6.46 所示。对于颜色 2 也使用同样的方法,如图 6.47 所示。设置完成后的材质球效果如图 6.48 所示。

图 6.44　对颜色选择"无贴图"

图 6.45　选择"位图"

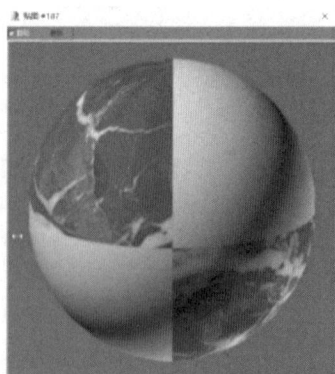

图 6.46　石材贴图效果

(4)进行渲染测试。框选地板进行渲染,效果如图 6.49 所示。

(5)调节反射。给"反射"设置一个颜色(见图 6.50),将反射光泽度设置为 0.97,高光光泽度设置为 0.98(见图 6.51)。

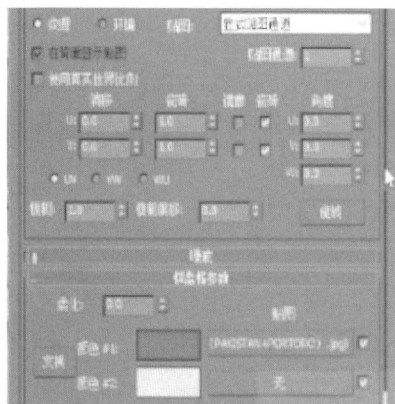

图 6.47 对颜色 2 选择"无贴图"

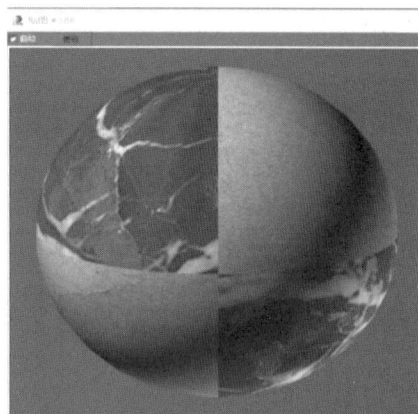

图 6.48 完成后的材质球效果

图 6.49 渲染测试

图 6.50 设置反射颜色

（6）因地板显示比例较大，需调整尺寸。将 UVW 贴图的长度、宽度、高度都调整为800mm（见图 6.52），再次渲染，查看效果。

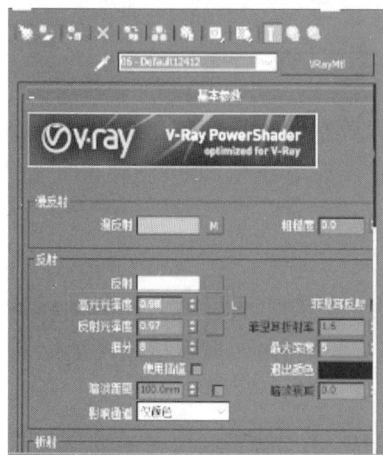

图 6.51 设置光泽度

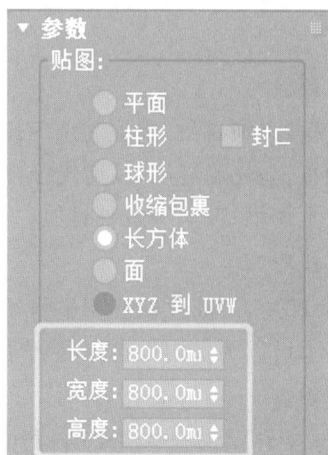

图 6.52 调整尺寸

(7)铺地板时,可以斜铺。单击"旋转",将角度设置为45°,拉动旋转轴,如图6.53和图6.54所示。

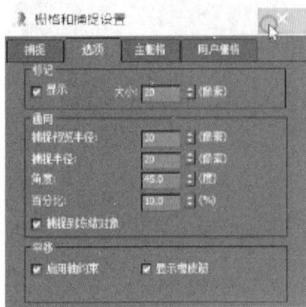

图 6.53　设置角度

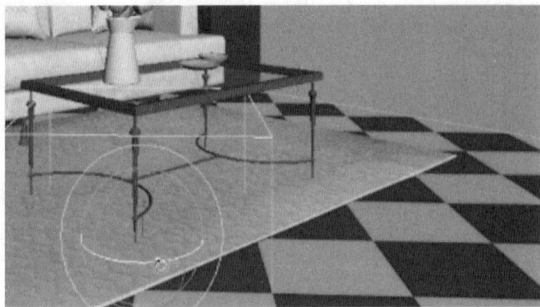

图 6.54　旋转角度

视频 6-3
常见室内
家具材质
的设置

任务三　常见室内家具材质的设置

▶ 任务描述

在 3ds Max 中,制作室内家具材质,需要针对不同的材质类型进行详细的参数设置。不同的家具材质(如木质、金属、皮革等)需要使用不同的贴图和参数,以确保材质的真实性和一致性。此外,可以根据实际需求,添加其他贴图,如光泽度贴图、透明度贴图等,进一步提高材质的表现力。

▶ 任务分析

为家具模型添加材质,掌握利用 VRayMtl 材质制作所需材质的方法。在本任务的操作过程中,应注意 VRayMtl 材质中"反射"选项区和"折射"选项区各参数的功能,尤其应注意"折射"选项区中的"光泽度"和"折射率"。

▶ 知识准备

一、知识链接

通过为模型添加材质,掌握利用 VRayMtl 材质制作不同材质的方法。通过调整漫反射颜色、反射颜色、高光光泽度、反射光泽度、菲涅尔反射等参数,可以制作出如抛光大理石、光亮清漆木材、不锈钢、玻璃等多种材质。

二、操作技巧

在制作过程中,不断尝试和调整材质参数,可以发现不同材质之间的微妙差异。通过细致地设置材质,可以为室内设计作品增添更多细节和真实感,提升整体视觉效果。

三、拓展提高

在操作过程中,应注意 V-Ray 材质的使用方法,并了解其主要参数的作用。在室内设计中,VRayMtl 材质堪称打造逼真场景的得力助手。运用基础的"颜色选择器"就能轻松设定漫反射颜色,赋予材质基础色调,像墙面的米白色、木材的暖棕色。借助"数值输入框"可调节反射光泽度,低数值可模拟粗糙表面,高数值则可模拟光滑如镜表面。配合"滑块工具"调整高光光泽度,便能精准把控高光区域大小与清晰度,塑造金属的锐利高光效果或织物的柔和光泽。

一、理想的漫反射表面材质

漫反射是指投射在不规则表面上的光向各个不同方向反射的现象。例如,光照在凹凸不平的墙面上时,我们可以从多个角度看到墙上的光。

在调制材质的时候,以 VRay 材质为主,这就必须在调制材质之前,选择渲染器。

(1)单击 按钮。

(2)在渲染器中将已安装好的 VRay 渲染器指定为当前渲染器,如图 6.55 所示。指定完成后,渲染设置中就会出现相应材质,否则"材质/贴图浏览器"对话框中不会出现 VRayMtl 材质。

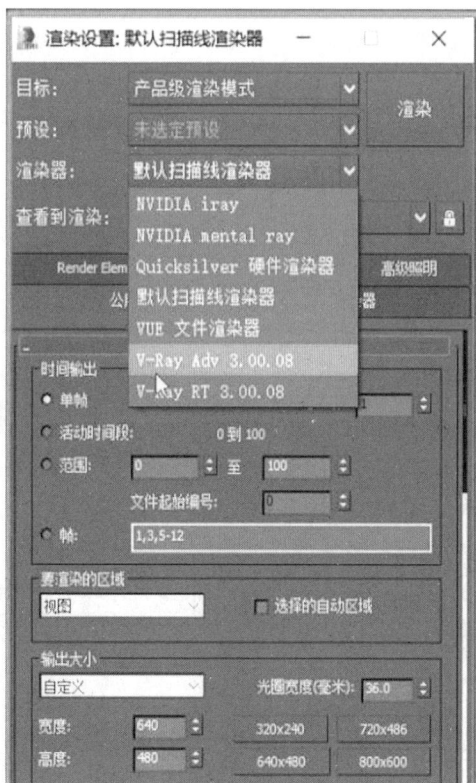

图 6.55 指定渲染器

(3)在视图中创建一个长方体,单击 按钮。单击"漫反射",在弹出的对话框中可以调整漫反射的颜色(或材质),如图 6.56 所示。

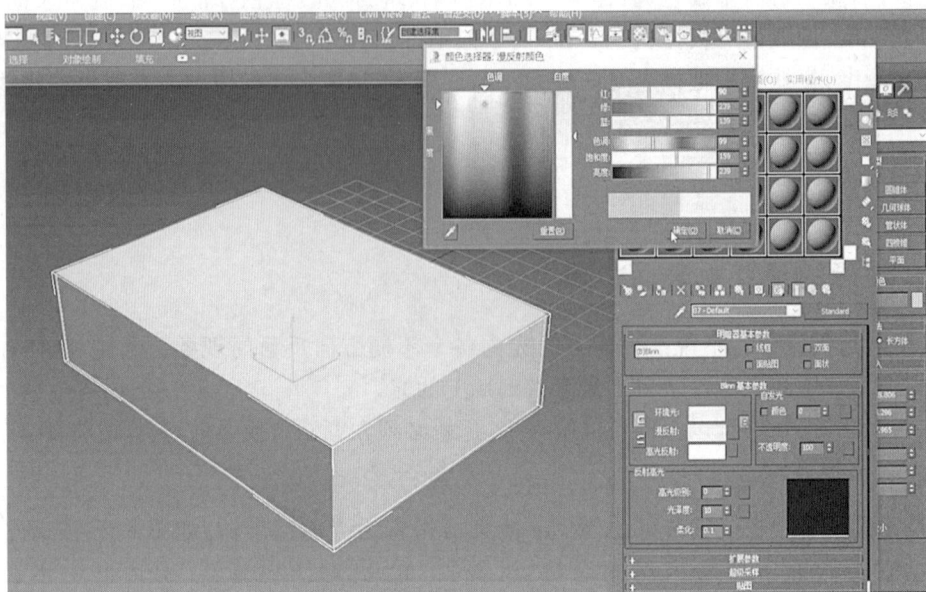

图 6.56 调整漫反射颜色

(4)单击 （材质编辑器）按钮，打开"材质编辑器"窗口，选择第一个材质球。单击 Standard （标准）按钮，在弹出的"材质/贴图浏览器"窗口中选择"VRayMtl"材质，如图 6.57所示。此时，材质编辑器就变成了 VRay 模式的材质编辑器，如图 6.58 所示，漫反射不发生改变。

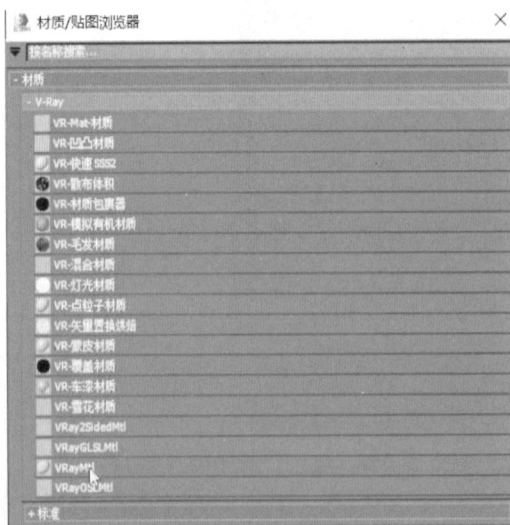

图 6.57　选择"VRayMtl"

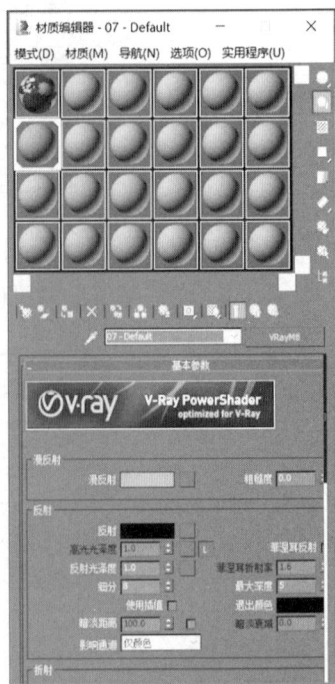

图 6.58　VRay 材质编辑器

（5）有时材质球比较白，这时渲染出的对象就较为明亮，可能是因为开启了"启用 Gamma/LUT 校正"选项，如图 6.59 所示。

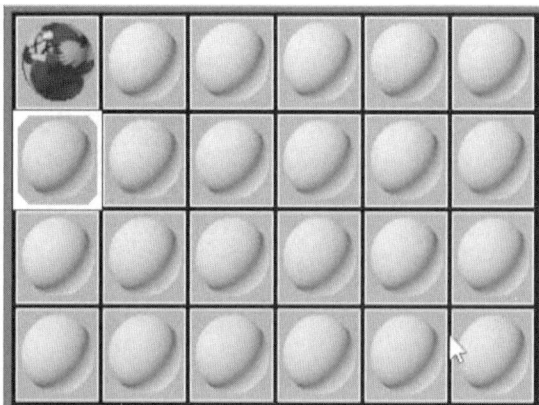

图 6.59　启用 Gamma/LUT 校正的材质球

单击"自定义"菜单栏，选择"首选项"，在"首选项设置"对话框的"Gamma 和 LUT"选项中找到"启用 Gamma/LUT 校正"并关闭，这样就可以正常渲染对象了。

（6）单击"漫反射"后的方格按钮，在弹出"材质/贴图浏览器"对话框中可以增加各种材质编辑器。

（7）在"材质/贴图浏览器"对话框中选择"位图"，就可以增加 jpg 贴图。

在弹出的"选择位图图像文件"对话框中选择一个图片并打开。单击视图中创建好的长方体，在"材质编辑器"对话框中找到 （将材质指定给选择对象）按钮并单击，再单击 （视口中显示明暗处理材质）按钮，这样长方体表面就会显示添加的贴图材质。

由于位图覆盖了原有颜色，此时修改漫反射颜色不会导致长方体外观发生变化。用户可通过调节"折射""反射"参数及"贴图"选项来实现预期效果，如图 6.60 所示。

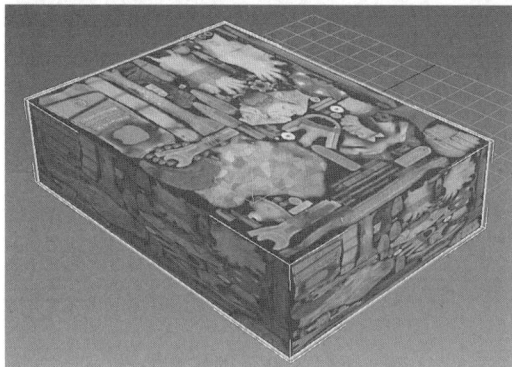

图 6.60　效果显示

（8）在"位图参数"的"裁剪/放置"对话框中，单击"查看图像"按钮，就能在弹出的对话框中看到之前所选的贴图。选中"裁剪",就可以在图像上框选并显示指定画面区域,然后关闭对话框并勾选"查看图像"按钮左侧的 [□应用] ,这时长方体表面就显示裁剪后的画面,如图6.61所示。

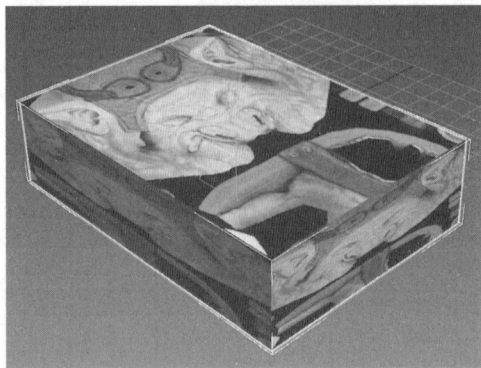

图 6.61　裁剪贴图后的效果

(9)单击"漫反射"后的方格按钮,单击"位图"即可再次赋予长方体其他材质。如果长方体仅显示部分画面,再次单击"查看图像",即可看到先前裁剪位置框选的区域就是当前显示的画面。此时,在"查看图像"左侧应用选项中取消"应用",长方体表面便会显示完整的画面。

二、光滑表面材质

光滑表面是指摸起来平滑、不粗糙的表面,例如陶瓷地砖、木地板等表面。

在室内设计中,光滑表面材质应用广泛。下面以镜子材质为例,介绍光滑表面材质的制作方法。镜子材质属于高反射率、不透光的材质类型。由于镜面特征,无须设置漫反射参数,而需设置反射值。

(1)打开 3ds Max 软件,导入已经建立好且带有镜子的室内模型,如图 6.62 所示。

图 6.62　带镜子的场景模型

(2)打开材质编辑器。在"反射"对话框中,单击"反射"右侧的颜色选择按钮。把"颜色选择器"对话框中的"白度"调成白色,如图 6.63 所示。这样可以提高物体的反射度。

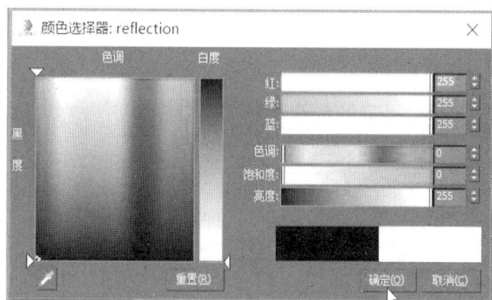

图 6.63 设置反射颜色

（3）在"反射"对话框中进行设置时，需关闭"菲涅耳反射"，这样才能呈现透明材质效果；若开启"菲涅耳反射"，则会呈现不透明效果。可以选择一个材质球进行设置并观察差异。

（4）在渲染过程中，可以观察到镜面逐渐呈现出室内场景的反射效果，如图 6.64 所示。

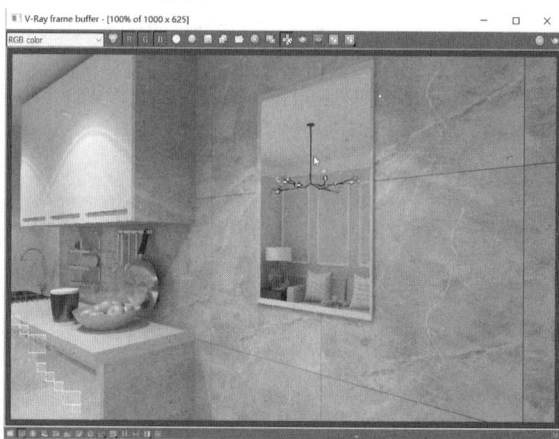

图 6.64 渲染效果

（5）调节参数时，若遇到镜子、高反光透明玻璃等材质出现反射高光过强、表现苍白失真的情况，则可单击 ![STOP]（Stop Rendering）按钮，将"反射"设置为淡蓝色冷色调，如图 6.65 所示。

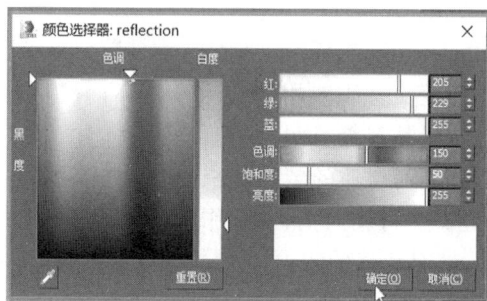

图 6.65 调整反射数值

（6）单击 ![icon]（Region Render）按钮，再次选择镜子部分，单击 ![icon] 按钮进行渲染。此时，镜子的渲染效果比刚才的效果更真实，如图 6.66 所示。

图 6.66　调整反射后的效果

（7）至此光滑表面制作完成。在快速访问菜单栏中单击"保存"按钮，将文件保存。最终效果如图 6.67 所示。

图 6.67　镜子最终效果

三、凹凸表面材质

在室内装饰设计中，凹凸表面材质应用较多。木材、石材、布艺、棉麻等材质，常用于制作木地板、墙面、抱枕等，这些成品都带有凹凸的肌理感。

如今装修设计中，使用硅藻泥材质的装饰越来越多，主要是因为硅藻泥材质可以在一定程度上吸附甲醛。下面以硅藻泥材质为例，来制作凹凸表面材质。

（1）在 3ds Max 中导入带有墙面的室内模型，如图 6.68 所示。

（2）打开材质编辑器，选择一个材质球。先改变材质球的形式，单击 Standard （标准）按钮，在弹出的"材质/贴图浏览器"窗口中，选择"材质"下拉菜单中的"VRayMtl"，将材质设置成 VRay 材质的形式。

图 6.68　带有墙面的场景模型

（3）在设置硅藻泥的参数时，需要增加一个 jpg 贴图。单击"漫反射"后的小方块，在弹出的"材质/贴图浏览器"对话框中选择"位图"，添加一个硅藻泥材质的贴图，如图 6.69 所示。

（4）单击 ![按钮] （将材质指定给选择对象）按钮，再单击 ![按钮] （视口中显示明暗处理材质）按钮，此时可以预览添加的材质效果，墙面有明显的过渡痕迹（见图 6.70），那么还需要修改 jpg 贴图的尺寸比例。

图 6.69　贴图样式

（5）在修改器列表中单击"UVW 贴图"按钮，在贴图栏中选择"长方体"，将长度、宽度、高度都设置为 800mm。此时，可以看出纹路值设置得过大，如图 6.71 所示。

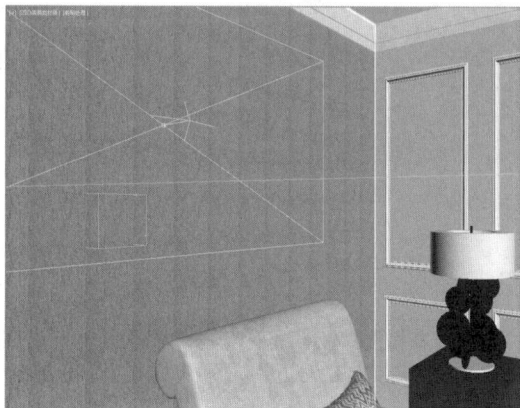

图 6.70　墙面效果

图 6.71　纹路值过大的效果

（6）单击"查看图像"按钮，将红色裁剪框调整到画面的中间，如图 6.72 所示。

(7)单击"应用",此时墙体中间就没有明显的过渡痕迹了。若此时裁剪后的纹理效果还是过大,则对长度、宽度、高度进行调整。这里将它们都设置为 200mm,效果如图 6.73 所示。

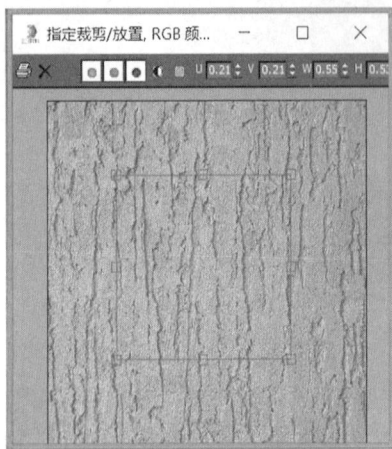

图 6.72　调整裁剪框

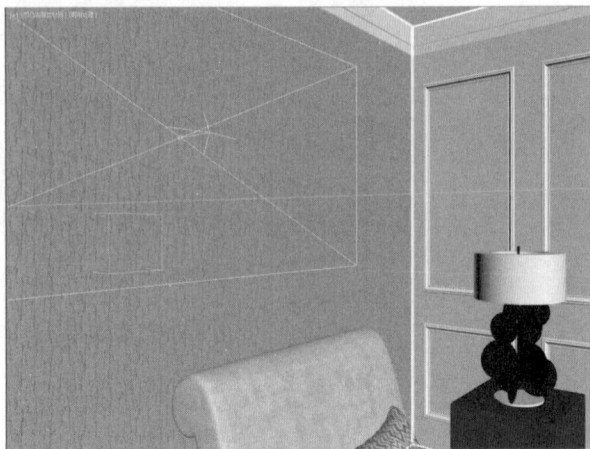

图 6.73　调整后的效果

(8)单击"渲染"按钮,对墙壁进行渲染并查看效果。渲染过程中,可以单击 (跟随鼠标渲染)按钮,单击墙壁进行渲染,可以快速渲染需观察区域的效果,如图 6.74 所示。渲染后能观察到墙壁上有凹凸的纹路,但不够真实。

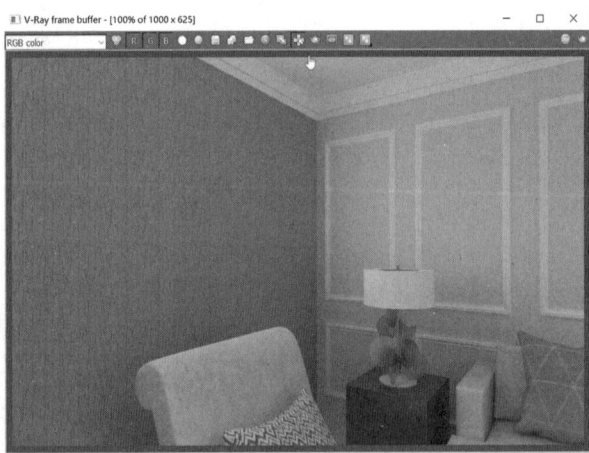

图 6.74　渲染后的效果

(9)为使凹凸效果更真实,在材质编辑器中单击 (转到父对象)按钮,返回父对象。找到"贴图"一栏并单击,在贴图菜单栏中,"漫反射"后的添加栏里有之前添加的贴图。按住鼠标左键不放,拖到下方的"凹凸"添加栏中,把之前的材质球放大,可以看到材质球表面有很明显的凹凸肌理,如图 6.75 所示。

(10)单击 按钮,框选并渲染局部,查看修改后的凹凸肌理。最终渲染效果如图 6.76所示。

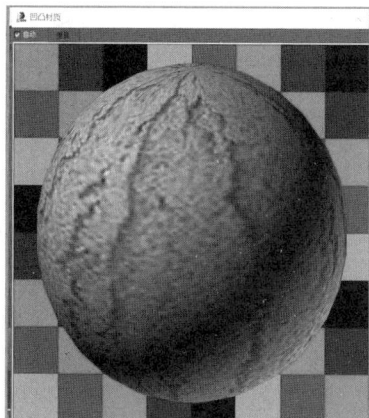

图 6.75　增加凹凸贴图

图 6.76　最终渲染效果

四、高反光金属材质

日常生活中,有很多表面具有高反光特性的材质,最具代表性的便是不锈钢材质。下面以厨房不锈钢水池为例,介绍不锈钢材质的制作方法与技巧。

(1)导入不锈钢水池模型,如图 6.77 所示。

图 6.77　不锈钢水池模型

(2)打开材质编辑器,选择一个材质球,对材质球进行命名,如"不锈钢材质",以便修改时快速查询。

(3)单击"Standard"按钮,在"材质/贴图浏览器"中单击"V-Ray"→"VRayMtl",将材质编辑器设置成 VRay 材质形式。

(4)单击 ![按钮] 按钮把背景打开,金属属于反射比较强的材质,所以"漫反射"的"颜色选择器"中的"白度"需要调成黑色,如图 6.78 所示。

"反射"的"颜色选择器"中的"白度"调成白色。

在打开"菲涅耳反射"的情况下进行渲染,效果如图 6.79 所示。可以看到水池颜色是纯黑色的,没有不锈钢的效果,因此需关闭"菲涅耳反射"。

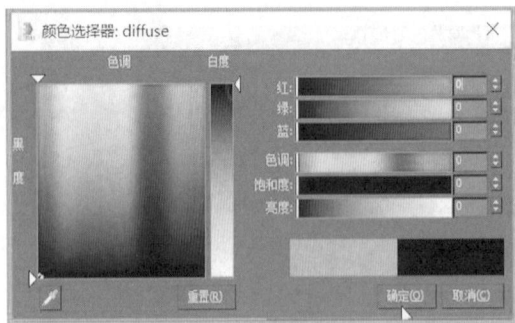

图 6.78 调整白度

图 6.79 打开"菲涅耳反射"的效果

关闭"菲涅尔反射"后再次进行渲染,效果如图 6.80 所示。此时可以观察到水池的反光较强烈。高反光材质的特性在于其反射率较高,因此当反射率提升时,材质所呈现的颜色主要取决于反射的颜色。以当前的不锈钢材质为例,将反射"白度"设置为纯白后,渲染出的不锈钢材质会呈现出较白的色调。

(5)将反射色调调整为淡蓝色,如图 6.81 所示。单击 按钮,框选水池进行渲染,渲染过程中就可以看到,不锈钢材质的水池出现了蓝色调,如图 6.82 所示。

图 6.80 关闭"菲涅耳反射"的效果

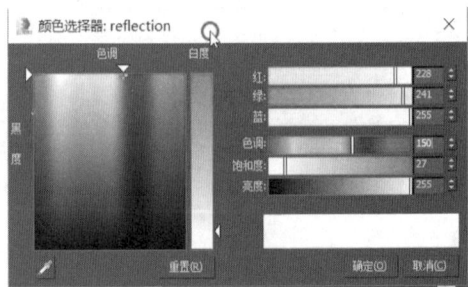

图 6.81 反射色调调整

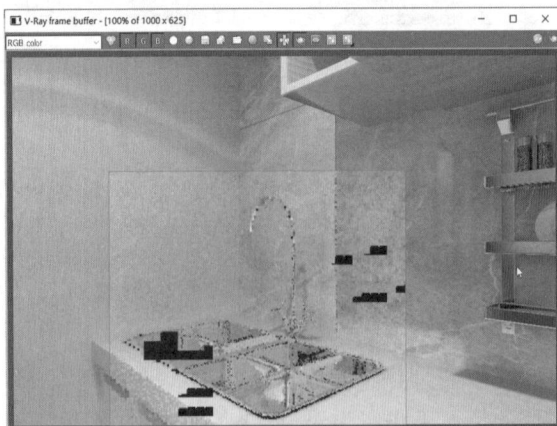

图 6.82 调整色调后的渲染效果

（6）将"反射"的"颜色选择器"中的"白度"调整为灰色，如图 6.83 所示。把"反射"对话框中的"反射光泽度"设置为 0.95。

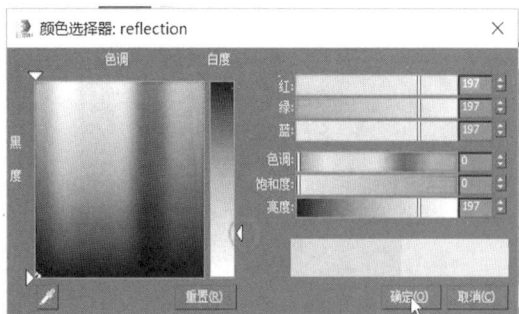

图 6.83　白度调整

最终效果如图 6.84 所示。

图 6.84　不锈钢水池最终效果

五、地砖材质

（1）打开材质编辑器，选择一个材质球，单击"Standard"按钮，选择"VRayMtl"。单击"漫反射"后的小方块，选择"平铺"，打开"高级控制"卷展栏，将水平数设置为 1，垂直数设置为 1，水平间距设置为 0.1，如图 6.85 所示。

（2）单击"None"按钮，选择"位图"，选择一个合适的地砖贴图，将其加入材质编辑器，并将材质赋予选定的对象，选择"视口中显示明暗处理材质"，可预览铺贴效果。

（3）在修改列表中，单击"UVW 贴图"中的"Gizmo"（见图 6.86）。选择"长方体"，将长度、宽度、高度均设为 800mm（见图 6.87）。在材质编辑器中单击"反

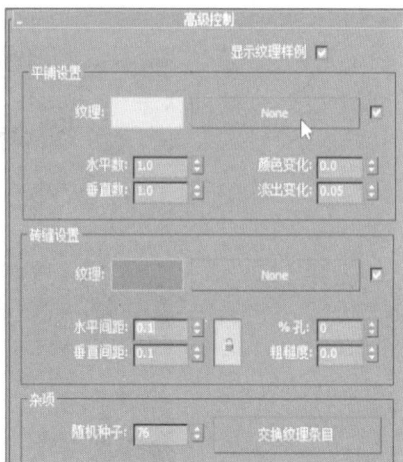

图 6.85　"高级控制"卷展栏参数设置

射",将色调设为暖蓝色。反射光泽度设为 0.98,高光光泽度设为 0.97,"贴图"卷展栏中的凹凸数值设置为 2(见图 6.88)。最后进行渲染,效果如图 6.89 所示。

图 6.86 选择"Gizmo"

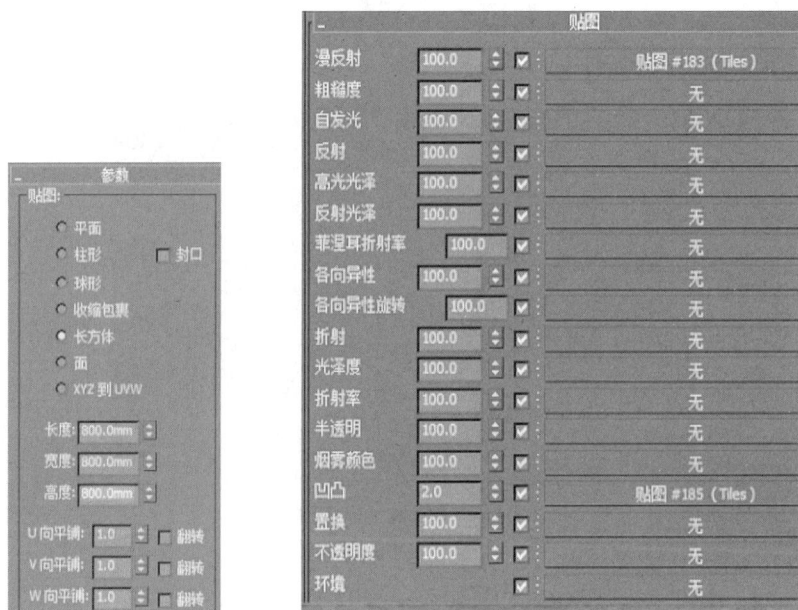

图 6.87 贴图参数设置

图 6.88 增加凹凸效果

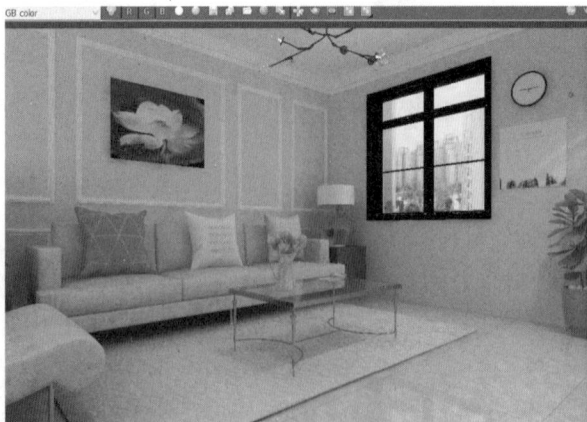

图 6.89 渲染后的效果

六、木地板材质

木地板铺贴方法有很多,包括人字拼、鱼骨拼、方块拼、长条拼等。

(1)打开材质编辑器,选择一个材质球,单击"Standard"按钮,选择"VRayMtl"。单击"漫反射"后的小方块,选择"位图",选择一个合适的木地板贴图,将其加入材质编辑器,并将材质赋予选定的对象,选择"视口中显示明暗处理材质",可预览铺贴效果。

(2)在修改列表中,单击"UVW 贴图",选择"长方体",将长度、宽度、高度均设为 800mm(见图 6.90)。

(3)选中木地板,在修改列表中,单击"UVW 贴图"中的"Gizmo",使地板孤立(见图 6.91),单击"旋转"工具,将角度设为 90(见图 6.92)。

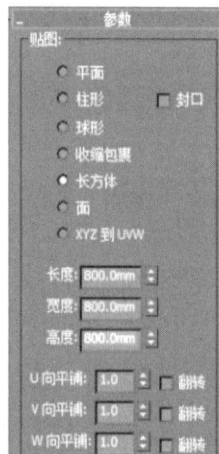

图 6.90　设置长方体尺寸

图 6.91　使地板孤立

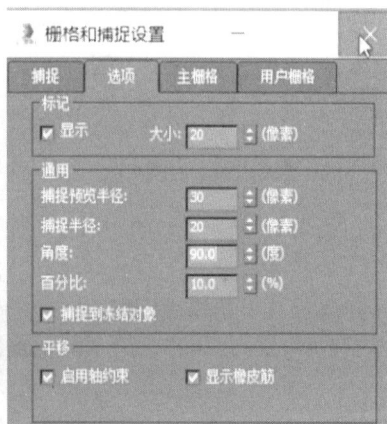

图 6.92　角度调整

(4)单击"反射"后的小方块,在标准中选择"衰减",将衰减参数中的衰减类型改为"Fresnel"(见图 6.93)。

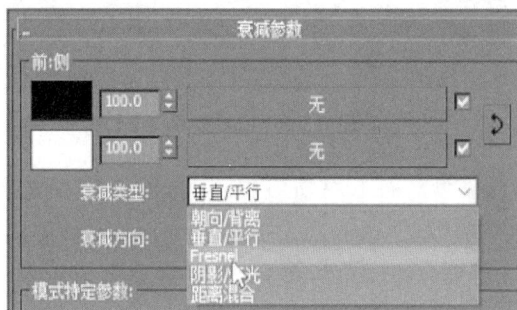

图 6.93　衰减参数设置

(5)单击 ![按钮] 按钮,转到父对象层级,将反射光泽度调为 0.75,一般木地板的反射值在 0.7 到 0.8 之间。选择"贴图",将漫反射通道中的贴图拖动复制到凹凸通道中,将凹凸值设为 45(见图 6.94)。最终效果如图 6.95 所示。

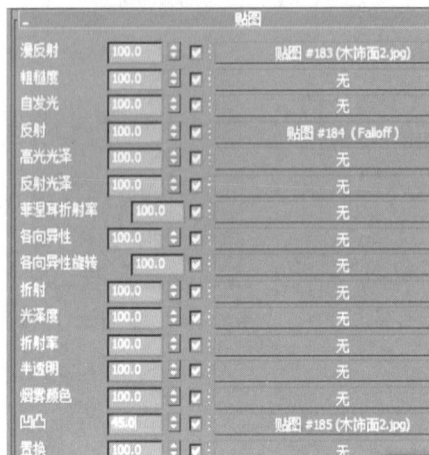

图 6.94 凹凸设置

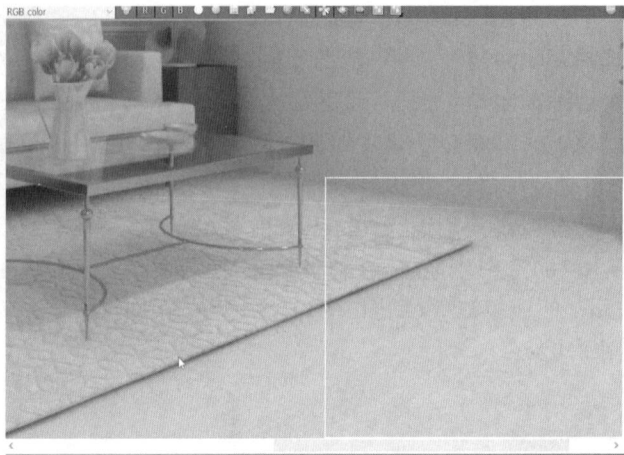

图 6.95 最终效果

课堂实例 创建茶几材质

茶几的场景效果如图 6.96 所示。

图 6.96 场景效果

(1)打开创建好的茶几模型。打开材质编辑器,设置茶几表面的玻璃材质,将材质球命名为"茶几玻璃材质",如图 6.97 所示。

(2)将材质类型设置为"VRayMtl",如图 6.98,具体参数设置如图 6.99 所示。

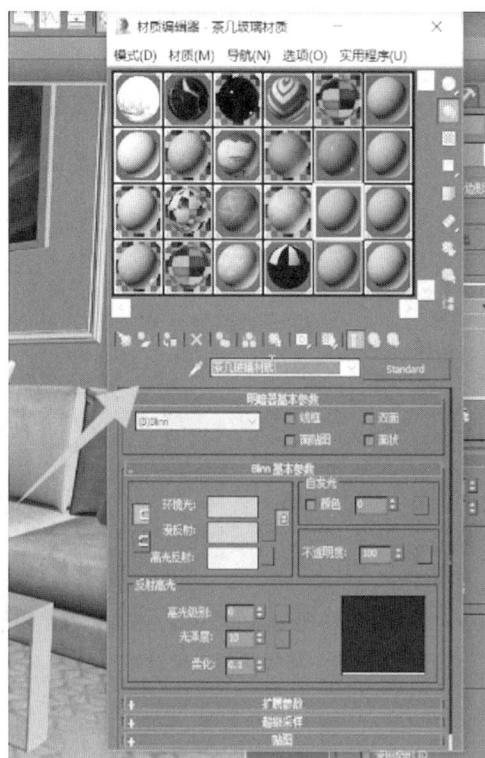

图 6.97　材质命名

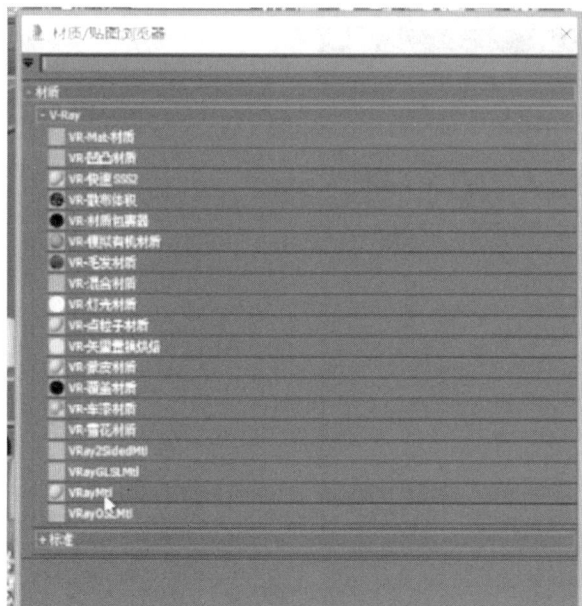

图 6.98　选择"VRayMtl"材质

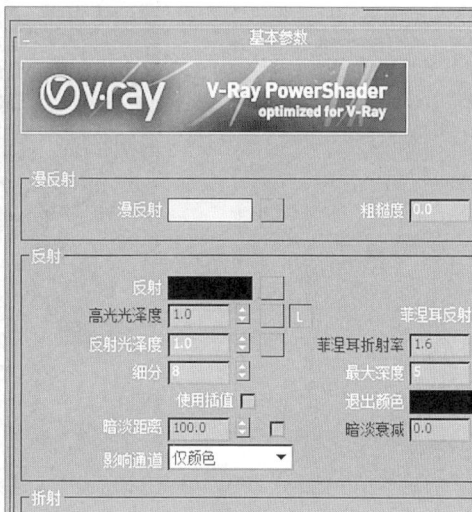

图 6.99　参数设置

（3）选中茶几桌面，将材质指定给茶几桌面，如图 6.100 所示。

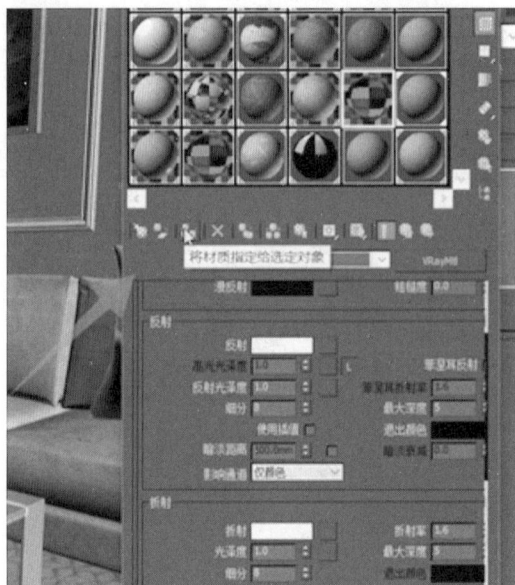

图 6.100 将材质指定给选定对象

（4）打开材质编辑器，调整木纹的材质，将材质球命名为"茶几木纹"，如图 6.101 所示。然后将材质类型设置为"VRayMtl"。

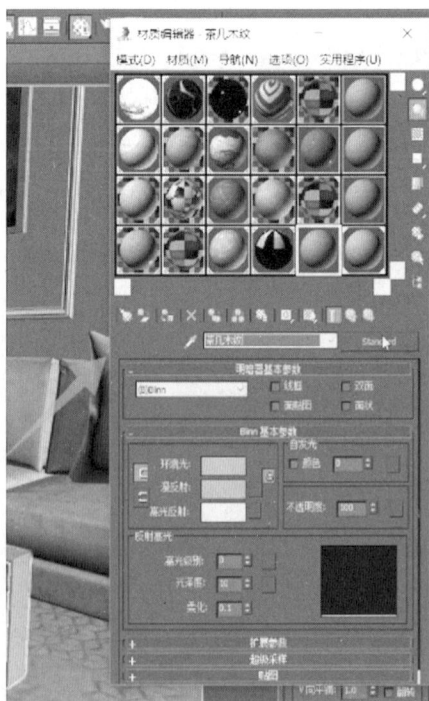

图 6.101 材质命名

（5）单击"漫反射"后面的小方块，选择一个木纹贴图并打开，如图 6.102 至图 6.104 所示。

图 6.102　增加贴图　　　　图 6.103　选择"位图"　　　　图 6.104　选择贴图

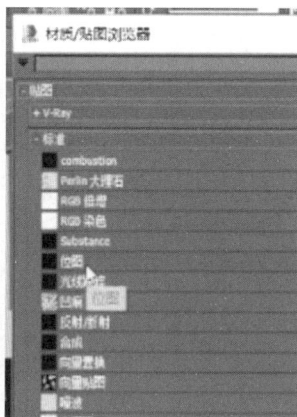

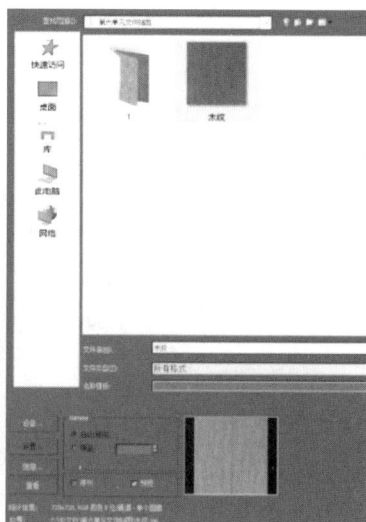

（6）选择"将材质指定给选定对象"，如图 6.105 所示。

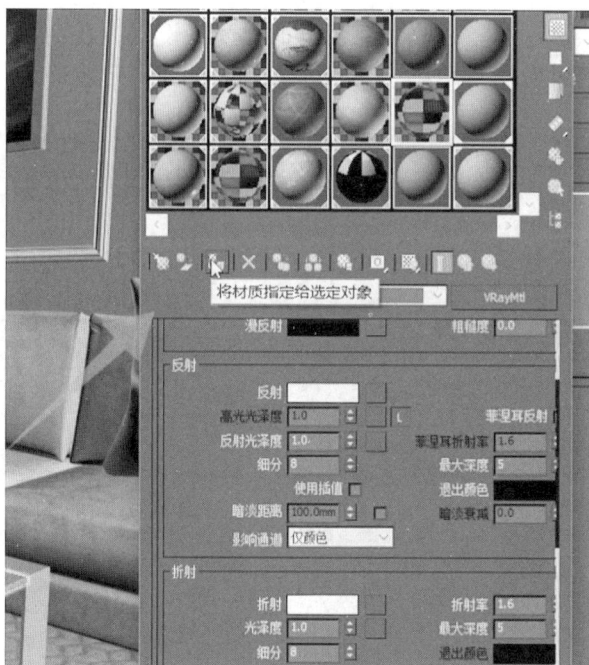

图 6.105　将材质指定给选定对象

（7）选择"反射"下的"衰减"，衰减的类型选择"Fresnel"，如图 6.106 和图 6.107 所示。

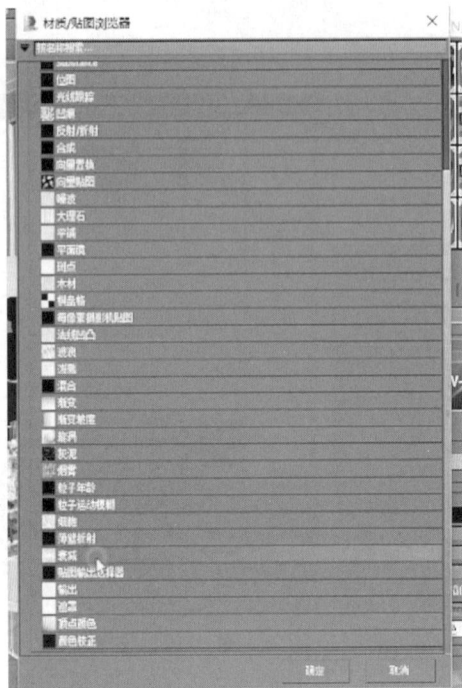

图 6.106　增加衰减

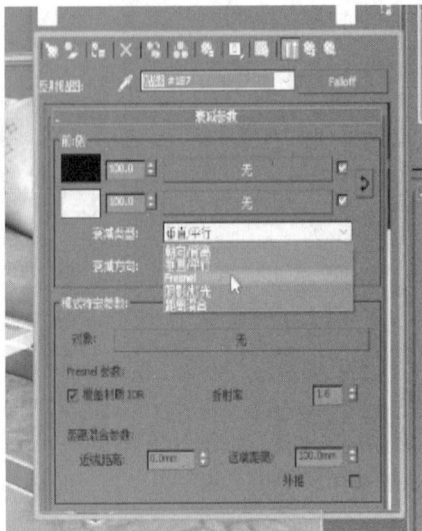

图 6.107　衰减参数

（8）转到父对象层级（见图 6.108），将反射的光泽度设置为 0.88（见图 6.109）。在贴图中，将"漫反射"后面的材质拖到"凹凸"中，将凹凸值设为 10（见图 6.110）。

图 6.108　转到父对象

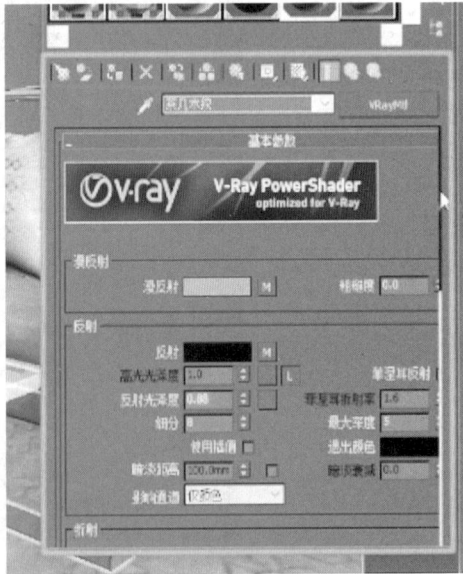

图 6.109　反射光泽度设置

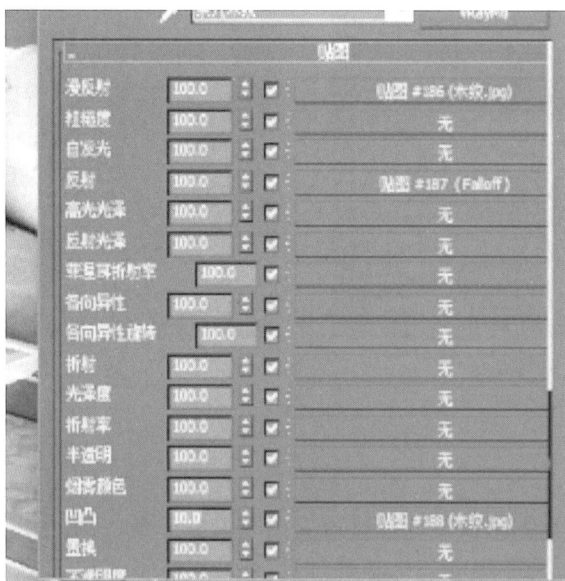

图 6.110 增加凹凸贴图

(9)在修改器中,设置 UVW 贴图。在贴图类型中选择"长方体",将参数"长度"设置为 800mm,"宽度"设置为 800mm,"高度"设置为 800mm,如图 6.111 所示。

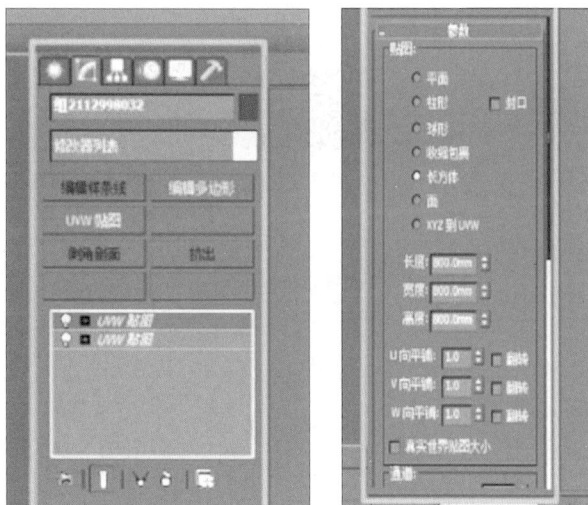

图 6.111 UVW 贴图参数设置

(10)若要节约时间,则可框选部分区域进行局部渲染,以便快速观察,如图 6.112 和图 6.113 所示。

图 6.112　局部渲染

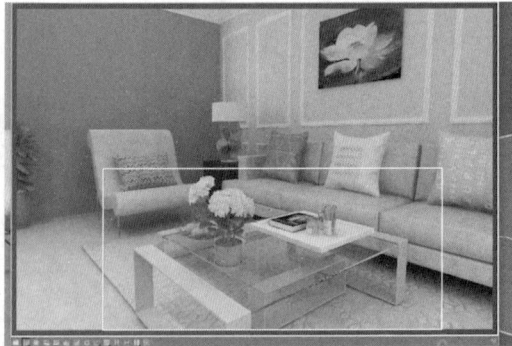

图 6.113　观察效果

项目小结

　　在室内设计中,材质编辑器是调控材质属性的关键工具,它为精准呈现材质质感提供操作平台。复合材质通过巧妙组合多种基础材质,创造出丰富多样、逼真、独特的材质效果,极大地拓展了设计的表现范畴。常见室内家具材质的设置各有讲究,对于木质材质,需细致地调整纹理与光泽,以还原木材温润自然的特质;对于皮质材质,应注重模拟柔软触感和独特纹理;对于金属材质,则应着重表现其光泽与反射效果。材质与贴图紧密相连,贴图赋予材质更为真实且丰富的细节,从纹理、颜色到光影效果,两者相辅相成,共同塑造出室内家具及各类元素的独特质感。

项目六考核

项目七

灯光、摄影机

引言

本项目分为两个任务，在第一个任务中需掌握常见室内灯光的设置方法，重点学习VRay灯光的使用。灯光设置练习，能够帮助我们制作出更加真实的效果图。在第二个任务中需掌握摄影机的设置方法，包括目标摄影机的基本属性调整等。相比于灯光，摄影机的使用更容易理解，掌握摄影机的架设技巧对最终构图至关重要。

灯光与摄影机是 3ds Max 场景或动画不可或缺的重要组成部分，它们对场景或动画的最终效果起着决定性作用。通过在场景或动画中合理设置灯光，可以增强场景或动画的真实感、三维纵深感，提高清晰度。适当的照明与环境设置能为创作增添亮点。同时，通过调整摄影机的位置能够突出场景或动画中的主体，而镜头切换和摄影机动画则能使整个画面更加流畅自然。

项目目标

1. 具备创新精神和专业设计理念。
2. 了解灯光与摄影机的基本概念。
3. 掌握灯光与摄影机的创建方法和调整方法。

思政要素

在 3DMax 中，灯光系统可模拟自然光照的色彩与层次（如天光的漫反射、聚光灯的方向性等），恰似自然美通过阳光、云雾等介质展现色彩与线条的韵律；摄影机的构图逻辑（如景深控制、透视角度）则如同人类以实践为根基的审美视角，捕捉自然事物的形状与结构之美。这启示我们：自然美既是客观自然属性的呈现，亦需通过实践（如技术调试、艺术创作）去发现与诠释。3D 创作者需以尊重自然规律为前提，用灯光与镜头语言还原自然本真，在数字空间中传递"人与自然和谐共生"的生态文明理念，让技术赋能对自然之美的敬畏与守护。

任务一　灯光的添加

视频 7-1
灯光的添加

没有灯光的世界是黑暗的，3ds Max 的场景也一样。即使有精美的模型、逼真的材质、完美的动画,如果没有灯光的照射,也都会失去意义,因此灯光的应用在场景常渲染中是非常重要的一步。

▶ 任务描述

本任务围绕灯光设计在室内空间中的核心作用展开,系统讲解了灯光应用技巧。从基础灯光布局到专业参数调节,结合理论知识与实践案例,介绍了不同类型灯光的特性、布光逻辑及效果优化方法,重点强调灯光对空间氛围、视觉舒适度等的提升作用。

▶ 任务分析

本任务通过搭建阶梯式知识体系,系统解构灯光设计的核心要素。首先从基础灯光布局逻辑与标准光源特性切入,建立场景适配的底层认知;其次深入光度学测算原理与 VRay 高级灯光工具应用,强化参数化设计与写实渲染能力;最后整合分层照明、焦点塑造等策略,实现空间功能划分与美学表达的有机统一。本任务贯穿"科学测算＋艺术表达"双重视角,引导读者通过灯光强度、色温、投射角度的精准调控,塑造既具视觉舒适度又能引发情感共鸣的室内光环境。

▶ 知识准备

一、知识链接

在 3ds Max 中,可模拟的光源包括目标聚光灯、自由聚光灯、目标平行光、自由平行光、泛光灯和天光。

目标聚光灯像手电筒,有起始点和目标点,光线呈锥形发散。自由聚光灯无目标点,靠旋转照明,适用于动画灯光设置。目标平行光的光线平行,常模拟日光。自由平行光多用于漫游动画。泛光灯向四周发光,常作补光。天光可模拟天空光,让场景光照更自然。

上述光源都能由用户创建、修改。3ds Max 场景会自动生成默认光源,创建新光源后,默认光源便会自动关闭。

二、操作技巧

光线是画面视觉信息与视觉造型的基础,没有光线便无法体现对象的形状、质感和颜色。

为场景创建平射式的白色照明或使用系统的默认照明设置非常简单,但平射式照明通常无法突出场景中对象的独特之处或营造特殊效果。只有通过调整场景中的灯光,使光线与当前的气氛或环境相协调,才能增强环境的真实感,让画面更加生动地呈现在我们眼前。

三、拓展提高

点光源向所有方向均匀地发射光,因此点光源也被称为全向光源。点光源是最简单的光源,可以放在场景中的任何位置。例如,点光源可以放在摄影机的视觉范围之外,可以放在物体的后面,甚至可以放在物体的内部。放在物体内部的点光源的效果在不同软件中有所不同,但在一般情况下,光线会穿过透明物体照射,就像灯泡一样。白炽灯、蜡烛、萤火虫等都是点光源。

聚光源按一个圆椎或四棱椎的形状向指定方向发射光。用于舞台、电影场景中的闪光灯、带阴影的灯和光反射器等都是聚光源。无穷远光源因距离场景中的物体很远,其光线会以平行状态投射到场景。

在 3ds Max 中灯光对场景或动画的最后渲染起着很重要的作用,适宜的照明与环境设置将给平凡的作品增添光彩。在 3ds Max 中,灯光是模拟真实光源的物体,不同类型的灯光通过不同的方式投射光线,可模拟真实世界中的不同光源。

灯光的使用在效果图制作过程中非常关键,良好的灯光效果不仅可增添场景的真实感和生动感,给人身临其境的感觉,还能减少建模的工作量,提高工作效率。

灯光可分成两种类型:自然光源和人工光源。自然光源用于室外场景,主要用来模拟太阳光源:人工光源通常指室内场景中由灯具提供的光源。

自然光源通常是由平行光创建的,因为平行光是从单一方向照射的,能很好地模拟自然光的效果。人工光源通常是由泛光灯或聚光灯创建的,泛光灯是从一个点向所有的方向投射光线的,可以用来模拟灯泡类的光源;而聚光灯的光线是有方向的,聚光灯可以很好地模拟射灯类的光源。

一、标准灯光

在 3ds Max 中,灯光是作为一种物体类型出现的。在灯光创建面板中,系统提供了标准灯光、光度学灯光和 VRay 灯光,如图 7.1 所示。

标准灯光是基于计算机的模拟灯光对象,如家用和办公室灯、舞台和电影放映时使用的灯光以及太阳光本身。不同种类的灯光对象用不同的方式投射光线,模拟不同种类的光源。与光度学灯光不同,标准灯光不具有基于物理的强度值。

图 7.1　系统提供的灯光

1. 目标聚光灯

在场景中绘制一个目标聚光灯,如图 7.2 所示,目标聚光灯像闪光灯一样投射聚焦的光束。这个光束照射范围就是剧院中或射灯下的聚光区,聚光区有一个目标子对象,可以用来移动光源照射位置。打开修改器,进入常规参数设置区,单击"启用",可打开或关闭灯光,如图 7.3 所示。

图 7.2　目标聚光灯

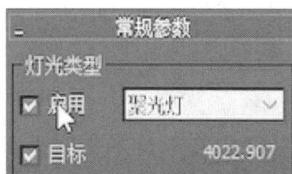

图 7.3　参数设置

启用"阴影贴图"后(见图 7.4),场景中的物体就会出现阴影(见图 7.5)。调整光源照射的位置,可以控制所照射物体阴影的长度。强度、颜色倍增值用来调整灯光的强度(见图 7.6),强度值太高会出现曝光现象。倍增后的颜色可用来调节灯光的颜色(如图 7.7)。

图 7.4　启用阴影

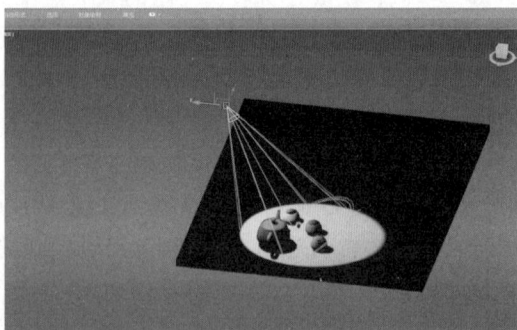

图 7.5　阴影效果

图 7.6　灯光倍增

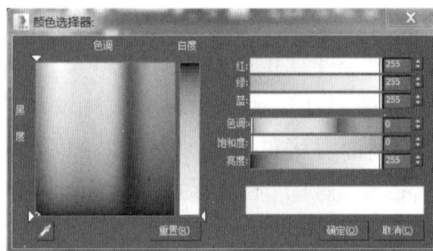

图 7.7　灯光颜色

目标聚光灯使用目标对象指向摄影机。对目标聚光灯重命名时,目标将自动重命名以与之匹配。

2.自由聚光灯

自由聚光灯没有目标物体,依靠自身旋转照亮空间,常用于动画路径的灯光设置。操作和效果与目标聚光灯大致相同,与目标聚光灯不同的是,自由聚光灯没有目标对象。通过移动和旋转自由聚光灯,可以将其指向任意方向。

当用户希望聚光灯沿一个路径移动,但又不希望将聚光灯和目标连接到虚拟对象或需要沿着路径倾斜时,自由聚光灯是一个非常不错的选择。

3.目标平行光

工具栏中的工具主要用于获取材质、贴图,以及将制作好的材质赋予场景中的模型。平行光从一个方向投射平行光线,平行光主要用于模拟太阳光。用户可以调整灯光的颜色、位置,并在视图中旋转灯光。由于平行光线是平行的,所以平行光束呈圆形或矩形棱柱,而不是圆锥体(见图7.8)。

4.自由平行光

与目标平行光不同的是,自由平行光没有目标对象。通过移动和旋转灯光对象,可以将

图 7.8 目标平行光

其指向任意方向。当在日光系统中选择"标准"太阳时,宜使用自由平行光。

5.泛光灯

泛光灯就像一个发光的灯泡一样,离物体越近,物体的阴影越弱;离物体越远,物体的阴影越强。

6.天光

天光的形状如同一个半球体,天光模型通常与光跟踪器配合使用,用户可以根据需要设置天空的颜色,或者将其指定为贴图。

二、光度学灯光

1.目标灯光

目标灯光具有可以用于指向灯光的目标子对象。目标灯光主要有 4 种分布类型,如图 7.9 所示。

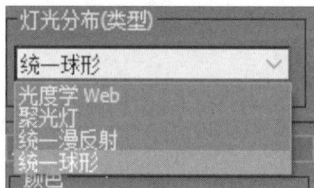

图 7.9 目标灯光分布类型

如果所选分布类型影响了灯光在场景中的扩散方式,则灯光图形会影响对象投射阴影的方式。"灯光分布(类型)"须单独选择。通常,较大区域的投射阴影较柔和。3ds Max 所提供的 6 个投射阴影选项如下。

(1)点:对象投射阴影时,如同几何点(如裸灯泡)在发射灯光。

(2)线形:对象投射阴影时,如同线(如荧光灯)在发射灯光。

(3)矩形:对象投射阴影时,如同矩形(如天光)在发射灯光。

(4)圆形:对象投射阴影时,如同圆形(如圆形舷窗)在发射灯光。

(5)球体:对象投射阴影时,如同球体(如球形照明器材)在发射灯光。

(6)圆柱体:对象投射阴影时,如同圆柱体(如管状照明器材)在发射灯光。

目标灯光的光照区域显示效果如图 7.10 所示。

2. 自由灯光

自由灯光不具备目标子对象，用户可以通过使用变换工具瞄准子对象。自由灯光的光照区域显示效果与目标灯光一样，但是其不具备目标点。

3. Mr 天空门户

Mr(Mental Ray)天空门户对象提供了一种"聚集"内部场景中的现有天空照明的有效方法，无须依赖高度最终聚集或全局照明设置（这会使渲染时间过长）。实际上，天空门户就是一种区域灯光，其亮度和颜色从环境中导出。

图 7.10　目标灯光发射光线

三、VRay 灯光

VRay 灯光"参数"卷展栏如图 7.11 至 7.13 所示。

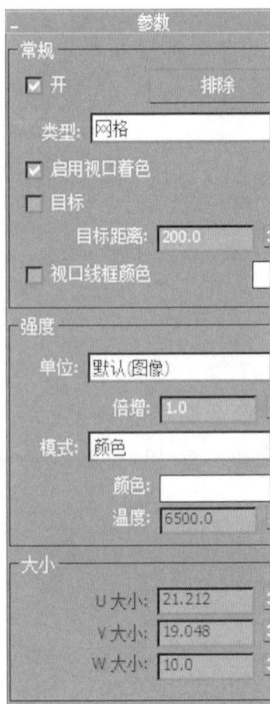

图 7.11　灯光参数(1)

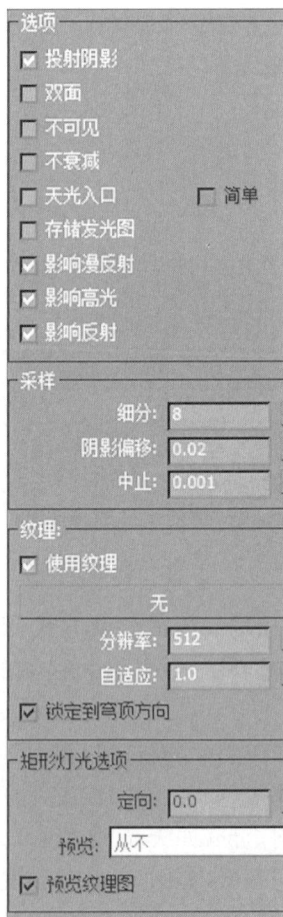

图 7.12　灯光参数(2)

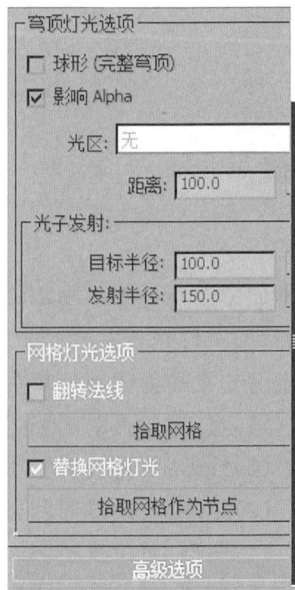

图 7.13　灯光参数(3)

开:用于打开或者关闭 VRay 灯光。

类型:提供了 4 种灯光类型如图 7.14 所示。

①平面:当这种类型的光源被选中时,VRay 光源具有平面的形状。

②穹顶:灯光设置为穹顶类型时,它会模拟来自半球的光线,就像天空光一样,能提供均匀、柔和的整体照明,常用于营造自然的户外光照氛围或作为全局光照的补充。

③球体:当这种类型的光源被选中时,VRay 光源是球形的。

④网格:网格灯光基于一个三维的网格物体发射光线。用户可以自定义网格的形状和大小,从而灵活地控制光线的分布和形状。适用于需要特殊光照效果或精确控制光照区域的场景。

U、V、W 大小:光源的 U、V、W 向尺寸。

单位:灯光亮度单位,法定计量单位为 cd/m^2,其下拉列表如图 7.15 所示。

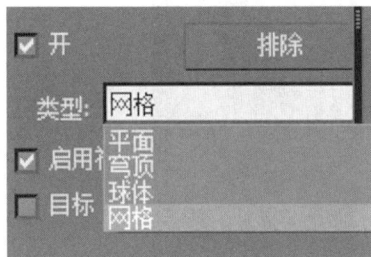

图 7.14 灯光类型

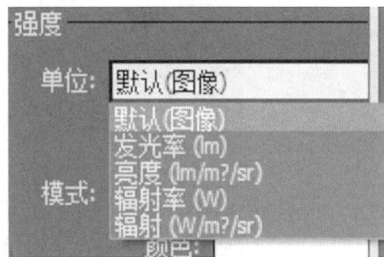

图 7.15 "单位"下拉列表

①默认(图像):默认类型,通过灯光的颜色和亮度来控制灯光最后的强弱。如果忽略曝光类型的因素,灯光颜色将是物体表面受光的最终颜色。

②发光率:当使用这种类型时,灯光的亮度将和灯光的大小无关。

③亮度:当选择这种模式时,灯光的亮度和它的大小有关。

④辐射:选择这种类型时,灯光的亮度和它的大小有关。

⑤辐射率:当选择这种类型时,灯光的亮度将和灯光的大小无关。其单位 W 和物理上的 W 不一样,这里的 500W 大约等于物理上的 10~15W。

颜色:由 VRay 光源发出的光线的颜色。

倍增:光源颜色倍增器。

双面:当 VRay 灯光为平面光源时,该选项控制光线是否从面光源的两个面发射出来。

不可见:控制 VRay 光源体的形状是否在最终渲染场景中显示。当该选项打开时,发光体不可见;当该选项关闭时,VRay 光源体会以当前光线的颜色渲染出来。

不衰减:当勾选该选项时,VRay 灯光所产生的光将不会随距离而衰减;否则,光线将随着距离而衰减。

天光入口:勾选这个选项可以把 VRay 灯光转换为天光,此时的 VRay 灯光就会变成 GI 灯光,失去了直接照明,参数将被 VRay 的天光参数取代。

存储发光图:当该选项选中并且全局照明设定为发光贴图时,VRay 将再次计算 V-Ray-Light 的效果并且将其存储到光照贴图中。其结果是光照贴图的计算变得更慢,但是渲染时间会减少。用户还可以将光照贴图保存,以便再次使用。

影响漫反射:决定灯光是否影响物体材质属性的漫反射。

影响高光:决定灯光是否影响物体材质属性的高光。

影响反射:决定灯光是否影响物体的反射。

阴影偏移:这个参数用来控制物体与阴影偏移的距离,较高的值会使阴影向灯光的方向偏移。

中止:可缩短在多个微弱灯光场景渲染的时间,即当场景中有很多微弱而不重要的灯光时,可以使用 VRay 光源中的中止参数来控制它们,以减少渲染时间。

细分:用来控制 VRay 用于计算照明的采样点数量。

使用 VRay 光源设置场景灯光的效果如图 7.16 所示。

图 7.16　VRay 光源场景灯光效果

四、常见灯光设置方法

在室内效果图制作时,往往将一个场景中的多个类型的灯光混合使用。VRay 灯光在效果图制作中起到非常重要的作用,其能实现默认灯光做不出的光照效果。

常用的三种室内灯光为光度学中的目标灯光、VRay 灯光中的 VRay 和 VRay 太阳灯光。

目标灯光主要用于模拟射灯、筒灯和室内局部补光灯的效果。其设置方法如下:勾选"启用",选择"VR-阴影贴图"(见图 7.17);在"灯光分布(类型)"中选择"光度学 Web"(见图7.18),选择合适的光域网(见图 7.19);调整灯光的颜色和强度值。

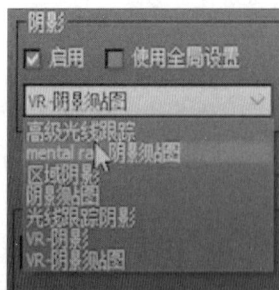

图 7.17　启用阴影

图 7.18　选择灯光分布类型

VRay 灯光主要用于模拟室内灯光或产品展示,是室内渲染中常用的一种灯光类型。主要使用"平面"类型。平面灯光主要用于模拟室外入射光、灯具补光灯、吊顶灯带、背景墙灯带、柜内灯带、镜前灯管等光源。球形灯光则通常用于模拟台灯、落地灯、壁灯等光源。

主要调节目标包括灯具的倍增值、灯光的颜色,操作时需在选项栏中勾选如图 7.20 所示的几个选项。

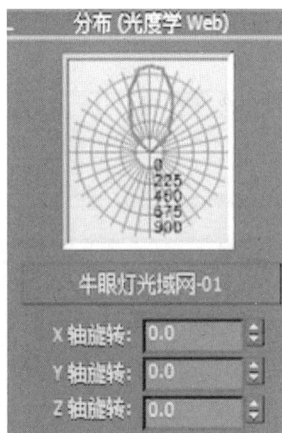

图 7.19 选择光域网

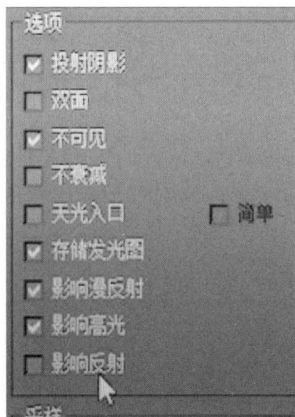

图 7.20 勾选选项

课堂实例 卧室效果图灯光添加

在 3ds Max 中,当场景中未添加任何灯光时,系统会启用默认灯光以确保场景中的物体可见。然而,一旦用户在场景中设置了自定义灯光,默认灯光将自动关闭。若删除场景中的所有自定义灯光,则默认灯光会重新启用,从而保证场景中的物体始终可见。在室内灯光布置中,常用的灯光类型包括 VRay 灯光和光度学目标灯光。下面将详细介绍如何在室内场景中合理添加灯光。

图 7.21 是已经建好的卧室场景模型,鉴于该模型仅设置了一处窗户,因此在该窗户位置布置室外光源。

图 7.21 卧室场景模型

（1）选择"VR-灯光"（见图 7.22），并选择"VRay 灯光"（见图 7.23），依照窗户的大小绘制一个 VRay 灯光。

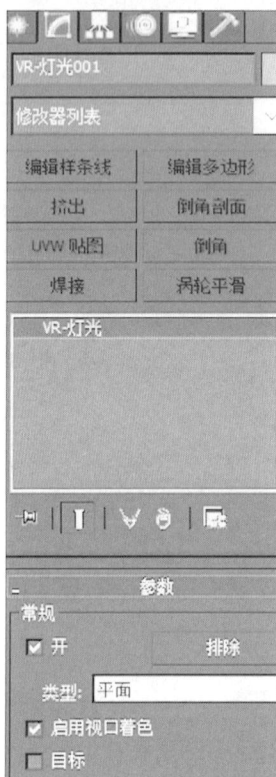

图 7.22　选择"VR-灯光"　　　　图 7.23　选择"VRay"灯光

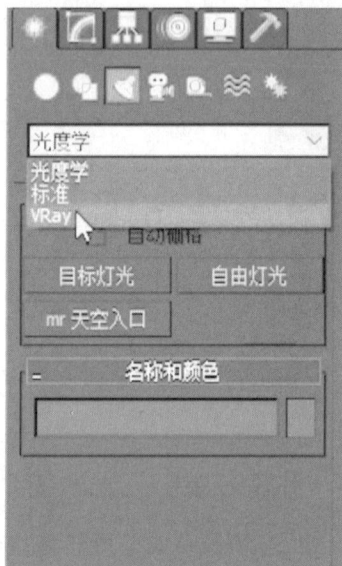

（2）在绘制 VRay 灯光时，首先需要在修改器面板中选择灯光类型，并选择"平面"类型。绘制过程中，需特别注意窗户的尺寸，确保灯光的覆盖范围与窗户大小相匹配，以实现更真实的照明效果。

（3）切换到顶视图，将灯光移动到相应的位置（见图 7.24），注意灯光的照射方向应是从

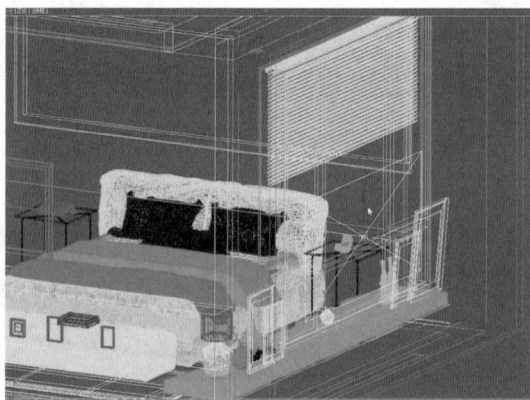

图 7.24　移动灯光

室外向室内。在移动和调整灯光时,需确保灯光不要覆盖在窗帘上,尤其是当窗帘材质不透光时,否则会影响光线的穿透效果,导致照明不自然。

(4)将倍增值设置为6,室外光颜色应选冷色,色调为150,饱和度为50,如图7.25、图7.26所示。

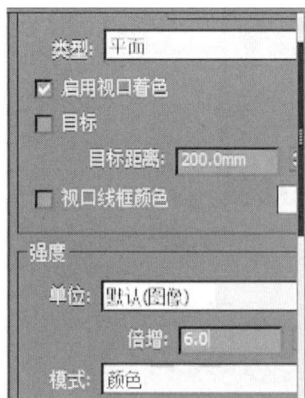

图7.25 室外光倍增值调整　　　　图7.26 室外光颜色调整

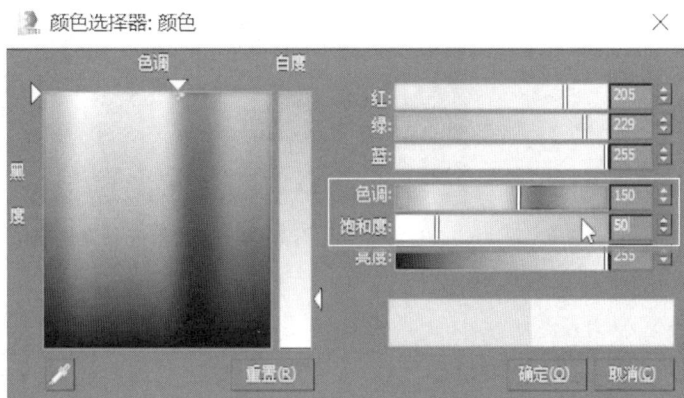

(5)利用克隆工具建立室内灯光,按住 Shift 键复制一个新的 VRay 灯光,将复制的灯光拖动到窗内,如图7.27所示。

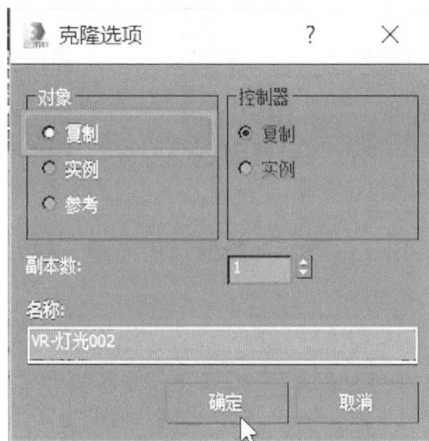

图7.27 复制对象

(6)放大灯光的尺寸,但需注意不要压到旁边的物体。切换到顶视图,进行精细微调,以将灯光调到合适的位置(见图7.28)。

(7)室内光颜色应调成暖色,色调一般设置为21,饱和度为50(见图7.29)。由于这个 VRay 灯光的尺寸比较大,因此倍增值设置为3(见图7.30)。之后可以进行渲染,观察效果。

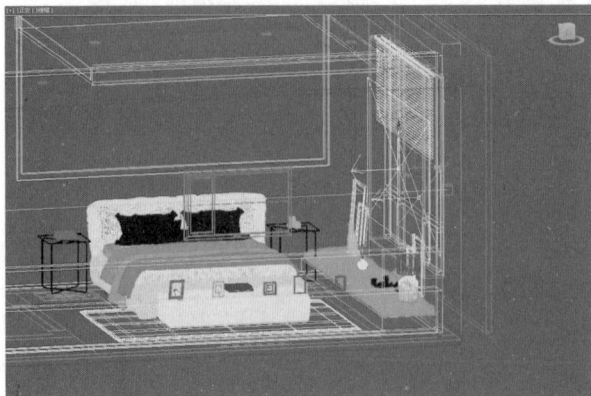

图 7.28　室内灯光位置调整

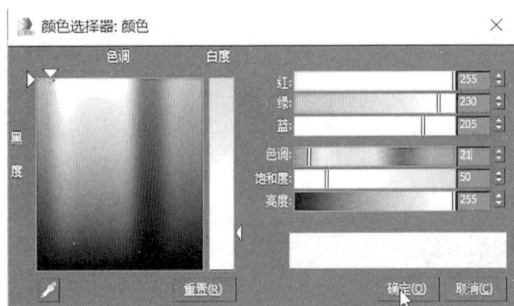

图 7.29　室内灯光颜色调整

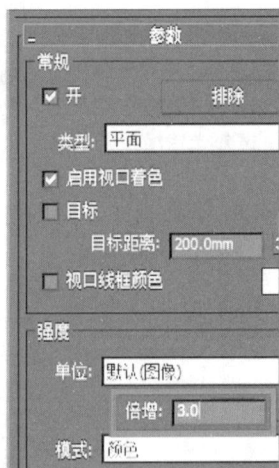

图 7.30　室内灯光倍增值调整

（8）制作灯带。灯带主要用作吊顶装饰类的辅助光源。找到窗户上方灯槽的位置，单击"VRay 灯光"（见图 7.31）。

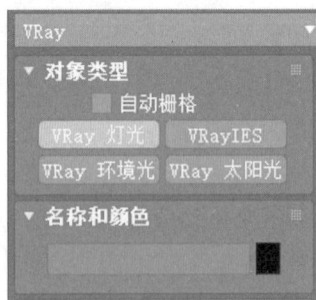

图 7.31　选择"VRay 灯光"

（9）在顶视图中创建一个平面（见图 7.32）。在前视图中将其调整到相应的位置（见图7.33）。

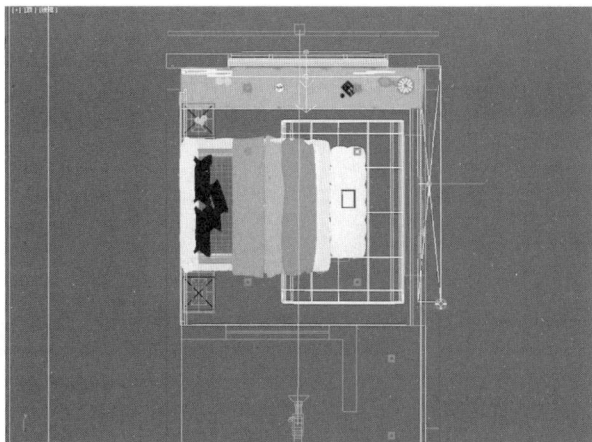

图 7.32 在顶视图中创建平面

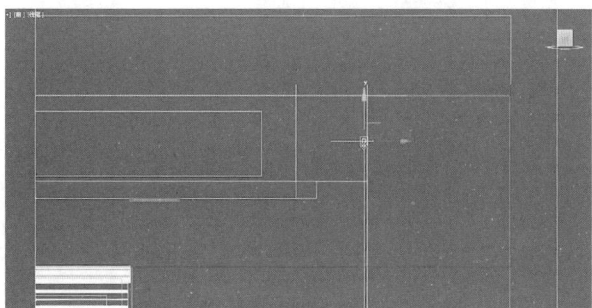

图 7.33 在前视图中调整位置

(10)进行旋转,角度为 90°,如图 7.34 所示。根据顶部造型的位置和尺寸,创建与之匹配的灯带。在调整过程中,需确保灯带的大小和形状与顶部造型完全契合。

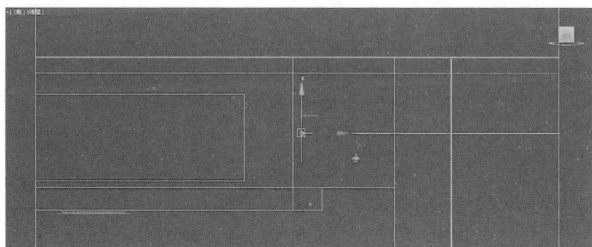

图 7.34 旋转

(11)倍增值设置为 10,颜色为暖色,色调设置为 25,饱和度设置为 190,如图 7.35、图 7.36所示。渲染并观察效果。

(12)选择"VRay 灯光",在顶视图中沿着背景墙的宽度绘制一个 VRay 灯光。绘制完成后,进入参数设置面板,根据实际需求微调灯光的宽度,如图 7.37 所示。此外,还可以使用拉伸命令对灯光作进一步调整。最后,将灯光的倍增参数设置为 15(见图 7.38),以增强照明效果。

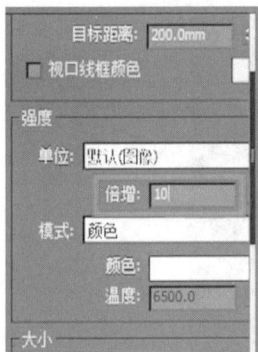

图 7.35　倍增值调整

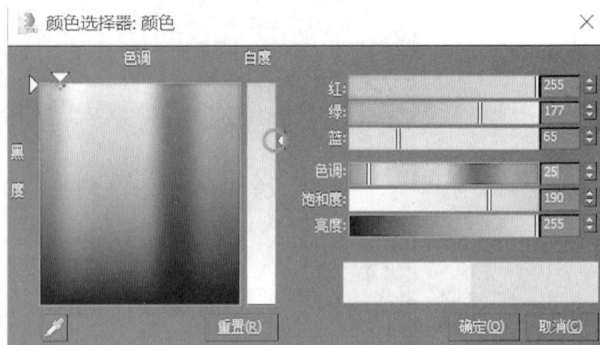

图 7.36　颜色调整

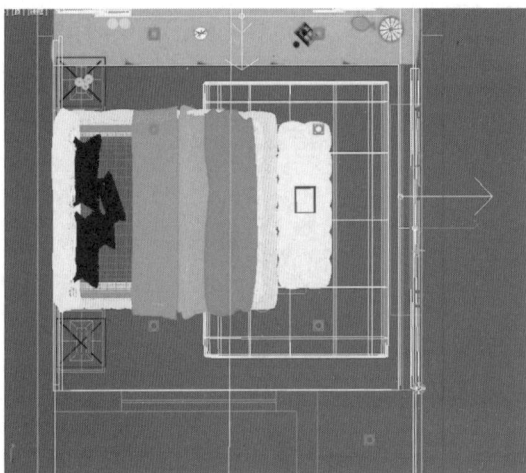

图 7.37　在顶视图中布置灯光

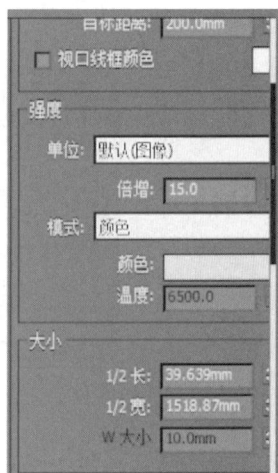

图 7.38　灯带的倍增值调整

（13）电视机下面的灯带和电视背景墙上的灯带不要太宽。根据造型宽度设定参数，可参考之前设定的灯带，如图 7.39 所示。在前视图中调整它的位置。

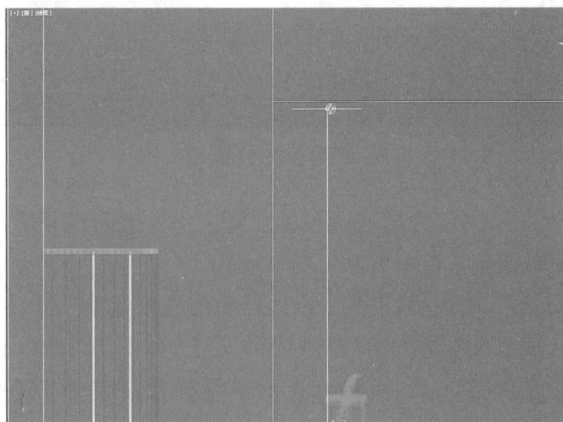

图 7.39　灯带造型

（14）在灯光"选项"框中，需要勾选"投射阴影""不可见""存储发光图""影响漫反射""影响高光"（见图 7.40）。渲染并观察效果。

（15）在吊顶的筒灯位置，选择"光度学灯光"中的"目标灯光"。切换到右视图，从上至下绘制一个目标灯光，如图 7.41所示。

（16）切换到顶视图，将灯光调整到相应的位置，如图 7.42所示。

（17）在修改命令面板中，在"图形/区域阴影"中选择"点光源"（见图 7.43），在"灯光属性"中勾选"启用"，在"阴影"中勾选"启用"，并选择"VR-阴影贴图"，灯光类型选"光度学Web"。添加光度学文件（见图 7.44）。

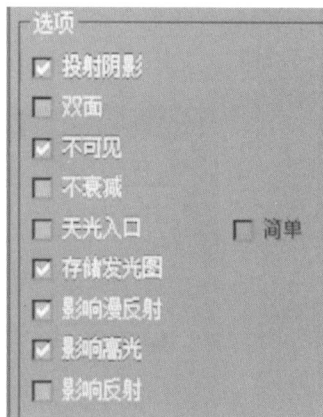

图 7.40　勾选选项

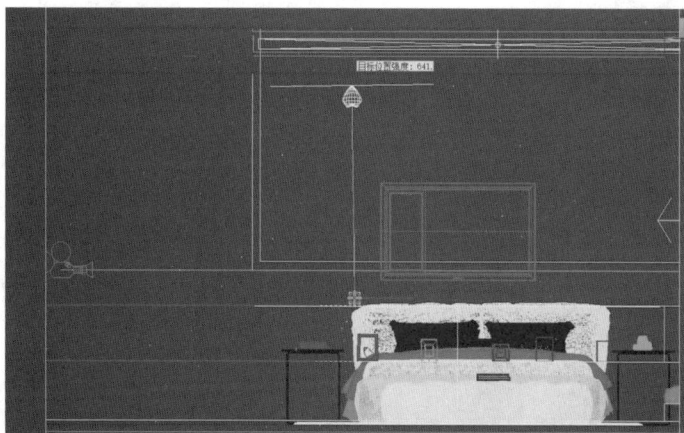

图 7.41　绘制目标灯光

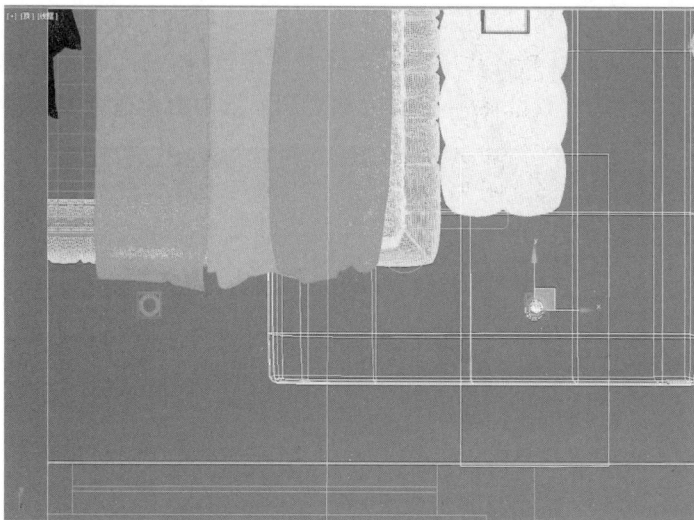

图 7.42　在顶视图中调整灯光位置

(18)将颜色色调设置为21,饱和度设置为50,暖色调强度设置为2000,如图7.45和图7.46所示。

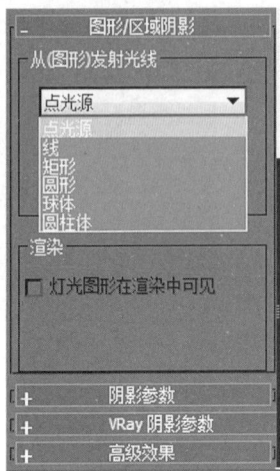

图 7.43　参数设置

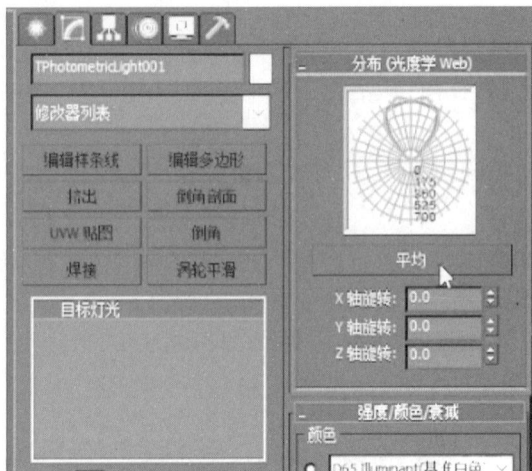

图 7.44　添加光度学文件

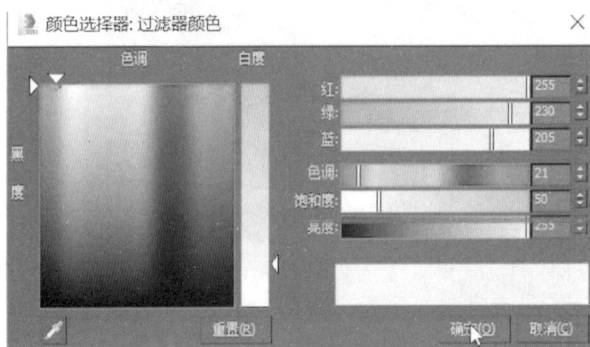

图 7.45　颜色选择

图 7.46　强度调整

(19)场景中共有四个灯光,我们采用克隆的方式进行创建。在克隆时,务必选择"实例"模式。选择"实例"后,所有灯光将共享同一个修改器参数,调整其中一个灯光的参数时,其余灯光会同步更新。完成参数设置后,将灯光放置到场景中的合适位置,如图7.47所示。

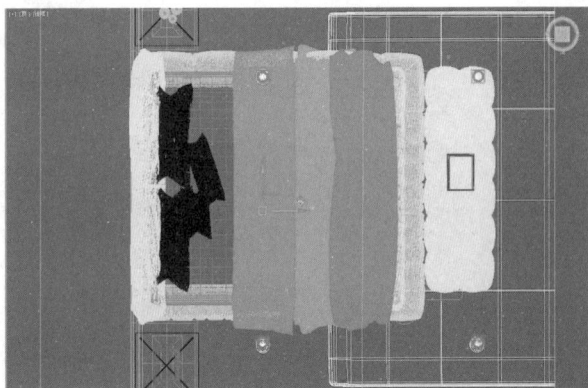

图 7.47　复制灯光并调整位置

（20）制作台灯灯光。选择 VRay 灯光的"球体"类型（见图 7.48），单击"VR-灯光"类型切换到球体。

图 7.48　选择"球体"类型

（21）在台灯灯泡位置绘制一个灯光，半径设置为 30，如图 7.49 所示。

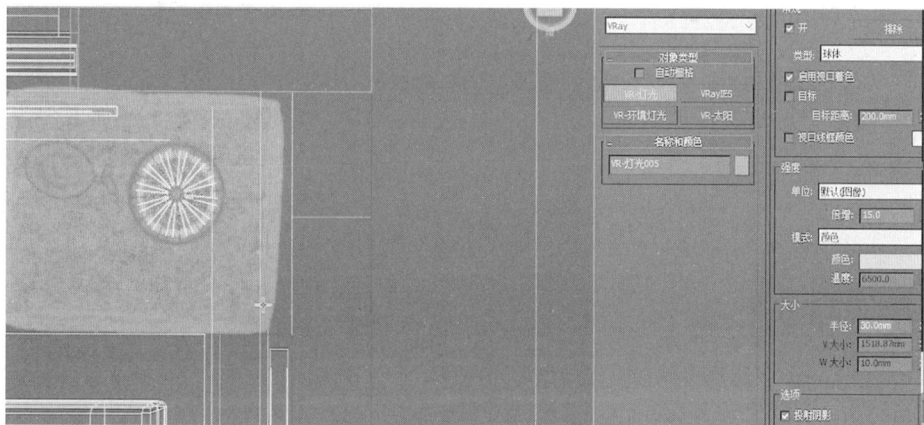

图 7.49　绘制灯光并调整半径

（22）分别切换到前视图和顶视图，调整灯光的位置（见图 7.50）。

图 7.50　调整灯光位置

(23)调整灯光的颜色。沿用之前的暖色调,以保持场景色调的一致性。由于场景中的球体较小,为了确保光照充足,将灯光的倍增值设置为 250(见图 7.51)。

(24)增加一个补光。将 VRay 灯光调整成平面(见图 7.52)。

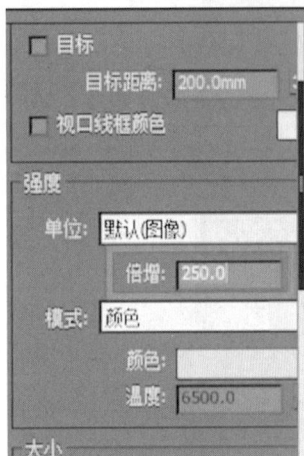

图 7.51　倍增值调整　　　　　　　图 7.52　VRay 灯光类型调整

(25)在前视图中绘制 VRay 灯光,然后切换至顶视图调整其位置,如图 7.53 所示。需注意,灯光的高度应与床头柜齐平,既不要超出床头柜的上边缘,也不要低于其下边缘,如图 7.54 所示。

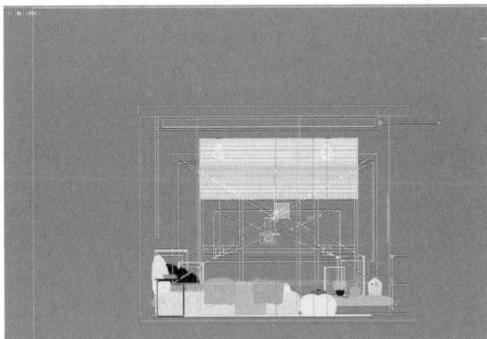

图 7.53　增加补光并调整位置

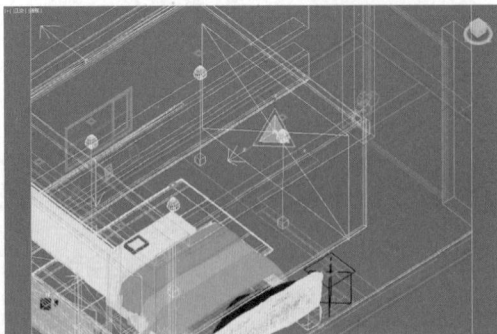

图 7.54　确定补光位置

(26)调整颜色。将色调设置为 21,饱和度设置成 50,调成暖色调。因为是补光,倍增值设置为 1.5(见图 7.55)。然后进行渲染,效果如图 7.56 所示。

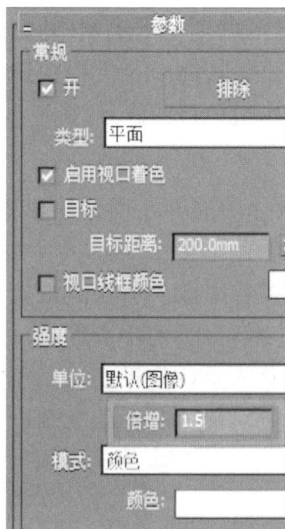

图 7.55 补光倍增值调整

图 7.56 最终渲染效果

视频 7-2
摄影机的
设置

任务二 摄影机的设置

▷ 任务描述

在 3ds Max 中,摄影机是场景不可缺少的组成单位,它从特定的观察点表现场景,模拟真实世界中的摄影机拍摄静止图像或运动视频。在摄影机视图中调整摄影机,就好像通过其镜头进行观看。摄影机视图在编辑几何体和设计渲染的场景时非常实用。多台摄影机可以提供相同场景的不同视图。

▷ 任务分析

在 3ds Max 中,摄影机具备超现实的功能特性。例如,更换镜头可以瞬间完成,无级变焦功能更是真实摄影机无法征及的。在景深设置方面,3ds Max 提供了直观的范围控制功能,用户无需手动计算光圈参数即可轻松调整。此外,摄影机动画不仅支持位置变化,还可以实现焦距、视角和景深等参数的动态效果。

对于自由摄影机,用户可以将其绑定到运动目标上,使其随目标在运动轨迹上同步移动,同时能实现跟随和倾斜效果。若使用目标摄影机,则只需将其目标点连接到运动对象上,即可实现目光跟随的动画效果。此外,用户还可以直接为摄影机绘制运动路径,从而模拟沿路径拍摄的视觉效果。

知识准备

一、知识链接

在室内透视表现中,视点的高度一般以成年人的身高为准,视距可以不受限制,并且可以将摄影机设置在室外。在 3ds Max 中,可创建一个新摄影机,并将其视图与透视视口的视图相匹配,然后从透视视口切换至摄影机视口,以显示来自新摄影机的视图。

二、操作技巧

摄影机从特定的观察点表现场景。摄影机对象可模拟现实世界中的静止图像摄影机、运动图片摄影机或视频摄影机。

在创建目标摄影机时,摄影机会自动朝向目标图标所定义的查看区域。与自由摄影机相比,目标摄影机的定向操作更简便,用户只需将目标对象定位在所需区域的中心即可。此外,目标摄影机及其目标点均支持动画设置,可用于创建丰富的视觉效果。如果要沿路径设置目标摄影机及其目标的动画,应将其链接到虚拟对象上,然后通过对虚拟对象的动画设置来实现路径运动。

三、拓展提高

在摄影机视口中,用户可以通过 FOV 按钮交互调整视野范围。摄影机视口中的"透视"按钮可用于更改 FOV 值和推位摄影机的位置,但只有 FOV 值会与摄影机参数一同保存。焦距值是表示和选择 FOV 的另一种方式。

对于摄影机而言,比远端剪切平面更远的对象将不可见且不会被渲染。用户可以通过设置近端剪切平面的位置,确保其不排除任何几何体,同时仍利用远端平面来排除特定对象。同样,也可以将远端剪切平面设置为足够远的位置,使其不排除任何几何体,同时利用近端平面来排除对象。

一、目标摄影机的基本属性

目标摄影机"参数"卷展栏如图 7.57 所示。

镜头:以"毫米"为单位设置摄影机的焦距。"镜头"微调器可用来指定焦距值,而不是指定"备用镜头"组中的预设备用值。

在"渲染场景"对话框中更改"光圈宽度"值后,"镜头"微调器字段中的值会同步更新。这一操作并不通过摄影机更改视图,但将更改"镜头"值和 FOV 值之间的关系,也将更改摄影机锥形光线的纵横比。

FOV 方向弹出按钮:用于选择怎样应用视野(FOV)值。

①水平:水平应用视野,这是设置和测量 FOV 的标准方法,是默认设置。

②垂直:垂直应用视野。

③对角线:在对角线上,即从视口的一角到另一角应用视野。

视野:决定摄影机查看区域的宽度(视野)。当视野方向为水平时,视野参数可用于直接设置摄影机的地平线弧形,以"度"为单位。

图 7.57　目标摄影机"参数"卷展栏

正交投影:启用此选项后,摄影机视图看起来就会像"用户"视图;禁用此选项后,摄影机视图就好像标准的透视视图。当"正交投影"有效时,视口导航按钮的行为与平常操作一样但"透视"除外。"透视"功能在移动摄影机的同时会更改 FOV,但"正交投影"会取消这两个操作,因此禁用"正交投影"后即可查看所做的更改。

备用镜头组:其中的预设值用于设置摄影机的焦距(以"毫米"为单位)。

类型:将摄影机类型从目标摄影机更改为自由摄影机,反之亦然。

显示圆锥体:显示摄影机视野定义的锥形光线(实际上是一个四棱锥)。锥形光线出现在除了摄影机视口的其他视口中。

显示地平线:在摄影机视口中的地平线层级中显示一条深灰色的线条。

近距范围和远距范围:用于设置大气效果的近距范围和远距范围限制。在两个限制之间的对象将消失在远端百分比和近端百分比值之间。

显示:显示在摄影机锥形光线内的矩形,以显示近距范围和远距范围的设置。

剪切平面组:用来定义剪切平面。在视口中,剪切平面在摄影机锥形光线内显示为红色的矩形(带有对角线)。

多过程效果组:使用其中的控件可以生成摄影机的景深或运动模糊效果。通过使用偏移以多个通道渲染场景,将生成模糊效果,但会增加渲染时间。

二、目标摄影机的特效——景深

摄影机可以生成景深效果。景深是多重过滤效果,可在摄影机"参数"卷展栏中启用该功能。景深通过模糊与摄影机焦点(即其目标位置或目标距离)存在特定距离的画面区域,模拟真实摄影机的景深效果。通过景深设置可以得到"近实远虚"的效果。

在"多过程效果"卷展栏中选择"景深"效果后,会出现相应的景深参数(见图7.58)。

"焦点深度"选项组介绍如下。

①使用目标距离:默认为启用,启用后将摄影机的目标距离用作每个过程中偏移摄影机的点;禁用该选项后,将以"焦点深度"的值进行摄影机偏移。

②焦点深度:当"使用目标距离"处于禁用状态时,可以通过设置距离值来调整景深效果的偏移量,从而控制摄影机焦点的深度。

"采样"选项组介绍如下。

①显示过程:勾选该复选框,渲染帧窗口将显示多个渲染通道;取消该复选框勾选,该帧窗口将只显示最终结果。此控件对于在摄影机视图中预览景深效果无效。默认为启用。

②使用初始位置:勾选该复选框,系统将在摄影机的初始位置渲染第一个过程;取消该复选框勾选,将与所有随后的过程一样偏移第一个渲染过程。默认为启用。

图 7.58　景深参数

③过程总数:用于设置产生效果的过程总数。增加该值可以增加效果的准确性,但也会增加渲染时间。默认值为12。

④采样半径:为产生模糊效果而进行图像偏转的半径。提高此值可以增强整体的模糊效果,降低此值可以减弱模糊效果。

⑤采样偏移:用于设置模糊远离或靠近采样半径的权重值。提高该值可以增大景深模糊的数量级,产生更加均匀一致的效果;降低该值可以减小景深模糊的数量级,产生更自然的效果。

"过程混合"选项组介绍如下。

①规格化权重:通过对周期内的权重值进行随机混合,避免出现斑纹等异常现象。勾选该选项后,权重值统一标准,产生的结果会更平滑;取消勾选后,结果更锐利,但通常颗粒化更强。

②抖动强度:指作用于周期的抖动强度。增加该值可以提高抖动的程度,产生更强的颗粒化效果,对象的边缘将尤其明显。

③平铺大小:以百分比计算并设置抖动中使用图案的重复尺寸。

"扫描线渲染器参数"选项组:用于在渲染多过程场景时取消过滤和抗锯齿效果,提高渲染速度。

①禁用过滤:启用该选项后,禁用过滤功能。默认为禁用状态。

②禁用抗锯齿:启用该选项后,禁用抗锯齿功能。默认为禁用状态。

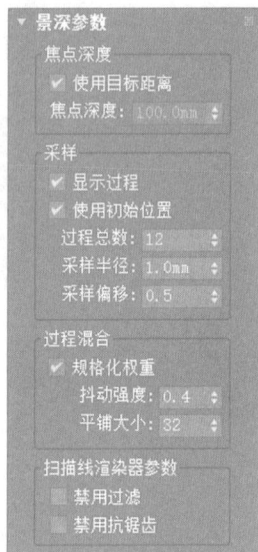

课堂实例　一点透视室内摄影机添加

当放置在地面上的方形物中有一个竖直面与画面平行时，观察者眼中这个面不会发生透视变形，这种透视现象称为一点透视，也称为平行透视。

（1）打开摄影机对话框，选择目标摄影机，如图 7.59 所示。

（2）单击鼠标左键，并在顶视图中绘制一个摄影机，将子对象移动到房间最后，如图 7.60 所示。

图 7.59　选择目标摄影机

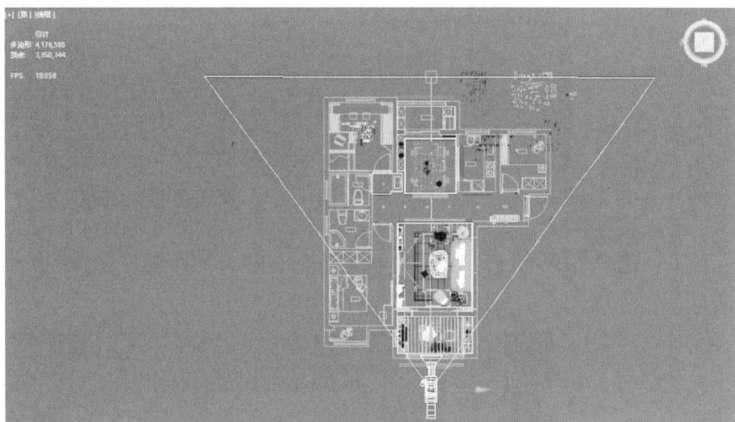

图 7.60　绘制摄影机并移至房间最后

（3）利用移动工具调整摄影机的位置。在架设摄影机时，首先确保视野覆盖到所需的位置，然后进行细致调整，如图 7.61 所示。

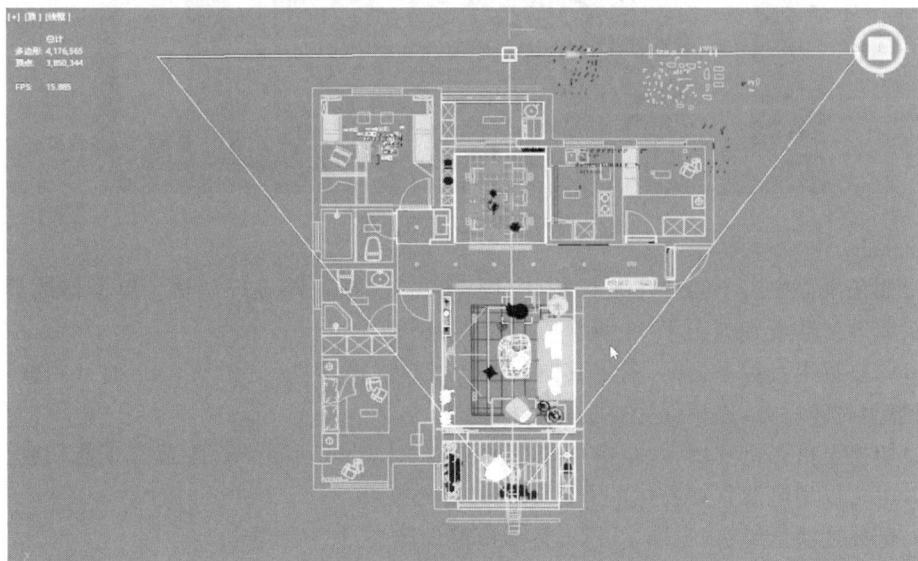

图 7.61　调整摄影机位置

（4）一般摄像机高度为一米左右，如图 7.62 所示。

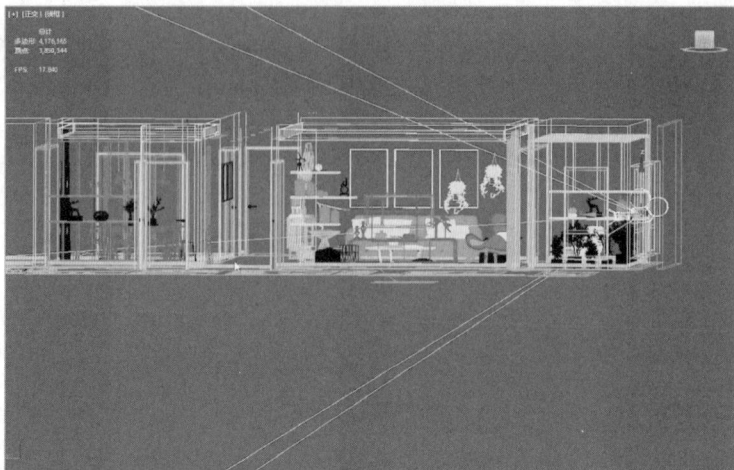

图 7.62　调整摄影机高度

（5）选择摄影机视图或者使用快捷键 C，单击"查看"按钮并打开摄影机，如图 7.63 所示。

图 7.63　查看摄影机

（6）如果画面中有不需要出现的物体，则可以打开顶视图进行调整。单击修改器，勾选"手动裁剪"，参数设置如图 7.64 所示。

（7）调整近距裁剪平面时，需将其向前移动以靠近摄影机（见图 7.65）；而远距裁剪平面则应调整至物体后方，以确保完整覆盖目标区域。

（8）切换至摄影机视图，观察后再进行微调，如图 7.66 所示。近距裁剪不能切到要保留的物体，也可以用略微移动物体的方法达到想要的效果。

（9）选择过滤摄影机（见图 7.67），移动摄像机镜头，平移摄像机。

（10）此视图中 24mm 镜头较多。单击"24mm"镜头后，可进一步微调参数（见图 7.68）；或通过"参数"选项中的"镜头"滑块进行调整，直至摄影机构图达到理想效果为止。

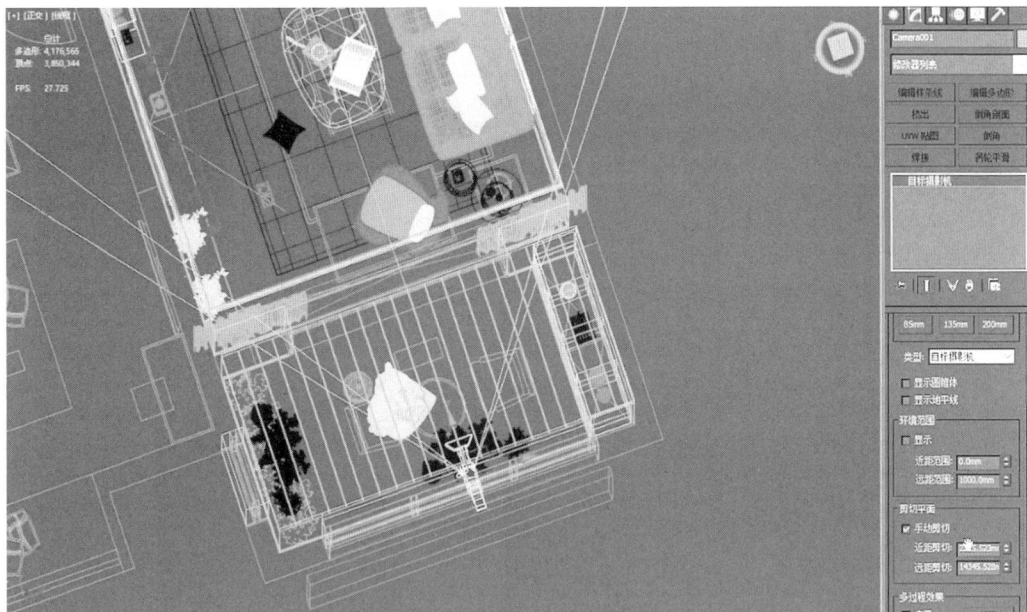

图 7.64 手动裁剪修改摄影机

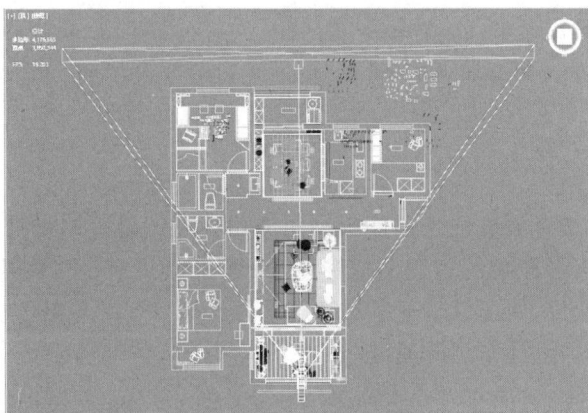

图 7.65 向前移动摄影机

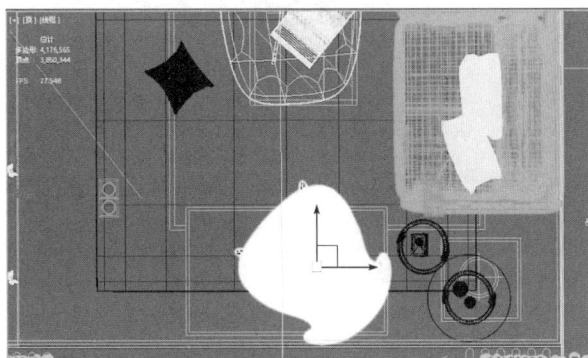

图 7.66 微调

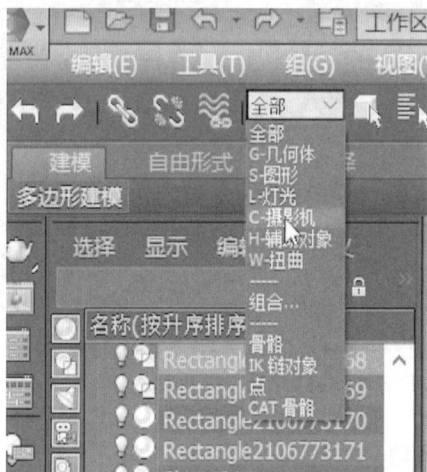

图 7.67　选择过滤摄影机

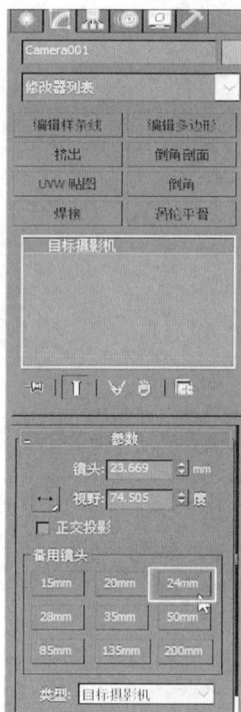

图 7.68　镜头调整

项目小结

　　本项目旨在帮助读者掌握灯光和摄影机的使用技巧。通过调整灯光的亮度、颜色和方向等属性，可以营造出多样化的氛围与光影效果；而摄影机的设置则决定了渲染图像的视角、透视关系和景深效果，使场景呈现生动而逼真的效果。灯光与摄影机的综合运用是创造真实且引人入胜的室内设计作品的关键。

项目七考核

项目八

动画制作

引言

利用 3ds Max 制作的动画广泛应用于影视、游戏、广告等各个方面,同时 3ds Max 提供了多种制作动画的方法。可以通过记录模型、摄影机、灯光、材质等参数设置来制作动画,也可以使用动力学系统来制作物体的动力学动画。

思政要素

在 3ds Max 动画制作中,关键帧的逐帧调试如工匠精神的具象化,每一次参数微调都是对"精益求精"的践行。动画创作不仅是技术的展现,更是对"持之以恒"品质的锤炼,唯有以专注之心打磨每个动态细节,方能让虚拟动画传递真实的情感温度,在数字艺术中诠释"守正创新"的时代内涵。

项目目标

1. 注意观察周围事物,善于总结运动规律,发现变化的美好。
2. 掌握关键帧动画、曲线编辑器、摄影表、动画约束等动画制作方法。
3. 学会创建生动的三维动画。

任务一　动画基础

视频 8-1
动画基础

任务描述

本任务将从动画的原理和分类、动画的关键帧、轨迹视图和摄影表的使用等方面入手,介绍动画的基础知识。

任务分析

通过关键帧动画,设置物体起始与末尾的位置,确定动画总时长。借助轨迹视图和摄影机,精细编辑物体的动态变化效果。

知识准备

一、知识链接

1.关键帧动画

包含自动关键帧和手动关键帧,用户可以通过关键帧动画来制作基础动画。

2.曲线编辑器和摄影表

可使用轨迹视图来编辑动画,轨迹视图包含曲线编辑器和摄影表两种模式。将动画显示为功能曲线或关键点的电子表格,可便于用户进行有针对性的编辑操作。

3.动画渲染输出

通过设置"渲染场景"对话框中的参数,可输出动画。

二、操作技巧

在动画制作过程中,对象运动时的缓动和加速效果可以使用曲线编辑器来实现。打开曲线编辑器后对需要制作动画的关键点的切线进行编辑,可以实现缓入缓出且越来越慢的减速效果或快入快出且越来越快的加速效果。

动画是一系列连续快速播放的画面,是利用人眼视觉暂留现象形成的动态效果。其中每一个画面称为"帧"。在传统动画制作中,每一帧都需要手工绘制,耗费大量时间和精力。随着技术的进步,现代动画制作只需记录关键帧,中间过渡帧可由软件自动计算生成,极大地提高了制作效率。

一、动画制作工具

动画的制作工具分软件和硬件两类。软件包括前期软件和后期软件两个部分,前期软件有 3ds Max、Maya、Softimage、Mudbox、ZBrush,后期软件有 Photoshop、Premiere、Fusion、NUKE 等。硬件主要是专业工作室硬件,基本配置包括工作站电脑、Wacom 绘图仪、录音室、非编系统等,更专业场景还会配备动作捕捉仪等体感设备。

二、动画控制区

动画播放时间的基本单位是"帧",一帧就是一个画图。3ds Max 提供了不同播放媒体的帧率。默认帧率是 NTSC 视频,每秒 30 帧;还有电影帧率,每秒 24 帧,以及 PAL 帧率,每秒 25 帧;也可以自定义帧速。动画控制区在 3ds Max 界面下方,包括时间滑块、动画控制按钮和播放按钮,如图 8.1 所示。

图 8.1　动画控制区

转到开头:返回到动画的开始帧。

◁Ⅲ 上一帧：将时间滑块向前移动一帧，如果当前帧是最后一帧，则移动到第 0 帧。

▷ 播放动画：在当前激活视图中播放动画。

Ⅲ▷ 下一帧：将时间滑块向后移动一帧，如果当前帧是第 79 帧，则移动到第 80 帧。

▷▷Ⅰ 转到结尾：进入动画的结束帧。

Ⅰ◁▷Ⅰ 关键点模式切换：按钮处于激活状态时，上一帧与下一帧按钮将变为上一关键点与下一关键点按钮。同时，时间滑块两侧的箭头按钮的功能也会发生变化，从逐帧移动切换为关键点之间的移动。这一功能有助于用户快速定位并修改关键点。

90 当前帧数信息：用户在数值框中输入数值，则时间滑块可直接移动到指定的帧数。

三、动画时间设置

3ds Max 的动画时间可以通过单击界面右下角的"时间配置"按钮来设置，如图 8.2 所示。

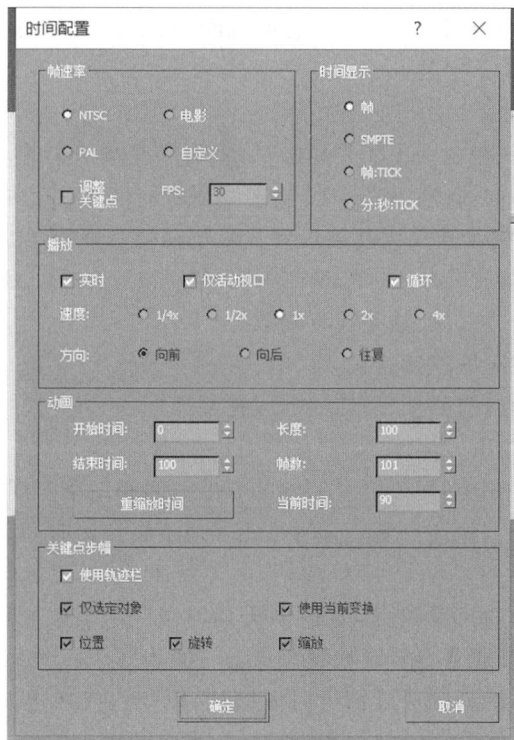

图 8.2　时间配置

"时间配置"对话框分成 5 个部分，包括"帧速率"选项组、"时间显示"选项组、"播放"选项组、"动画"选项组、"关键点步幅"选项组。

"帧速率"选项组用来设定动画播放使用哪种速率计时方式，只要开启"实时"控制，系统就会根据帧速率来播放动画。如果达不到连续播放要求，将会在保证时间的前提下进行减帧播放，但会有跳格的现象。

NTSC：NTSC 制式也被称为"国家电视标准委员会"制式。帧速率为每秒 30 帧。

PAL：PAL 制式也称为"相位交替式"制式。帧速率为每秒 25 帧。

电影：是电影胶片的计数标准，它的帧速率为每秒 24 帧。

自定义：选择此选项，则可以在其下的 FPS 输入框中输入自定义的帧速率，它的单位为"帧/秒"。例如，在计算机上播放动画，帧速率最低可以设置为每秒 12 帧。自定义制式可以由用户自定义帧速率，以满足一些特殊场合的播放需求。

"时间显示"选项组介绍如下。

帧：是默认的时间显示方式，单个帧代表的时间长度取决于所选择的当前帧速率，如每帧为 1/30 秒。

SMPTE：这是广播级编辑机使用的时间计数方式，对电视录像带的编辑都是在该计数下进行的，标准方式为 00：00：00（分：秒：帧）。

帧：TICK：使用帧和 3ds Max 内定的时间单位——十字叉显示时间，十字叉是 3ds Max 查看时间增量的方式。因为每秒有 4800 个十字叉，所以访问时间实际上可以减少到每秒的 1/4800。

分：秒：TICK：用分钟、秒钟和十字叉显示时间，其间用冒号分隔。例如，0.2：16：2240 表示 2 分钟 16 秒和 2240 十字叉。

"播放"选项组介绍如下。

实时：勾选此选项后，在视图中播放动画时，将确保遵循真实的动画时间逻辑；当达不到此要求时，系统会跳格播放，省略一些中间帧来保证时间的正确。可以选择 5 个播放速度，如 1x 是正常速度，1/2x 是半速等。速度设置只影响在视口中的播放。

仅活动视口：可以使播放只在活动视口中进行。禁用该复选框后，所有视口都将显示动画。

循环：控制动画只播放一次，还是反复播放。

速度：用于设置播放时的速度。

方向：将动画设置为向前播放、反转播放或往复播放。

"动画"选项组介绍如下。

开始时间、结束时间：分别用于设置动画的开始时间和结束时间。默认开始时间为 0，用户可根据需要设为其他值，包括负值。有时可能习惯于将开始时间设置为第 1 帧，这比 0 更容易计数。

长度：用于设置动画的长度，它其实是由"开始时间"和"结束时间"设置得出的结果。

帧数：被渲染的帧数，通常是设置数量再加上一帧。

重缩放时间：对目前的动画区段进行时间缩放，以加快或减慢动画的节奏，这会同时改变所有的关键帧设置。

当前时间：显示和设置当前所在的帧号码。

"关键点步幅"选项组介绍如下。

使用轨迹栏：使关键点模式能够遵循轨迹栏中的所有关键点。其中包括除变换动画之外的任何参数动画。

仅选定对象：在使用关键点步幅时只考虑选定对象的变换。如果取消选择该复选框，则将考虑场景中所有未隐藏对象的变换。默认设置为启用。

使用当前变换：禁用"位置""旋转""缩放"，并在关键点模式中使用当前变换。

位置、旋转、缩放:指定关键点模式所使用的变换。取消选择"使用当前变换"复选框,即可使用"位置""旋转""缩放"复选框。

四、关键帧的编辑

关键帧的编辑可以通过两种方式实现,即自动关键帧和手动关键帧。

1. 自动关键帧

单击时间滑块下方的"自动"关键点按钮 【自动】,按钮变成红色后,对模型进行修改,软件会自动记录变动的数据并生成关键帧。

2. 手动关键帧

单击"设置关键点"按钮 【设置关键点】,对模型修改后,再次单击该按钮,即可手动记录变动的数据并生成关键帧。

此外,用户可以通过单击关键点过滤器按钮 【过滤器...】,打开"设置关键点过滤"对话框,选择需要记录的数据类型(勾选所需选项),如图8.3所示。

图 8.3　勾选所需选项

五、关键帧动画——跳动的小球

关键帧动画分为手动关键帧动画和自动关键帧动画两种。下面通过制作跳动的小球来介绍关键帧动画制作的具体操作。

(1)创建一个球体,单击"自动"关键点按钮,如图8.4所示。这时当前的时间轴上方变成了红色,这表示可以进行设置动画了。

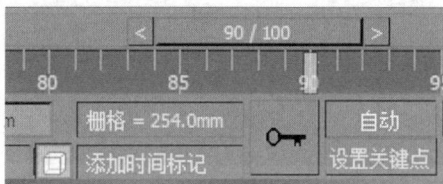

图 8.4　单击"自动"关键点按钮

(2)选择小球,使用移动工具向上移动小球,并将时间轴滑块移动到第15帧,如图8.5所示。

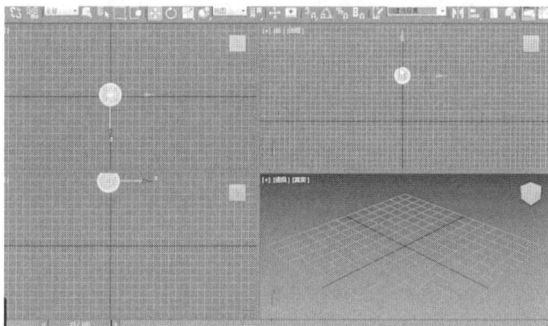

图 8.5　移动时间轴滑块到第 15 帧

（3）向下移动小球，并将时间轴滑块移动到第 30 帧（见图 8.6）；再次向上移动小球，此时便完成了一个简单动画的创建。

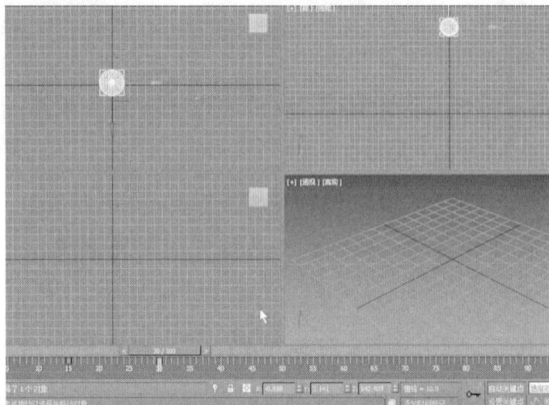

图 8.6 移动时间轴滑块到第 30 帧

（4）打开手动关键点，将时间轴滑块移动到第 45 帧，并移动小球，同时单击"设置关键点"按钮，完成动画设置，如图 8.7 所示。此时可以通过单击播放动画按钮 ▶ 来播放动画。

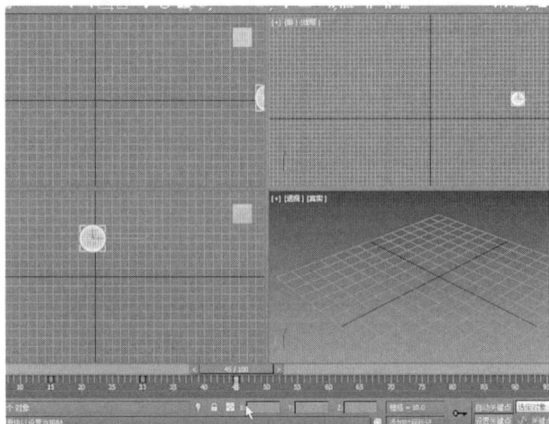

图 8.7 设置关键点

（5）为了让跳动的小球动画更加真实，将时间轴滑块调整到第 15 帧，为小球添加第二种变换类型的动画。右键单击，在弹出的菜单中选择"缩放"工具，将 Z 轴向数值改为 65，如图 8.8 所示。

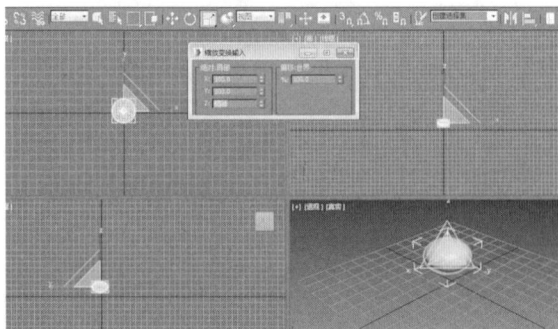

图 8.8 设置 Z 轴向数值

（6）将时间轴滑块移动到第 30 帧，同时右键单击，在弹出的菜单中选择"缩放"工具，将 Z 轴向数值恢复为 100，如图 8.9 所示。也可以按住 Shift 键移动，以复制时间点，时间点设置得越多，小球的弹跳次数越多。

图 8.9 "缩放"参数设置

（7）将时间滑块移动到第 15 帧，单击 ⊙ 按钮，打开运动面板，将关键点输入信息设置为"加速度"，如图 8.10 所示。将输出信息设置为"由快到慢"，如图 8.11 所示。

（8）将时间滑块移动到第 30 帧，并将关键点输入信息设置为"由快到慢"，将输出信息设置为"由慢到快"，如图 8.12 所示。

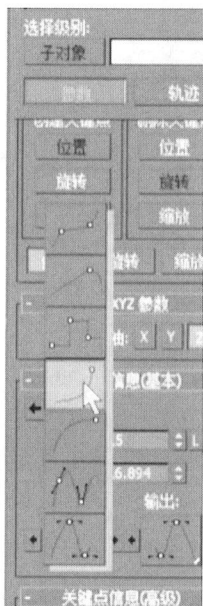

图 8.10 选择"加速度"

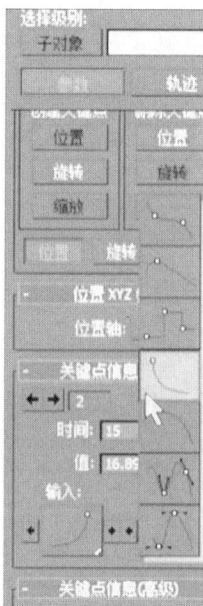

图 8.11 选择"由快到慢"

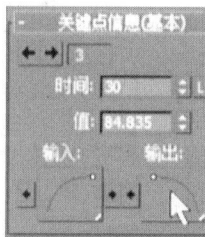

图 8.12 选择"由慢到快"

（9）将第一个关键点设置为"由快到慢"，最后一个关键点设置为"由慢到快"。至此这个动画就制作完成了。

六、关键帧动画——跳动的茶壶

（1）在顶视图中创建一个茶壶模型。单击"自动关键点"按钮，将时间轴滑动到第 15 帧，并向上移动茶壶，如图 8.13 所示。将时间轴移动到第 30 帧，并将茶壶移回初始位置。

（2）选定后面的两个关键帧，右键单击，在弹出的菜单中选择"删除选定关键点"，如图 8.14 所示。

（3）将时间轴滑动到第 30 帧，向上移动茶壶，并对其进行旋转，如图 8.15 所示。

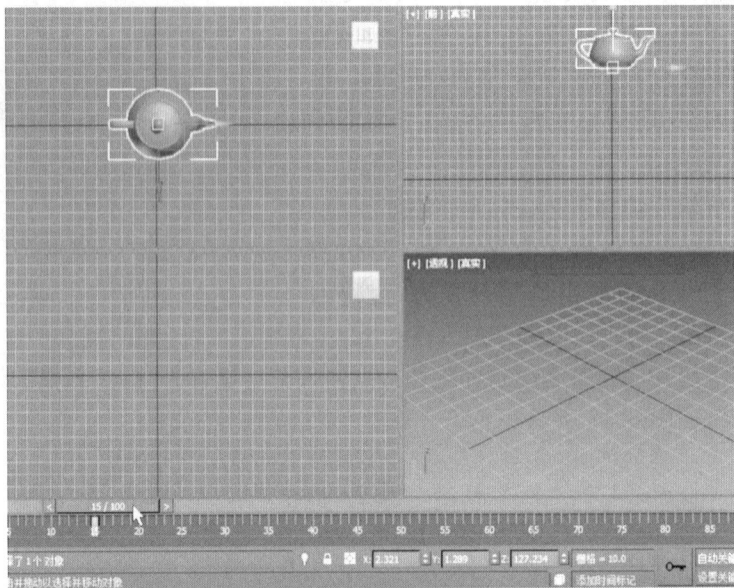

图 8.13　移动时间轴

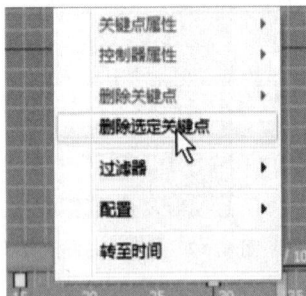

图 8.14　删除选定关键点

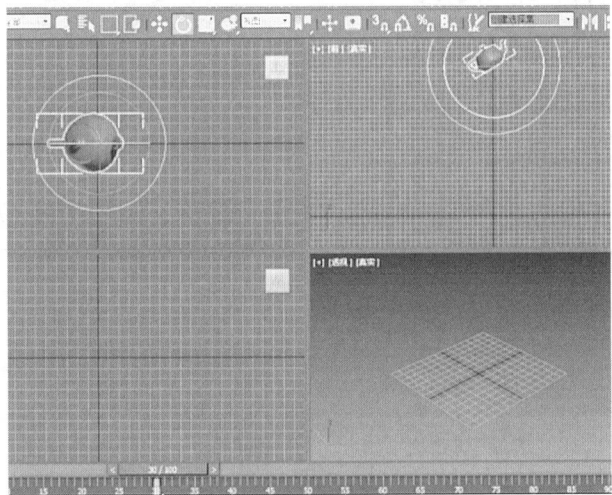

图 8.15　旋转茶壶

（4）选择第 1 帧，按住 Shift 键并拖动，将其复制到第 60 帧，如图 8.16 所示。

（5）单击"设置关键点"按钮，将结束时间和长度均设置为 200，如图 8.17 所示。

（6）选择后面的两个关键帧，按住 Shift 键进行移动复制，将时间轴滑动到倒数第 2 帧。将茶壶向下移动一段距离，同时调整其旋转角度，如图 8.18 所示。

（7）再次移动复制后面的两个关键帧，同时调整两帧之间的距离，旋转倒数第 2 帧，并调整其方向和位置，如图 8.19 所示。

（8）将时间轴移动到第 10 帧，右键单击茶壶，在弹出的菜单中选择"对象属性"（见图 8.20）。将"可见性"改为 0，如图 8.21 所示。

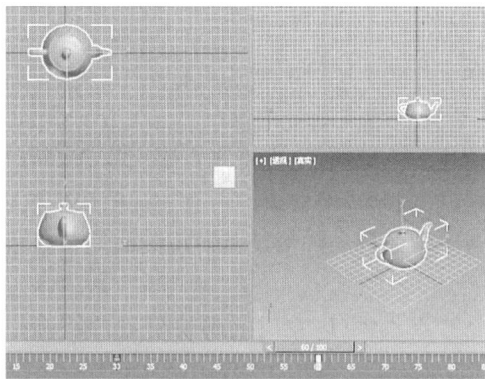

图 8.16　复制帧

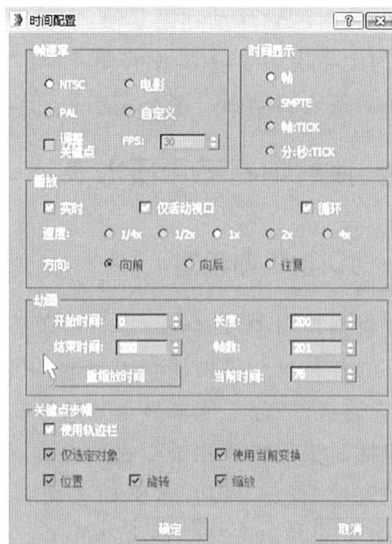

图 8.17　结束时间和长度设置

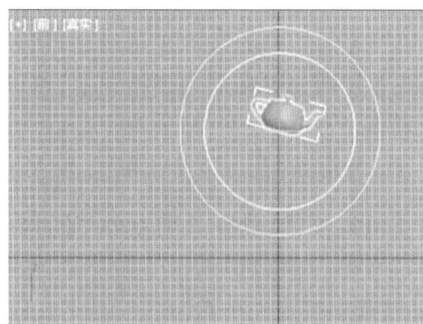

图 8.18　调整旋转角度

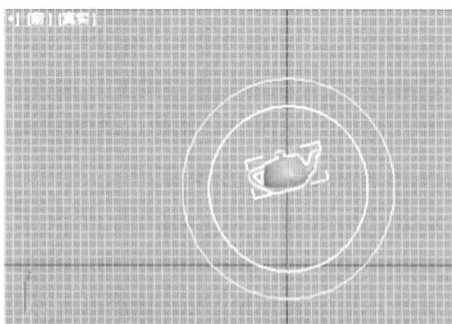

图 8.19　调整方向和位置

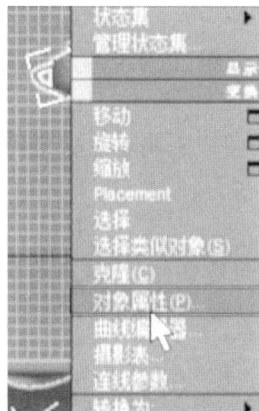

图 8.20　选择"对象属性"

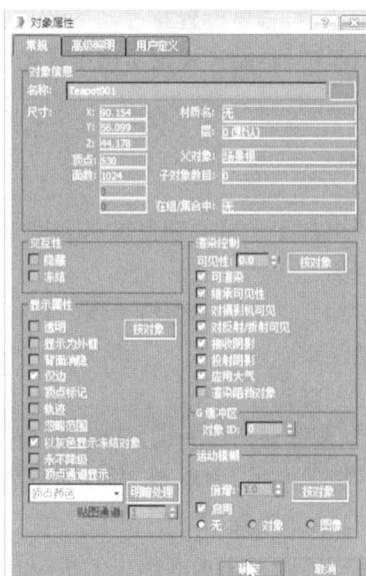

图 8.21　"可见性"数值设置

(9)将时间轴移动到第 9 帧,右键单击茶壶,在弹出的菜单中选择"对象属性",将"可见性"改为 1,再用相同的操作将第 12 帧"可见性"改为 1。用相同的操作再添加几个操作点,这样跳动茶壶的动画就制作完成了。

七、曲线编辑器和摄影表

(一)认识轨迹视图

在轨迹视图中可以查看场景中所有对象创建的关键帧,并允许进行编辑操作,同时可以为对象的各种属性添加动画控制器,以便插补或控制场景中对象的所有关键帧和参数。

"轨迹视图"面板能够显示几何体在标准视图中的运动数值及其对应的时间信息。轨迹视图包括曲线编辑器和摄影表两种模式。

轨迹视图的一些功能,例如移动和删除关键点,也可以在时间滑块附近的轨迹栏上实现,还能通过展开轨迹栏显示曲线。

(二)曲线编辑器

曲线编辑器作为"轨迹视图"面板的默认模式,用图表的功能曲线来表示运动,用户可查看运动的插值、关键帧之间创建的对象变换。在曲线上找到关键帧的切线控制柄,可以方便地查看和控制场景中各个对象的运动和动画效果。

1. 使用曲线编辑器的工具

在曲线编辑器模式下,使用工具栏中的工具除了可以添加、删除关键点外,还可以更改曲线的切线模式。

在关键点周围拖动鼠标,绘制矩形选择区域,可以选中多个关键点。

2. 在曲线编辑器中添加动画控制器

在曲线编辑器中,若要设置超过动画范围的循环动画,可通过两种方式实现:一是添加参数曲线超范围类型,将循环规则应用于动画轨迹;二是在左侧控制器窗口中快速添加动画控制器,通过调整控制器参数(如增大或减小曲线数值)扩展动画范围。

(三)摄影表

摄影表模式可在水平时间轴上显示关键帧的时间分布,以图形化方式提供调整动画计时的简化操作界面。

摄影表提供编辑关键帧和编辑范围两种模式,用户可以编辑单个关键帧,也可以编辑动画的长度和起始结束点。

接下来进行实体操作。

(1)打开之前制作好的茶壶动画,将其放置在一个简易桌台上面,如图 8.22 所示。打开自动关键帧,将茶壶向右下方移动,以形成一个掉落的动画,如图 8.23 所示。依次向右增加几个关键帧,以生成弹跳效果。

(2)选择茶壶,右键单击曲线编辑器按钮 ,适当调整运动曲线,如图 8.24 所示。

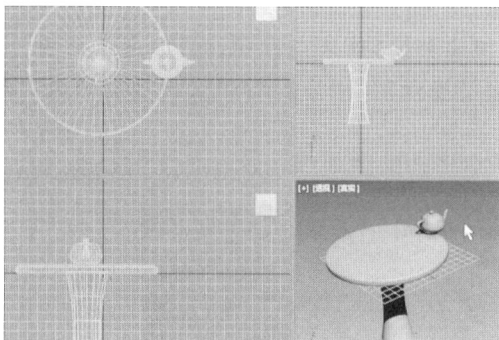

图 8.22　场景模型

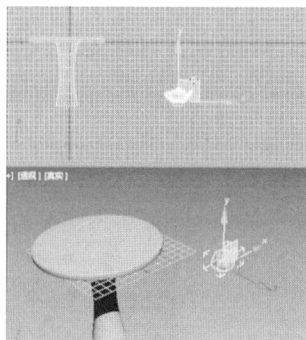

图 8.23　移动茶壶

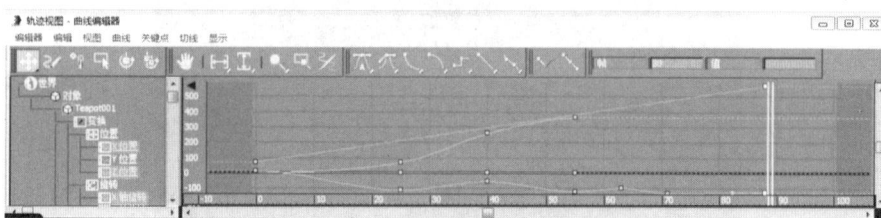

图 8.24　调整运动曲线

八、动画渲染输出

渲染是 3ds Max 工作流程的最后一步,其可以将颜色、阴影、大气等效果加入场景,给场景的几何体着色。完成渲染后可以将渲染结果保存为图像或动画文件。

下面通过对机械臂模型(见图 8.25)进行渲染输出来讲解渲染输出的相关知识。

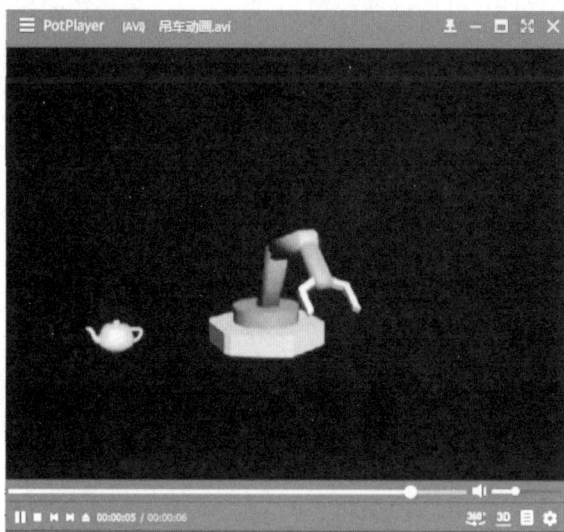

图 8.25　视频效果

1. 渲染帧窗口

在 3ds Max 中进行渲染，都是通过"渲染帧窗口"来查看和编辑渲染结果的。3ds Max 的渲染帧窗口整合了相关的渲染设置，渲染场景时，用户可看到默认渲染帧窗口和渲染效果。图 8.26 为渲染帧窗口。

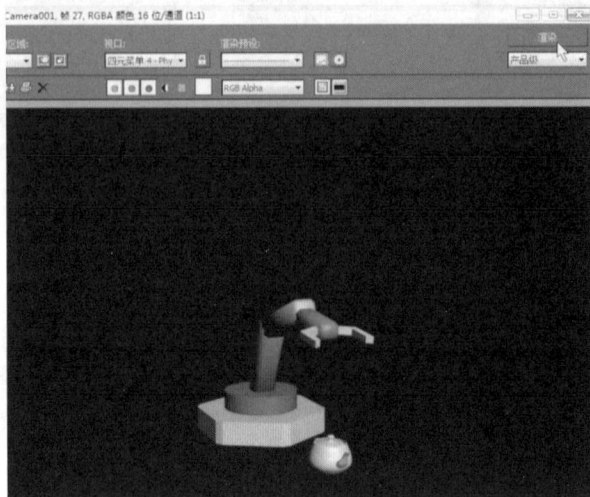

图 8.26 渲染帧窗口

2. 渲染输出设置

在"渲染设置"对话框中，不仅可以设定场景的输出时间范围、输出大小，也可以选择输出文件格式。

相关参数介绍如下：

时间输出：在该选项组中，可以选择要渲染的具体帧。

输出大小：在该选项组中，可选择一个预定义的输出大小或自定义大小来确定图像的纵横比。

3. 渲染类型

在默认情况下，系统直接执行渲染操作，可渲染当前激活视口；如果用户需要渲染场景中的某一部分，则可以使用 3ds Max 提供的渲染类型。

"渲染设置"参数面板如图 8.27 所示。

在"要渲染的区域"选项组中，有以下选项。

视图：为默认的渲染类型，可渲染当前激活视口。

选定对象：仅渲染场景中被选择的几何体，而渲染帧窗口的其他对象将保持原状。

图 8.27 "渲染设置"参数面板

区域:视口或渲染帧窗口将出现范围框,此时仅渲染范围框内的场景对象。

裁剪:可将范围框内的场景对象以指定的图像大小渲染输出。

放大:可渲染活动视口内的区域并将其放大以填充渲染输出窗口。

4.操作步骤

打开"渲染设置"窗口,在"时间输出"选项组中,选择"活动时间段"选项,然后进行渲染。如果渲染未保存,系统会弹出对话框,提示帧窗口仅保留最后一帧的渲染效果。

如果要避免这种情况,可以先在"渲染输出"选项组中,设置渲染输出的保存位置和文件格式,如图 8.28 所示。

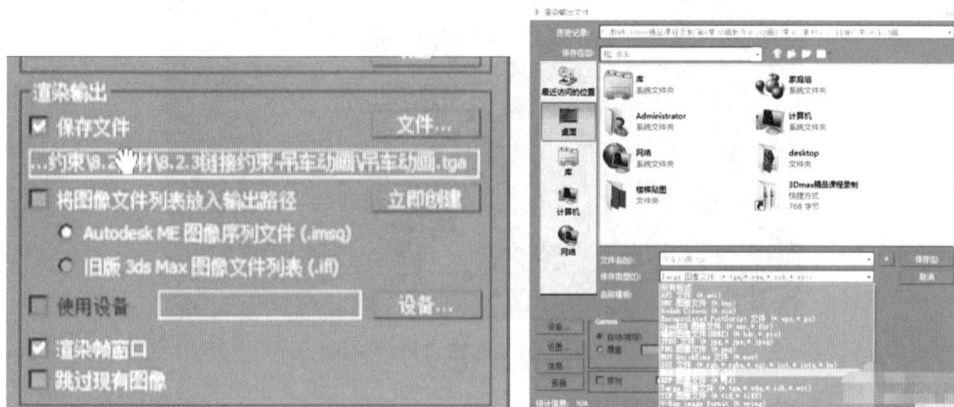

图 8.28　保存位置和文件格式设置

如果直接完成渲染,则帧窗口只保留最后一帧的效果。选择"范围",设置参数为第 0 帧到第 100 帧,如图 8.29 所示。在"输出大小"选项组中,选择预置大小,如图 8.30 所示。

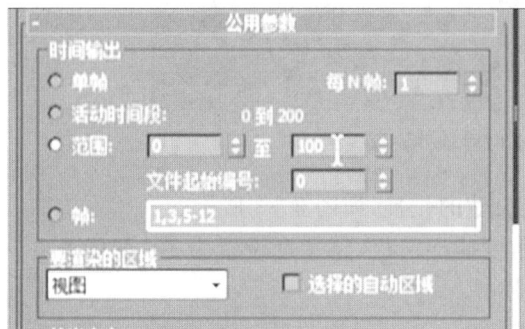

图 8.29　范围设置

图 8.30　输出大小设置

在"渲染输出"选项组中,设定输出文件的格式为 AVI。激活"摄影机"视口,进行场景渲染后,可观察到渲染帧窗口只显示了最后一帧的渲染效果,如图 8.31 所示。

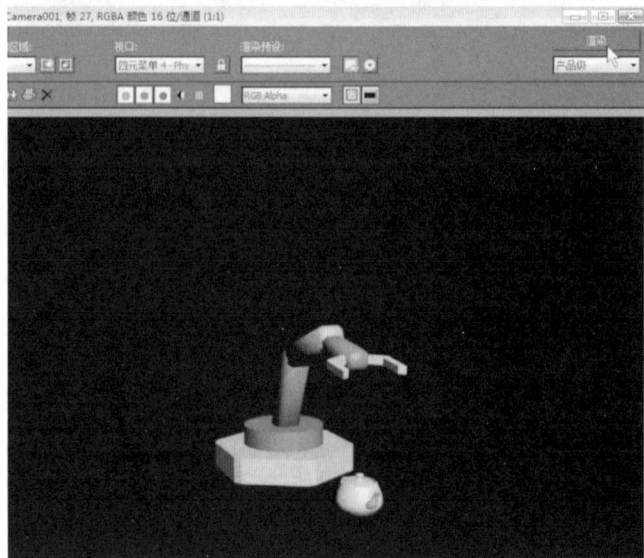

图 8.31 渲染帧窗口显示效果

课堂实例 制作楼梯上的篮球滚落动画

(1)打开场景模型,选择篮球模型,单击"自动关键点"按钮,将时间轴滑动到第 100 帧,轻微移动篮球,将第 100 帧设置成动画结束的关键点,如图 8.32 所示。

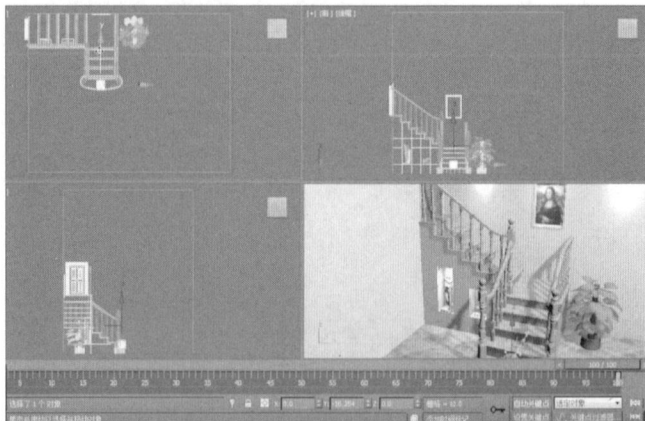

图 8.32 滑动时间轴并设置关键点

(2)切换到第 1 帧,将篮球放在楼梯上合适的位置,如图 8.33 所示。

(3)将时间轴滑动到第 100 帧,打开角度捕捉面板,将角度设置为 10,如图 8.34 所示。使用"旋转"工具,在左视图中将篮球旋转 180°。

图 8.33　移动篮球位置

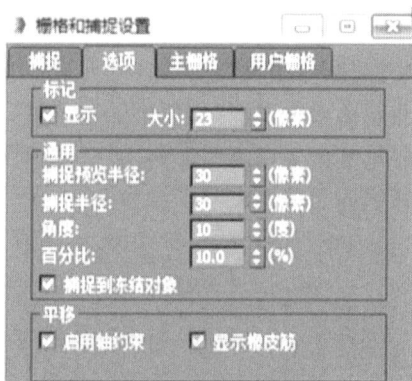

图 8.34　角度捕捉设置

(4)回到第 1 帧,打开曲线编辑器,选择"X 轴旋转",选中上下两个关键点,将切线改为线性,如图 8.35 所示。

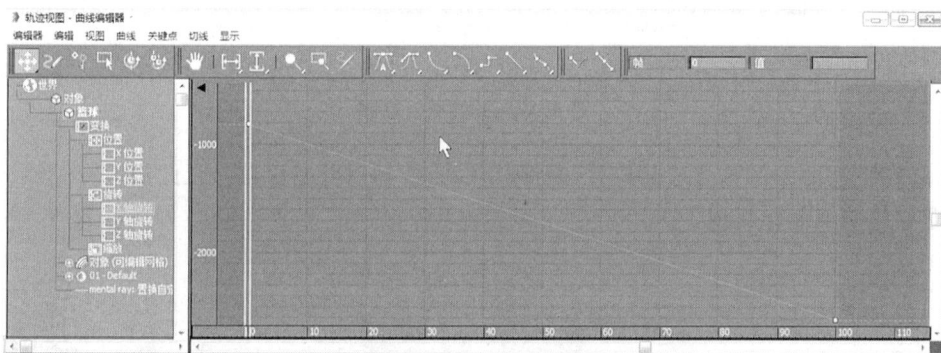

图 8.35　曲线编辑

(5)单击"Y 位置",将其及所连接的切线设置为慢速,如图 8.36 所示。将最后一个点及所连接的切线设置为线性,如图 8.37 所示。

图 8.36　将切线设置为慢速

图 8.37　将切线设置为线性

(6)切换到"Z 位置",单击 按钮添加关键点,为曲线添加 7 个关键点。选择第一个关键点,将"帧"设为 0,"值"设为 910,如图 8.38 所示。

图 8.38　关键点的"帧"和"值"设置

(7)将第 2 个关键点"帧"设为 55，"值"设为 910；将第 3 个关键点"帧"设为 63，"值"设为 760；将第 4 个关键点"帧"设为 70，"值"设为 910；将第 5 个关键点"帧"设为 76，"值"设为 610；将第 6 个关键点"帧"设为 82，"值"设为 760；将第 7 个关键点"帧"设为 89，"值"设为 460；将第 8 个关键点"帧"设为 94，"值"设为 610；将第 9 个关键点"帧"设为 100，"值"设为 280。以上各关键点的位置如图 8.39 所示。将所选的关键点均设为快速。

图 8.39　关键点值设置

(8)在左视图中调整篮球的位置，确保其在第 55 帧时开始滚落。至此篮球滚落的动画就制作完成了。

任务二　动画约束

视频 8-2
动画约束

▶ 任务描述

动画约束功能能够帮助我们实现某些动画过程的自动化，可以将一个对象的变换运动通过建立绑定关系约束到其他对象上，这时被约束的对象将会按照约束方式或范围进行运动。3ds Max 提供了多种约束方式，通过学习本任务内容，应掌握使用动画约束的方法。

▶ 任务分析

3ds Max 2016 提供了 7 种类型的约束，即路径约束、方向约束、注视约束、附着约束、曲面约束、链接约束、位置约束。使用较多的是路径约束、方向约束、注视约束。使用路径约束可制作移动的物体，使用方向约束可实现物体翻转的效果，使用注视约束可实现摄影机跟随物体移动拍摄的效果。

知识准备

一、知识链接

1.路径约束

使对象沿着一条样条线或者在多条样条线之间进行平均距离运动。

2.方向约束

使物体 A 的局部坐标和物体 B 的局部坐标相匹配，并始终保持一致。

3.注视约束

约束一个对象的方向，使该对象总是注视着目标对象。

二、操作技巧

当一个动画对象有多个动画约束时，动画制作时容易导致动画混乱和操作失误。此时，可使用多个虚拟对象作为父对象与动画对象链接，并分别对虚拟对象添加不同的动画约束，分开制作。

动画约束与动画控制器类似，用于使动画过程自动化，它可以与其他对象建立绑定关系，以控制对象的各种变换。3ds Max 2016 提供的约束的使用方法与控制器的使用方法基本相同。

下面以制作飞机飞行动画为例，对路径约束、方向约束、注视约束这三种常用约束的使用方法进行介绍。

(1)打开"飞机动画"源文件。在顶视图中创建一条平滑的曲线作为飞机飞行的轨迹曲线，如图 8.40 所示。

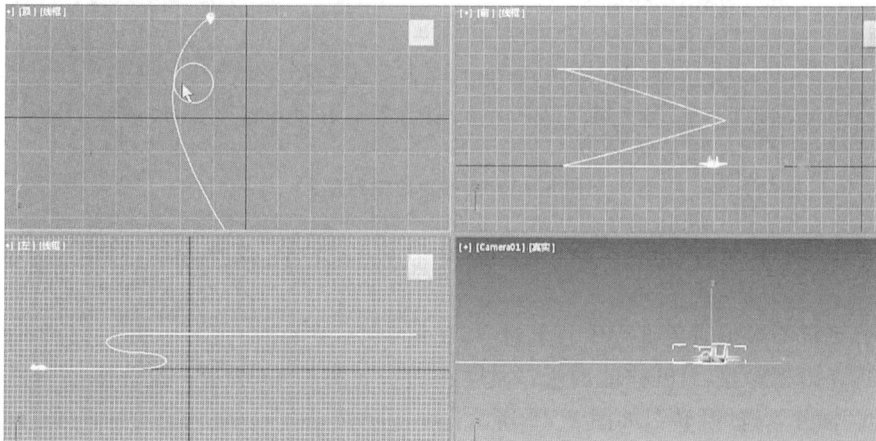

图 8.40　飞机飞行轨迹曲线

(2)选择"辅助对象"→"标准"→"虚拟对象"，在顶视图中创建一个虚拟对象，如图 8.41 所示。

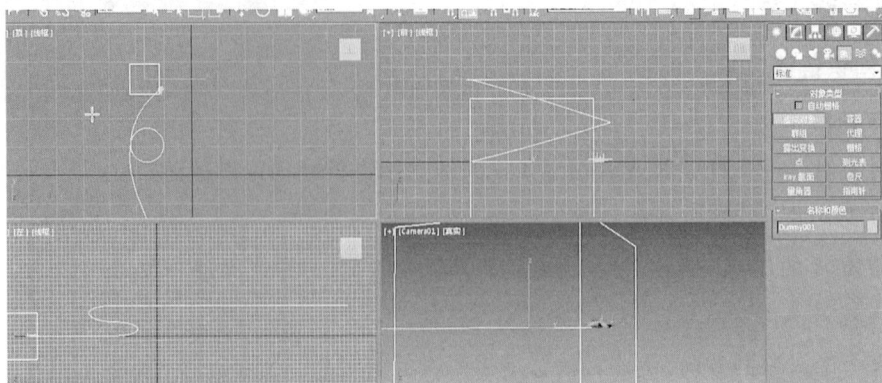

图 8.41　创建虚拟对象

　　(3)单击"链接"工具 ,将飞机链接到虚拟对象上,让虚拟对象来代替飞机飞行,如图 8.42 所示。将虚拟对象作为父对象,飞机作为子对象。

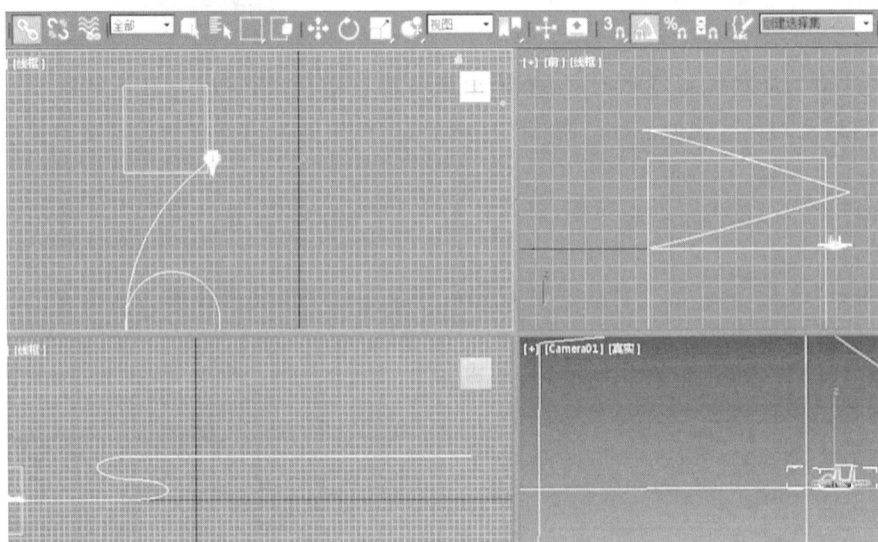

图 8.42　链接到虚拟对象上

　　(4)单击"动画"→"约束"→"路径约束",如图 8.43 所示。选中路径,将虚拟对象链接到路径上。

　　(5)将飞机与虚拟对象进行中心点对齐,如图 8.44 所示。

　　(6)选择虚拟对象,打开修改面板,勾选"跟随",如图 8.45 所示。接着调整飞机方向,轴向选择"Y"轴并勾选"翻转",如图 8.46 所示。

(7)再次绘制一个虚拟对象,并将虚拟对象链接到第一个虚拟对象上,进行局部 X 轴、Y 轴、Z 轴对齐,如图 8.47 所示。选中飞机,单击"动画"→"约束"→"方向约束",将飞机链接到第二个虚拟对象上。

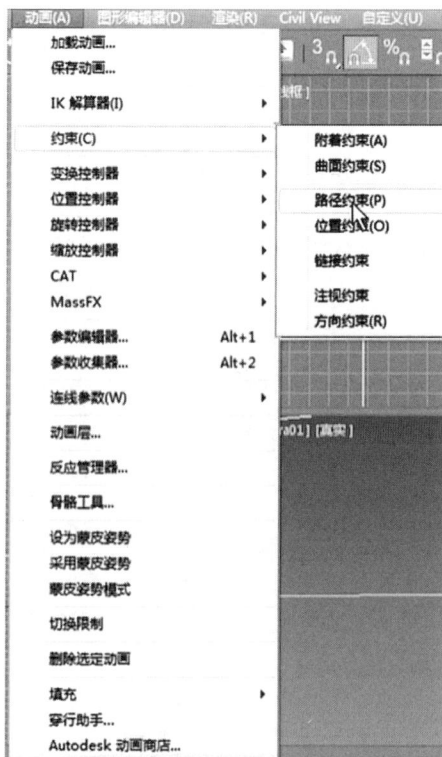

图 8.43 选择"路径约束"

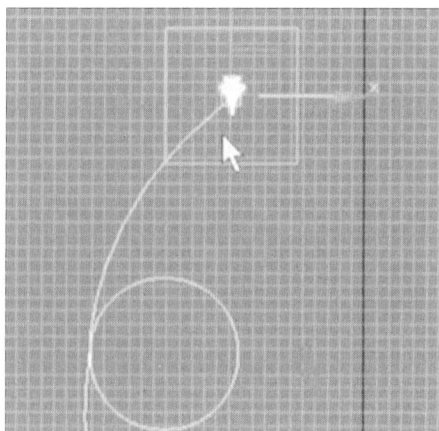

图 8.44 中心点对齐

图 8.45 路径跟随

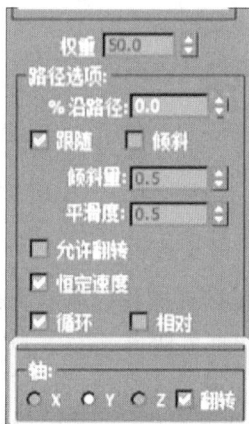

图 8.46 选择轴向并勾选"翻转"

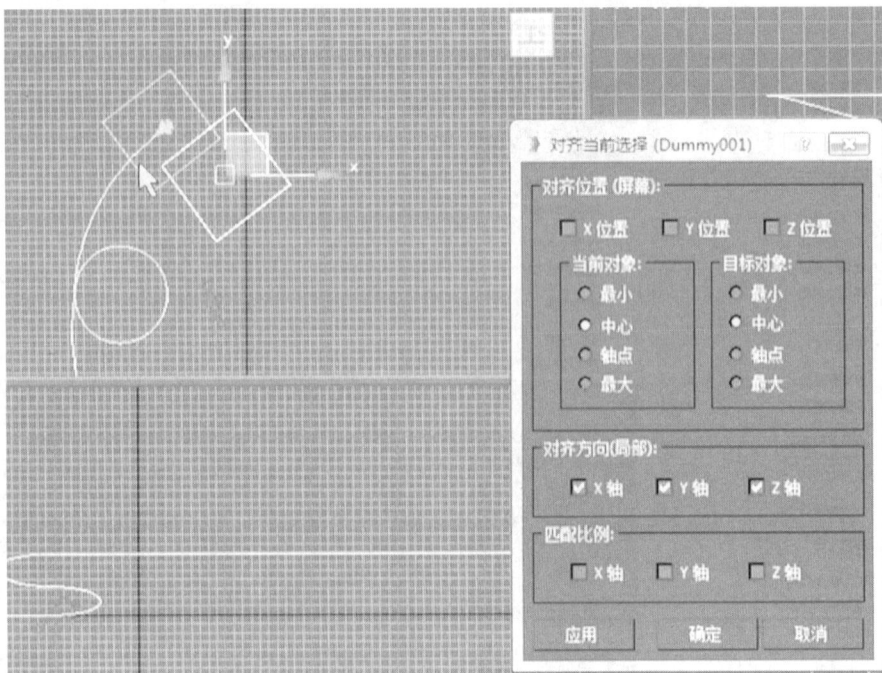

图 8.47　再次创建虚拟对象并对齐

(8)选中虚拟对象,单击"自动关键点",将时间滑块移动到第 110 帧,如图 8.48 所示。右键单击旋转工具,让其在 Y 轴向上旋转 180°,如图 8.49 所示。

图 8.48　移动时间滑块至第 110 帧

图 8.49　Y 轴向旋转 180°

(9)调整到第 130 帧,再次让虚拟对象在 Y 轴向上旋转 180°。再次调整到第 110 帧,取消将 Y 轴旋转 180°,由此可获得一个从 110 帧到第 130 帧飞机旋转 180°的动画。

(10)将时间轴调整到第 150 帧,将飞机旋转 180°(见图 8.50),让飞机正面朝上。

(11)选择创建好的摄影机,对其进行注视约束。选中飞机,勾选"保持初始偏移",如图 8.51 所示。单击"仅影响轴",调整摄影机角度,如图 8.52 所示,使其视野范围能覆盖飞机。

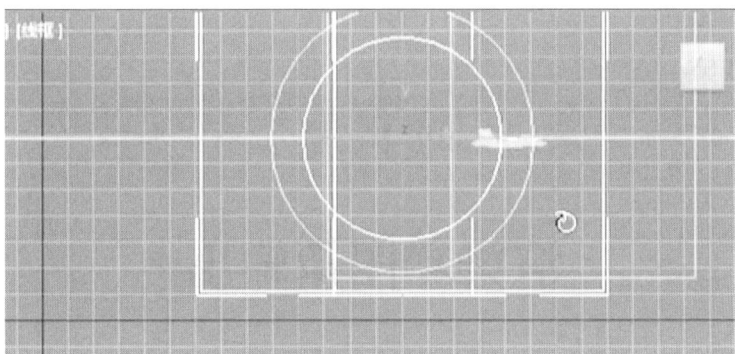

图 8.50 飞机旋转 180°

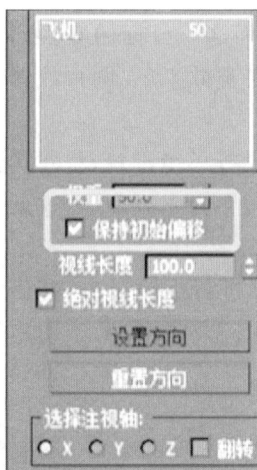

图 8.51 选择"保持初始偏移"

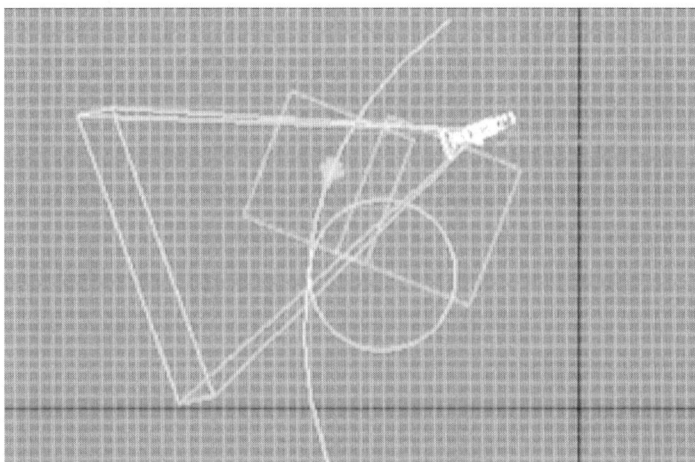

图 8.52 调整摄影机角度

项目小结

本项目分为两个任务,任务一介绍了动画制作的基础知识和关键帧动画制作技巧,讲解了利用曲线编辑器和摄影表创建生动形象的篮球滚落动画的方法。任务二则涉及动画约束技术,介绍了常用的几种不同类型的约束,利用这些约束技术可制作飞机飞行的动画。

项目八考核

项目九

渲染和图像输出

◎ 引言

制作室内效果图与建筑效果图的终极目标是获取静态效果图，而这一目标的实现离不开渲染操作。渲染，是将场景里的模型、材质、贴图、灯光、环境以及各类效果，以图片或者视频的形式呈现出来，并进行输出保存。

从原理上讲，渲染是依据预先指定的材质、运用的灯光，以及背景等环境设置，将在场景中创建的几何体以实体化的形态显示。简单来说，就是把三维场景转化为二维图像，这就如同为创建好的三维场景拍摄照片或者录制动画。

在实际操作中，我们可以通过渲染场景对话框，对各种渲染选项进行细致设置，随后将渲染结果保存到文件中。渲染在模型编辑过程中是必不可少的操作环节，它有助于用户及时查看当前的操作效果，以便随时调整。

◎ 项目目标

1. 具备自主学习和可持续发展的能力。
2. 了解 3ds Max 项目制作全流程。
3. 掌握 VRay 效果图的制作与渲染能力。

◎ 思政要素

在 3ds Max 室内效果图渲染与输出中，材质、灯光、色彩的搭配需遵循"和谐共生"理念。设计需以系统性思维追求"和而不同"，既彰显元素个性，又通过互助互补实现整体和谐，传递"协调发展，美美与共"的生态设计观。

任务一　渲染器

视频 9-1
渲染器

◎ 任务描述

渲染器的选择直接决定了效果图的视觉效果。高水平的渲染可以细致地显示材质纹理、光影效果等，使效果更加生动逼真。

224

本任务通过渲染一些效果图,来讲解 3ds Max 自带的默认扫描线渲染器和 VRay 渲染器的使用方法与相关设置。

任务分析

在效果图制作中,如果不需要特定渲染器,一般就使用默认渲染器。扫描线渲染器是默认的渲染器。材质编辑器也可以使用扫描线渲染器显示各种材质和贴图。扫描线渲染器生成的图像显示在"渲染帧"窗口中。该窗口是一个包含自身控件的独立窗口。

顾名思义,扫描线渲染器可以将场景渲染成一系列的水平线。另外,3ds Max 提供了一种交互式视口渲染器,便于用户快速、轻松地渲染场景。用户还可以将已经安装的其他插件或第三方渲染器与 3ds Max 结合使用。

知识准备

一、知识链接

在使用快捷键或工具栏中的"渲染产品"按钮渲染效果图时,软件默认使用的渲染器为当前文件中默认或修改后的渲染器,用户可按 F10 键在打开的对话框中查看当前文件所采用的渲染器。另外,默认情况下,渲染输出的图像大小为"640×480"。

二、操作技巧

渲染器是 3ds Max 引擎的核心部分,是高级全局照明渲染插件。它执行将 3D 物体绘制到屏幕上的任务。

3ds Max 2016 提供了三种渲染器,即扫描线渲染器(默认渲染器)、Mental Ray 渲染器和 VUE 文件渲染器,每种渲染器都有各自的特点。用户可根据渲染图像的要求,选择合适的渲染器。

三、拓展提高

VRay 渲染器无疑是当下最为出色的渲染插件之一。特别是在室内效果图的制作领域,是渲染速度极快且渲染效果极佳的渲染软件。借助 VRay 渲染器,不仅能够逼真地模拟出各类材质效果,还可以精准呈现出真实、细腻的全局光光照效果,营造出极具真实感的空间氛围。

此外,值得注意的是,当使用 VRay 材质、VRay 灯光或者 VRay 摄影机所创建的文件时,通常都需要借助 VRay 渲染器来进行渲染,以获得理想的渲染效果。

一、扫描线渲染器

扫描线渲染器作为 3ds Max 的默认渲染器,其操作相对简便,具有渲染速度快的显著特点。该渲染器一般仅对直接光照进行处理,在特效表现方面存在一定局限性,例如难以呈现焦散等复杂特效。若想要运用此渲染器制作出极为逼真的效果,往往需要掌握相当高超的技术,比如设置灯光阵列等操作技巧。

扫描线渲染是一行一行,而不是根据多边形到多边形或者点到点方式渲染的一项技术和算法集。所有待渲染的多边形首先按照顶点 Y 轴坐标出现的顺序排列,然后使用扫描线与排在列表前面的多边形的交点计算图像的每行或者每条扫描线,在活动扫描线逐步沿图像向下计算的时候更新列表,丢弃不可见的多边形。这种方法的一个优点就是不需要将主内存中的所有顶点都转到工作内存中,只有与当前扫描线的相交边界的约束顶点才需要转到工作内存中,并且每个定点数据只需读取一次。主内存的速度通常远远低于中央处理单元或者高速缓存,避免多次访问主内存中的顶点数据就可以大幅度地提升运算速度。

要使用 3ds Max 的扫描线渲染器,首先单击 按钮,打开"渲染设置"对话框,然后选择一个场景,单击"渲染",此时能看到一条线从上到下扫描下来(见图 9.1),这正是它被称为"扫描线渲染器"的原因。在"渲染设置"对话框的"公用"标题栏中的"输出大小"板块中可以自定义设置图像的大小(见图 9.2)。

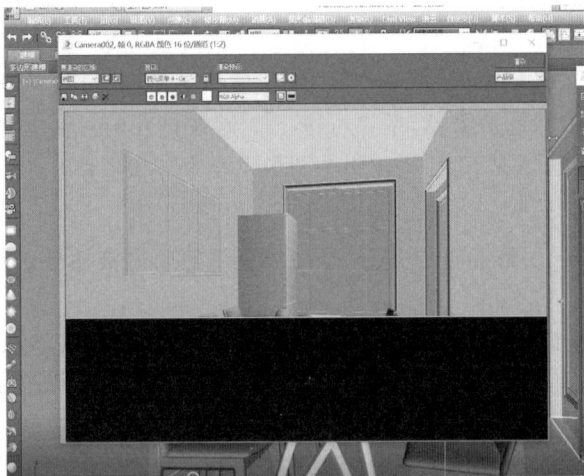

图 9.1　扫描线渲染器

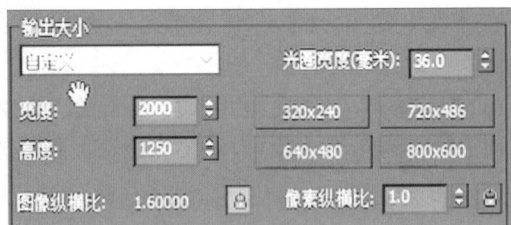

图 9.2　自定义图像大小

在渲染输出中勾选"将图像文件列表放入输出路径",然后创建一个文件夹,勾选"保存文件",再次渲染。渲染生成的图片就会自动保存到之前创建的文件夹中。

当渲染多个效果图时,单击 渲染(R) → 批处理渲染... 按钮,即可一次性渲染多张效果图。

在"光线跟踪"面板中勾选"显示消息",再次单击渲染时,系统就会弹出一个消息框,如图 9.3 所示。

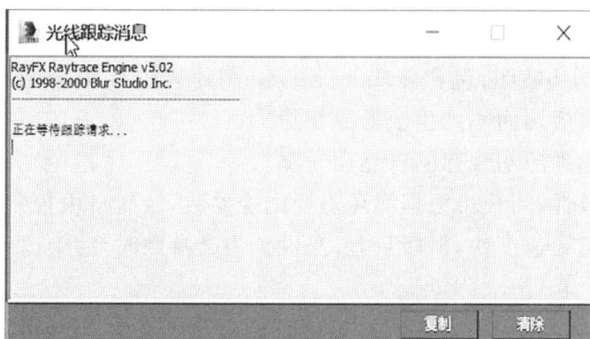

图 9.3　"光线跟踪消息"对话框

二、Vray 渲染器

利用 3ds Max 制作室内效果图时,往往要用到一些第三方开发的插件,其中较常用的就是 VRay 渲染器插件,它是业界最受欢迎的渲染引擎之一。VRay 渲染器由保加利亚的ChaosGroup 和 Asgvis 公司出品,是一款高质量的渲染软件。

VRay 渲染器主要用于渲染一些特殊的效果,它能够快速实现反射、折射、焦散效果,以及全局照明的效果。VRay 是一种结合了光线跟踪和光能传递的渲染器,其具有对真实光线精准计算的能力,能够营造出极具专业性的照明效果。因此被广泛应用于室内设计、建筑设计、灯光设计、影视动画设计等多个领域。

VRay 基于 VRay 内核衍生出了 VRay for 3ds Max、MAYA、SketchUp、Rhino 等诸多版本,为不同领域的优秀 3D 建模软件提供了高质量的图片和动画渲染服务。除此之外,VRay 还提供了单独的渲染程序,方便用户对各种图片进行渲染。

VRay 渲染器由 7 个部分组成,分别是:VRay 渲染器、VRay 对象、VRay 灯光、VRay 摄影机、VRay 材质贴图、VRay 大气特效和 VRay 置换修改器。

VRay 渲染器的一大突出优势,便是它出色地平衡了渲染品质与计算速度这两个关键要素。VRay 配备了多种全局光照(GI)方式,这使得用户在选择渲染方案时拥有了较高的灵活性。一方面,用户能够依据实际需求,选择快速高效的渲染方案,以节省时间成本,提高工作效率;另一方面,当对渲染品质有较高要求时,也可以选择高品质的渲染方案,从而获得更加精细、逼真的渲染效果。

1. VRay 渲染器的特点

(1)真实性:能够呈现照片级的渲染效果。特别是在真实光影的追踪方面表现出色,无论是反射还是折射效果都非常逼真。同时,对于材质的平滑处理细致入微,阴影的细节也能精准展现。

(2)全面性:VRay 渲染器具有间接照明系统(全局照明系统)、摄影机景深效果和运动模糊、物理焦散、G-缓冲等功能,可以胜任室内、室外建筑、展览展厅、建筑动画、影视动画等效果的制作工作。

(3)基于 G-缓冲的抗锯齿功能:可重复使用光照贴图。对于动画可增加采样。

(4)可重复使用的光子贴图功能,为运动模糊场景提供了强大的渲染支持。通过在渲染过程中,针对运动模糊的对象进行分析采样,系统不仅能生成高度精确的渲染效果,同时光子贴图能够被重复调用,极大提升渲染效率,降低渲染对系统资源的消耗。

(5)真正支持 HDRI 贴图:包含 *.hdr、*.rad 图片装载器,可处理立方体贴图和角贴图的坐标,实现贴图直接应用而不产生变形或切片。

(6)可生成符合物理照明规律的自然面光源。

(7)灵活性与高效性:用户可根据实际需要调控参数,从而自由控制渲染的质量和速度。当设置为低参数时,渲染速度快,但质量差;当设置为高参数时,渲染速度慢,但质量高。

2.操作步骤

(1)单击 [ ] 按钮,打开"渲染设置"对话框(见图 9.4)。在"渲染器"下拉菜单中选择 [V-Ray Adv 3.00.08] 。在"公用"标题栏的"输出大小"中调节最终渲染图象的宽度和高度,一般设置为 3200×2400(见图 9.5)。

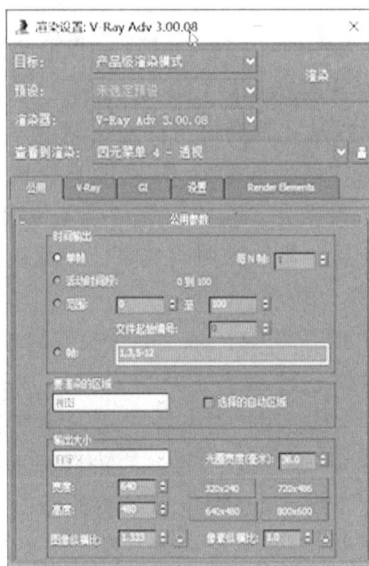

图 9.4 "渲染设置"对话框

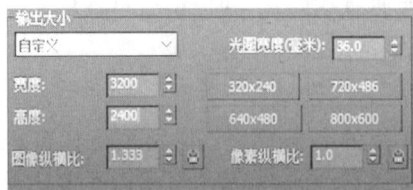

图 9.5 自定义尺寸

(2)在"V-Ray"选项卡中,图像采样器分为四种(见图 9.6)。渲染小图时选择"固定"即可,在最终渲染高清大图时再改为"自适应"。勾选"图像过滤器",在过滤器列表中选择某种过滤器(见图 9.7)。勾选"钳制输出",在"模式"下拉列表中可选择"颜色贴图和伽玛"(见图9.8)。

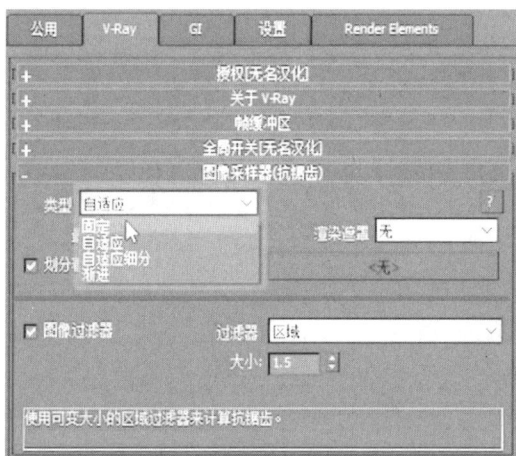

图9.6 图像采样器类型

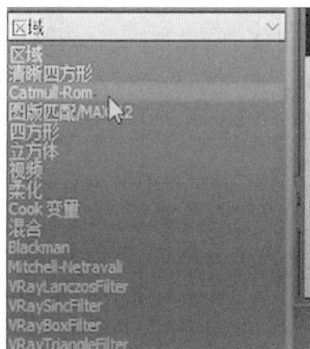

图9.7 过滤器选择

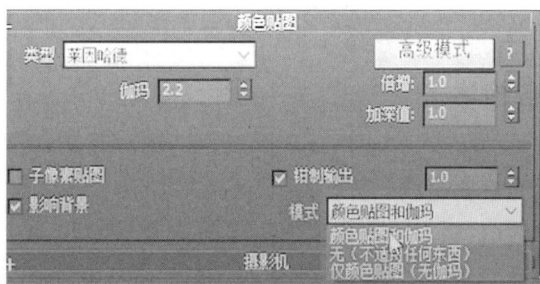

图9.8 颜色贴图模式

(3)在"GI"选项卡中勾选"启用全局照明"(见图9.9)。然后选择"发光图",发光图是一种常用的全局照明引擎,主要应用于首次反弹引擎。当渲染小图时,可将发光图设置为"低"或"非常低";当渲染大图时,可将其设置为"高"或"非常高",如图9.10所示。

图9.9 启用全局照明

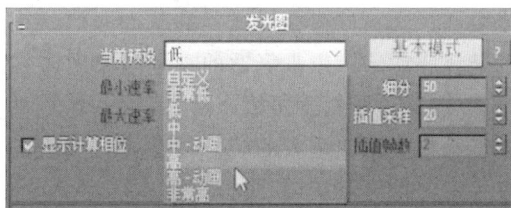

图9.10 发光图设置

(4)在"二次引擎"下拉列表中选择"灯光缓存"。在"灯光缓存"设置中,样本数量与采样大小的细分值紧密相关,细分值越大,样本总数也就越多,渲染出的效果越精细、出色,但相应的渲染速度越慢。当样本总数较多且采样值较小时,能够实现更多的细分效果(见图9.11)。在进行小图测试时,建议将"细分"数值设置为100;而在测试大图时,"细分"数值可设置在 1500 至 1800 之间,以获得理想的渲染效果。

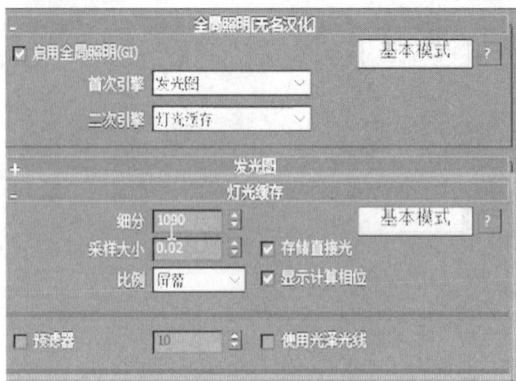

图 9.11　灯光缓存设置

任务二　制作客厅效果图

▶ 任务描述

　　在人们生活水平日益提升的当下,客厅从传统综合起居空间,逐渐演变成独立空间,成为居室的重要组成部分。作为家中的"门面担当",客厅不仅体现主人的风格气质,承载着对来宾的情谊,还在一定程度上彰显主人身份地位与生活情趣。所以,做好客厅装修布置,是家居装修的重中之重。本任务通过制作客厅效果图,让读者深入了解客厅装修门道。

▶ 任务分析

　　客厅的设计有以下三方面的要点。

　　(1)在客厅设计时,合理的区域划分与协调统一至关重要。通常,客厅的主体是会客区,需要简洁、宽敞、明亮且通透,虽然与其他区域没有明显的界定,但在布局上一定要合理规划,确保其使用功能不受影响。同时,会客厅的格调要与客厅整体的基调一致,以使客厅总体协调。这不仅符合形式美的基本法则,更是室内设计中营造和谐空间氛围的关键,整体的和谐统一能给人带来舒适的视觉与使用体验。

　　(2)从色彩搭配角度来看,客厅各区域的色彩基调应该既有区别又有联系。总体而言,会客区要反映出主人的装修档次和艺术美感,各个小区域也应展现出自身特色。会客区要有稳定的色彩基调,同时搭配可以随意变换的动景元素,比如壁画等。通过这些动景元素营造出不同的视觉效果,为客厅增添光彩。色彩的合理运用可以改变空间的氛围与给人的感受,恰当的色彩组合能够让空间更具层次感与艺术感。

　　(3)地面装饰注重统一性,避免分割。前些年,人们热衷于对不同区块的地面采用不同的材质,并赋予各异的色彩。从表面上看来,这样的设计丰富多样,但实则会给人一种凌乱之感。近年来,人们逐渐倾向于使用单一材质来处理地面,从实际效果来看,这样做获得了较为理想的装饰效果。

◎ 知识准备

一、操作技巧

本任务主要讲解将 CAD 平面图导入 3ds Max 后的完整作图操作流程,具体涵盖以下八个环节:创建墙体、创建吊顶、创建装饰墙与电视柜、调整材质、放置摄影机、调入模型、设置灯光、使用 Photoshop 进行后期处理。

二、拓展提高

完整的客厅效果图制作,其核心要点集中于三大维度:其一为模型构建;其二是材质呈现;其三是灯光营造。模型构建需确保精准细致,如此方能为后期渲染筑牢根基,规避潜在问题。而材质质感与光影效果的细腻表达更是重中之重,一幅优质的客厅效果图,其精髓往往尽现于材质与灯光的精妙演绎。

本任务需制作的客厅效果图如图 9.12 所示。

图 9.12　客厅效果图

一、创建墙体

(1)启动 3ds Max 软件,切换至顶视图。单击菜单栏,在下拉菜单中选择"导入"(见图 9.13)。随后,在弹出的导入文件窗口中,选择需要导入的 CAD 平面图,单击"打开"按钮,将 CAD 文件导入 3ds Max 的顶视图。选中所导入的 CAD 平面图(见图 9.14),单击鼠标右键,在弹出的快捷菜单中选择"冻结当前选择"(见图 9.15),此时 CAD 平面图便被冻结在 3D 顶视图中。

(2)在工具栏中选择"图形"→"线"工具,勾选"开始新图形"。

(3)打开捕捉工具,选择"2.5 维捕捉"模式。用鼠标右键单击"捕捉"按钮,此时会弹出"栅格和捕捉"对话框。在该对话框的"捕捉"区域中,勾选"顶点";在"选项"区域中,勾选"捕捉到冻结对象""启用轴约束",如图 9.16 所示。在工具栏下方的"拖动类型"选项中选择"角点",如图9.17所示。然后开始进行墙线的绘制操作。

(4)使用样条线对墙线进行完整绘制,绘制过程中应保证精准度,切勿出现漏画情况。当绘制到细节部位时,可通过滚动鼠标滚轮将画面放大,同时配合键盘上的 I 键,使画面始终跟随鼠标位置进行移动，以便更细致地绘制。倘若绘制出现错误，则按 Backspace 键即可向后撤销一步操作。若存在无法捕捉到的点，可先完成整体绘制，待全部画好后再进行修改。沿着户型的内墙线依次绘制，当绘制环绕一周至起点位置时，系统会弹出相应对话框，此时选择"闭合样条线"选项。

（5）单击界面中的"修改"面板，将当前图形转化为可编辑样条线。随后，在编辑模式下选择"顶点"选项，仔细选中那些之前未能成功捕捉的顶点。沿 Y 轴方向对齐所有顶点，如图 9.18 所示。完成顶点位置调整后，取消"顶点"选择。

图 9.13　单击"导入"

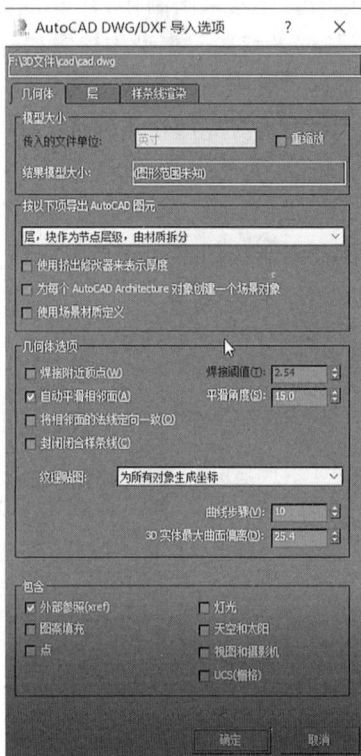

图 9.14　导入 CAD 平面图

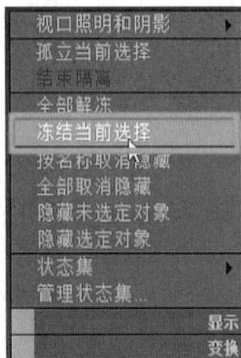

图 9.15　冻结

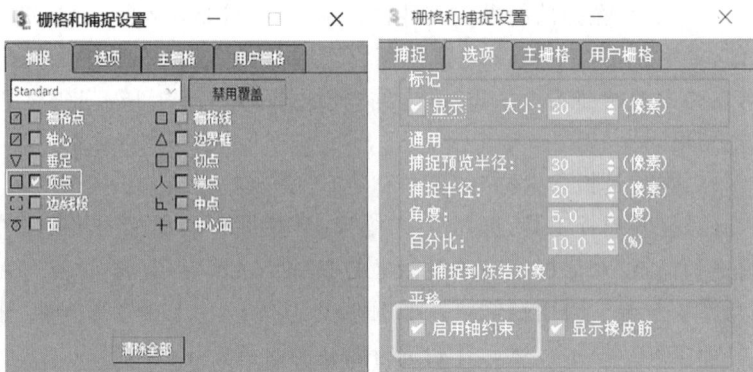

图 9.16　捕捉设置

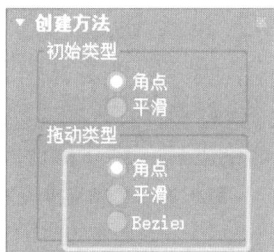

图 9.17　拖动类型选择

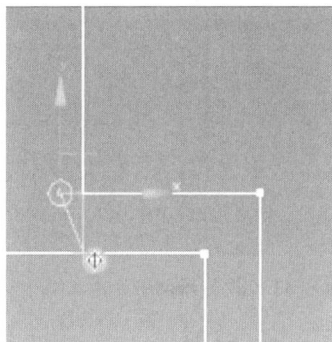

图 9.18　调整顶点位置

（6）开始进行房高的绘制操作。在相关工具选项中选择"挤出"功能，将挤出值设置为2800，效果如图 9.19 所示。选择"编辑多边形"→"边"，选中带门的直线部分。按住键盘上的 Ctrl 键，同时使用鼠标选择所有带门的边线。在选中所有门边线后，单击鼠标右键，在弹出的快捷菜单中单击"连接"前面的小方块（见图 9.20）。完成设置后单击"√"按钮，如图9.21所示。

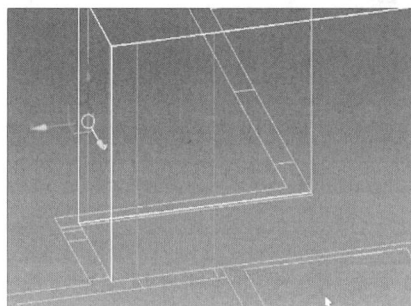

图 9.19　挤出

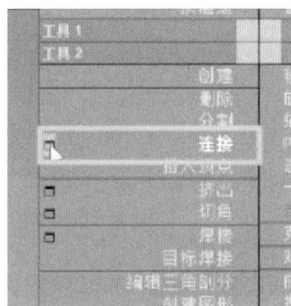

图 9.20　边连接

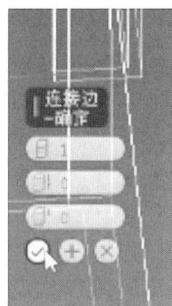

图 9.21　单击"√"

（7）切换到前视图，单击"绝对值"，把连接的这条线拉到最底部，把门的高度设置为2100，如图 9.22 所示。

图 9.22　设置门的高度

（8）绘制窗户。单击"连接"前面的小方块，在选择窗户的线条时，需选取两条。可以将线条拉到最底部，或者关闭"绝对值"功能（见图 9.23）。单击 Z 轴并输入数值 200，然后选择第二条线，将其 Z 轴数值设置为

图 9.23　关闭"绝对值"功能

2100。采用同样的方法制作另一个窗户。选中窗户两边的直线，单击鼠标右键选择两条直线，单击"√"按钮。将窗户离地的高度设置为900，然后沿着 Y 轴单击"平齐"（见图 9.24）。之后，开启"绝对值"功能，将 Y 轴数值设置为1460（见图 9.25）。

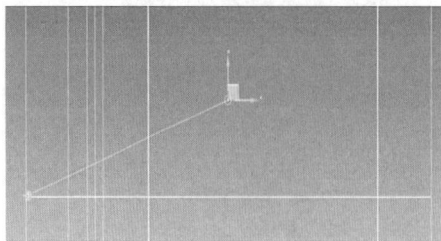

图 9.24　沿 Y 轴对齐

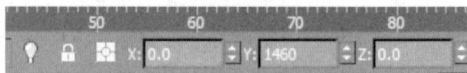

图 9.25　Y 轴高度设置

（9）进入"多边形"编辑模式，选中所有的门洞和窗洞对应的多边形区域。单击鼠标右键，在弹出的快捷菜单中单击带有设置参数的小方框（即"挤出"设置框），手动输入挤出值240，单击"√"按钮，如图 9.26 所示。完成挤出操作后，按下 Delete 键，将挤出的多边形部分删除，切换显示格式。

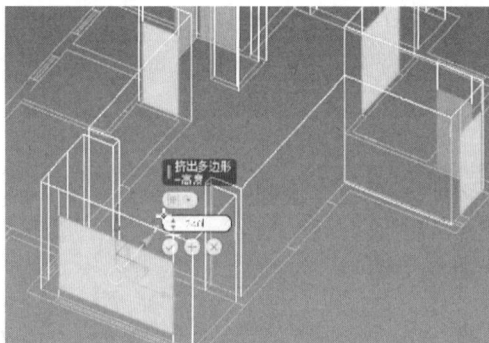

图 9.26　挤出多边形

（10）单击天花板部分，利用"分离"工具对室内空间模型顶部和底部分别进行分离处理。

（11）在工具栏中选择"矩形"工具，沿着已绘制好的墙线轮廓绘制矩形。完成绘制后，将挤出值设置为 500（见图 9.27）。单击界面底部 X 轴前面的小方框，将其关闭，然后将所绘制并挤出的矩形向上推动，推动距离设置为 2300（见图 9.28）。

图 9.27　挤出数量设置

图 9.28　在 Z 轴中输入 2300

（12）在工具栏中选择"线"工具，然后沿着内墙线绘制直线。在绘制过程中，在窗户位置可直接跨越窗户区域。当完成整个线条的绘制,回到起点位置弹出"是否闭合样条线"的对话框时,单击"闭合",使绘制的线条形成封闭图形。

(13)将包含详细尺寸的角线 CAD 图纸导入 3ds Max,单击"合并文件"(见图 9.29),完成导入操作。选中之前绘制好的线条。若该线条不容易选中,则可以先对其他线条进行隐藏处理。

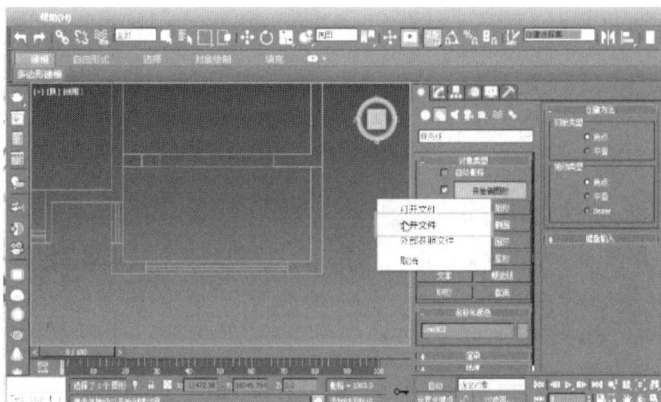

图 9.29 合并文件

(14)在"修改器列表"中选择"倒角剖面"。单击"拾取剖面"按钮,在场景中选择一个合适的踢脚线剖面图形。单击"倒角剖面"前的"＋"图标,单击子对象中的"剖面"选项。选择"旋转"工具,打开"角度捕捉切换"面板,将所选的踢脚线剖面旋转 180°。完成旋转操作后,执行"全部取消隐藏"命令,将之前隐藏的对象显示出来。

(15)选择"编辑多边形",单击"边"工具,把所有门位置上不需要的线删除。制作窗框之前把墙体隐藏,以便操作。

(16)切换至前视图,在工具栏中选取"矩形"工具,依照窗户的大小绘制一个矩形作为窗框的雏形。绘制完毕后,将该矩形移动至对应的位置。接着,对矩形应用"编辑样条线"修改器,进入"样条线"子对象层级,设置"轮廓"数值为 60(见图 9.30)。完成轮廓设置后,对该图形应用"挤出"修改器,将挤出值设置为 60(见图 9.31)。将制作完成的窗框放到窗户的相应位置。

图 9.30 轮廓设置　　图 9.31 挤出设置

(17)切换到前视图,用矩形工具绘制窗框,将长度设置为1780,宽度设置为60,如图9.32所示。将挤出值设置为60(见图9.33)。将挤出后的窗框移动到相应的位置。执行复制操作,复制出一条窗框。打开捕捉设置,将复制出的窗框的旋转角度设置为90°(见图9.34)。旋转完成后,再将其向下移动到合适的位置。

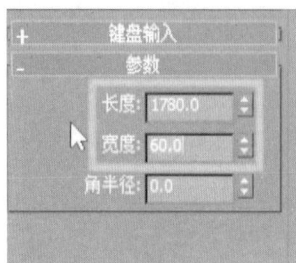

图 9.32 矩形参数设置

图 9.33 挤出设置

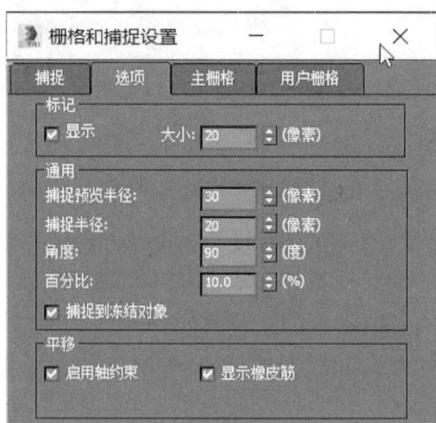

图 9.34 捕捉设置

(18)选择"编辑多边形"→"点",将窗框向上移动到相应的位置。单击"组"工具对几个窗框模型加以组合。

(19)使用矩形工具绘制一个窗台图形。选择"挤出"命令,将挤出值设置为20(见图9.35)。切换到"多边形"编辑模式,选中窗台的边框,使其沿着 Y 轴方向移动10厘米(见图9.36),并向上移动到合适的位置。

图 9.35 挤出设置

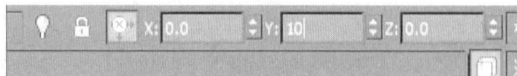

图 9.36 沿 Y 轴方向移动

（20）切换到"边"的编辑模式，在模型中找到并选中窗台中间的边。单击鼠标右键，在弹出的相关操作选项中，单击"切角"前面的小方块按钮，打开切角设置窗口。在该窗口中，将切角的数值设置为5，单击"√"进行确定操作，如图9.37所示。

（21）选择"矩形"工具，绘制出一个矩形。将绘制好的矩形移动到相应的位置上。单击"编辑样条线"修改器（见图9.38），进入"分段"子对象层级。在该层级下，选中矩形底部的线段，按下 Delete 键，将底部的线段删除。

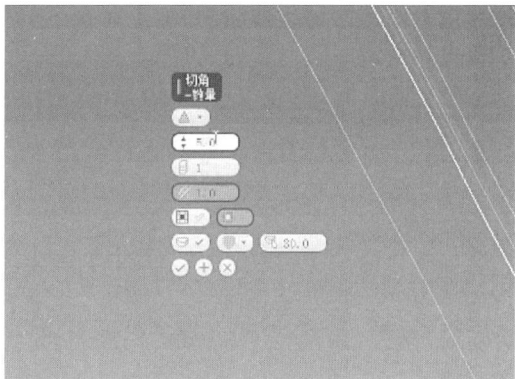

图 9.37 边切角处理

选择"倒角剖面"修改器，单击"拾取剖面"按钮，在场景中选择合适的剖面图形。为了更便捷地进行操作，也可以使用快捷键 Alt＋Q 使门框孤立显示。此时若发现门框方向是反的，则使用"旋转"工具将其旋转180°。操作完成后，取消孤立显示状态，并将处理好的门框放置到相应的位置上。

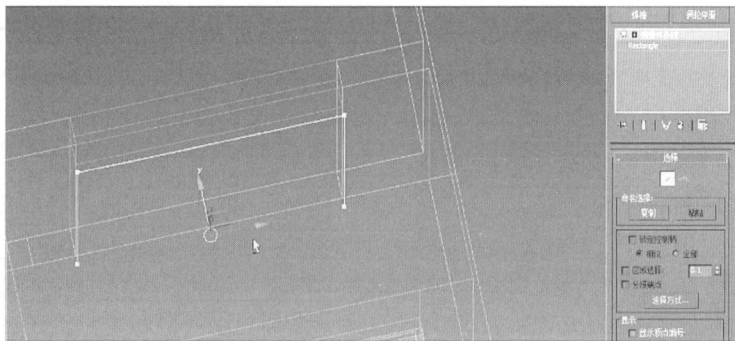

图 9.38 样条线分段

（22）为将门框与墙对齐，选择"编辑多边形"→"点"，将左边的顶点向左边移动，右边的顶点向右移动，移动到相应的墙体位置，全部取消隐藏，如图9.39所示。

图 9.39 编辑顶点

(23)把多余的边删除,并把不在合适位置上的点移动到门框的边上,如图 9.40 所示。

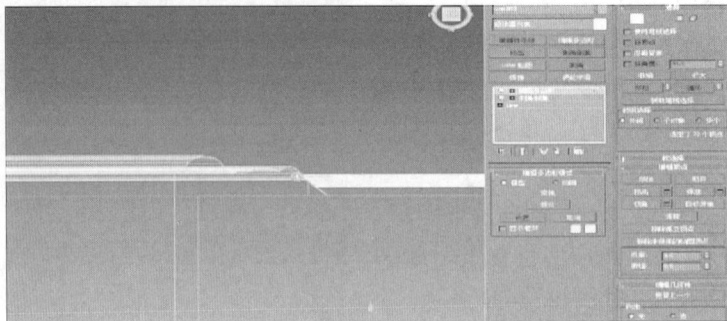

图 9.40 完善顶点和边

二、创建吊顶

(1)使用矩形工具,绘制一个矩形,如图 9.41 所示。

(2)选择修改器中的"编辑样条线",选择"点"层级,将点向上移动 200(在 Y 轴中输入 200),如图 9.42 所示,以预留窗帘盒的位置。

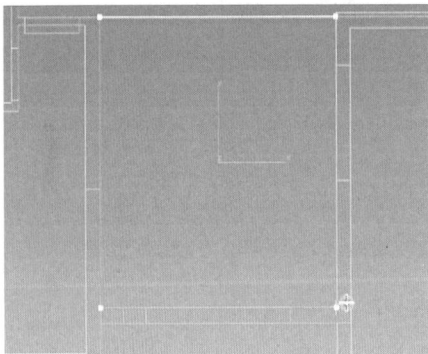

图 9.41 绘制矩形

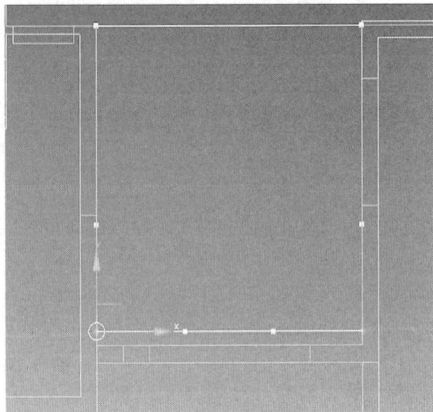

图 9.42 移动点

(3)选择"样条线"层级,将轮廓数值设置为 350,如图 9.43 所示。

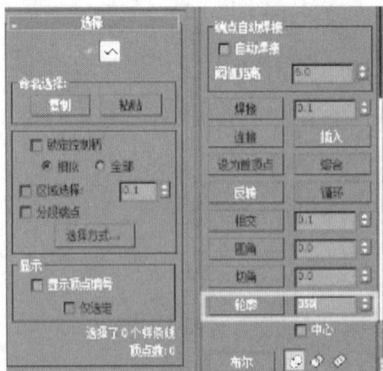

图 9.43 轮廓设置

（4）执行"挤出"命令，将挤出值设置为 60，如图 9.44 所示。

（5）复制一个矩形，如图 9.45 所示。

图 9.44 挤出设置

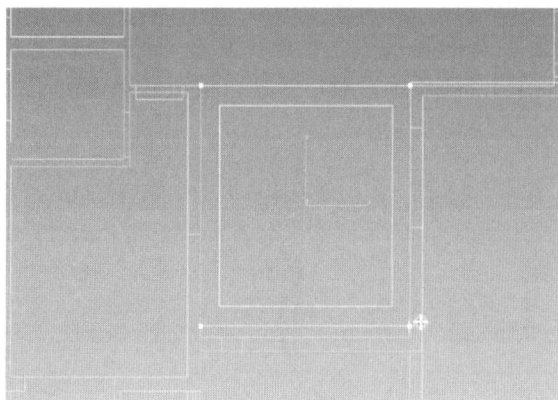

图 9.45 复制矩形

（6）编辑样条线，选择"样条线"层级，将轮廓值设置为 200，如图 9.46 所示。

（7）使用"挤出"命令，将挤出值设置为 140，如图 9.47 所示。

图 9.46 轮廓设置

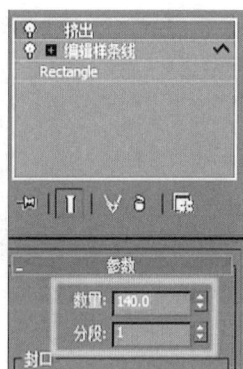

图 9.47 挤出设置

（8）切换到前视图，把做好的吊顶移到顶部，如图 9.48 所示。

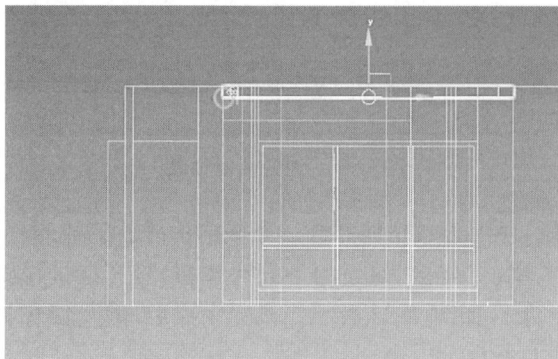

图 9.48 调整吊顶位置

三、创建装饰墙和电视柜

(1)使用绘图工具,沿着墙体的轮廓绘制一个矩形,并将其孤立。在"编辑样条线"修改器中选择"点"层级编辑模式。在该模式下,选中矩形下方的两个点,将这两个点向上移动100,以留出踢脚线的位置。对矩形进行挤出处理,将挤出值设置为20,如图9.49所示。

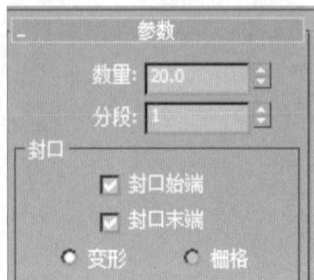

图 9.49 挤出设置

(2)选择"编辑多边形",选择上下两条样条线并单击鼠标右键,在菜单中选择"连接",将数量设置为2,单击"∨"按钮,如图9.50所示。

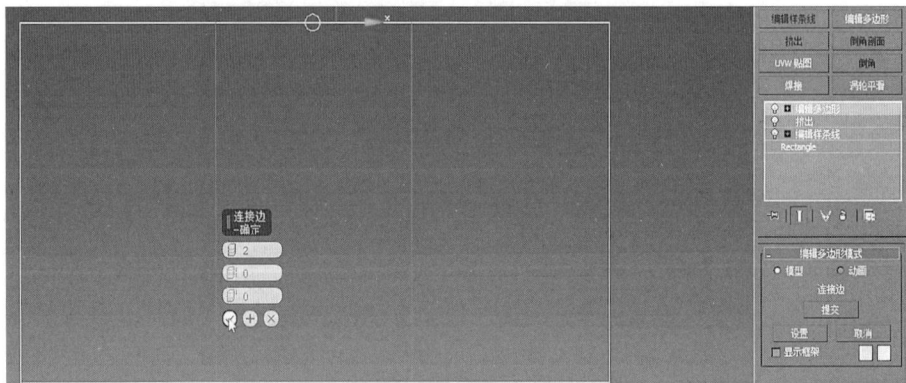

图 9.50 连接边

(3)单击矩形左边的一条线,将其拖动到左下角,在X轴中输入800;将另外一条线拖动到右上角,在Y轴中输入-800,如图9.51所示。

图 9.51 调整坐标位置

(4)选中所有的竖线,使用连接功能添加一条横向的线。完成添加后,单击鼠标右键,在弹出的相关操作选项中,单击"连接"前面的小方块按钮,打开连接设置窗口。在该窗口中,将连接的线条数量设置为1,如图9.52所示。设置完成后,通过鼠标拖拽操作,把新添加的这条横线放置到图形的左上角。

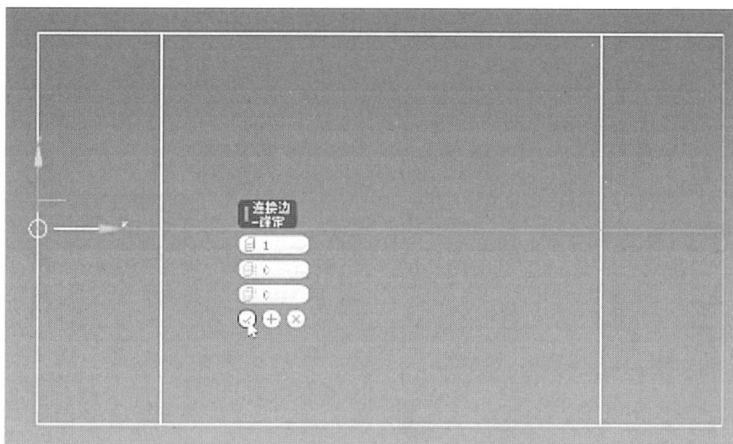

图 9.52　连接线

（5）单击锁定键，将选定的对象向下移动。在 Y 轴中输入数值－600，完成移动操作。切换到"多边形"层级编辑模式，取消锁定状态。选中指定的两个面，单击鼠标右键，在弹出的操作选项中，单击"倒角"前面的小方块按钮，打开倒角设置窗口。在该窗口中，选择"多边形"，在数值设置区域，将倒角高度设置为 5，轮廓设置为－5，单击"√"按钮，如图 9.53 所示。

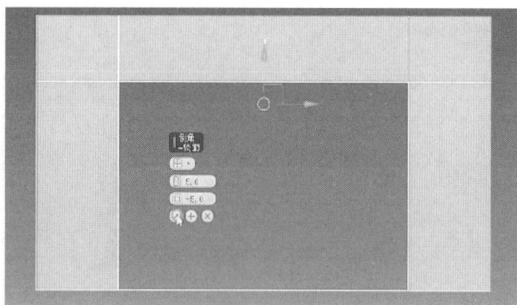

图 9.53　倒角处理

（6）先绘制一个平面，将长度分段数和宽度分段数都设置为 4，如图 9.54 所示。

图 9.54　平面分段数设置

（7）单击"多边形建模"→"转化为多边形"，单击"生成拓扑"，选择"边方向"斜纹的图形，如图 9.55 所示。

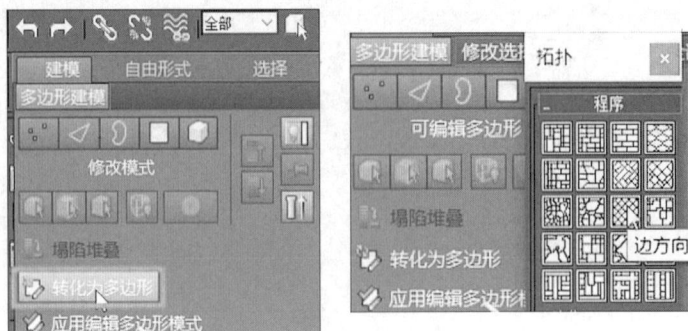

图 9.55　转化为多边形并生成拓扑

（8）单击"面编辑"，单击右键使用倒角工具。如图 9.56 所示，在第一个框中输入 25，在第二个框中输入－5。

（9）单击"面编辑"，选择需要编辑的面。右键单击挤出工具前的小方框，挤出高度设置为－10，如图 9.57 所示。

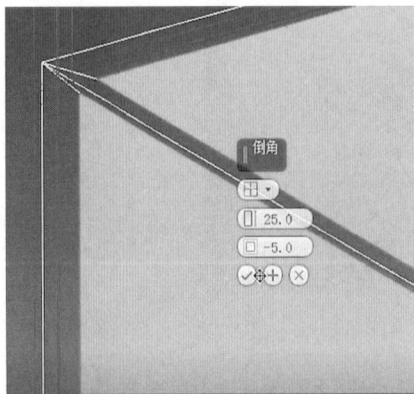

图 9.56　面倒角处理

图 9.57　面挤出设置

（10）进行成组操作，将所绘制的面拖动到相应的位置，孤立这个面。单击"矩形"，画一个和装饰柜大小一样的矩形，如图 9.58 所示。

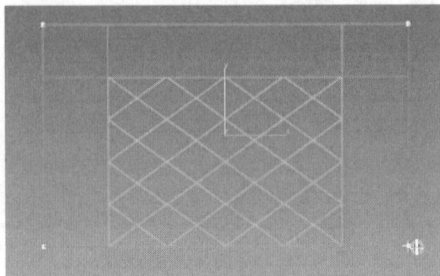

图 9.58　绘制矩形

(11)单击"编辑点"选项,选择顶部的点,将当前的装饰墙与背景墙对齐,选择下面的点,将 Y 轴数值设置为－100,最后孤立样条线,如图 9.59 所示。

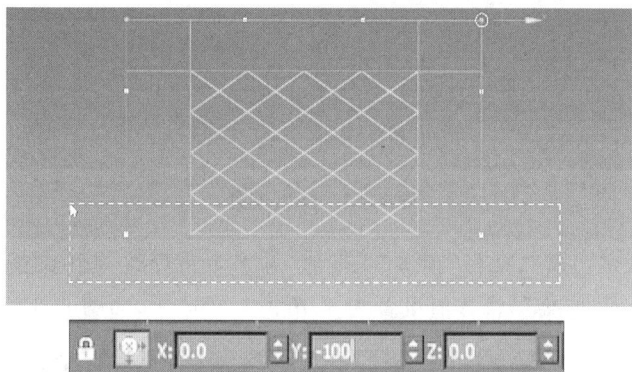

图 9.59　移动点和线

(12)选择孤立后的样条线的上下两条线,右键单击"连接"前的小方框,数值设置为 2,单击"√"按钮,如图 9.60 所示。

(13)将左边的线拖动到左上角,在 Y 轴中输入 800;将右边的线拖动到右上角,在 Y 轴中输入－800。选择"面"子层级,单击两边的面,单击右键使用倒角工具。如图 9.61 所示,在第一个框中输入 5,在第二个框中输入－5,单击"√"按钮。

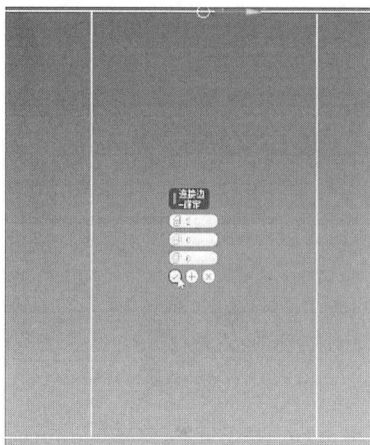

图 9.60　连接边

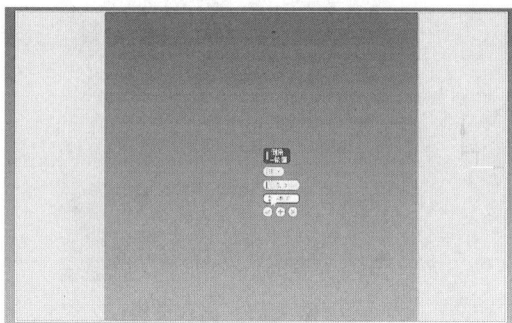

图 9.61　倒角设置

(14)使用矩形工具,沿着背景墙绘制一个长方形,长度设置为 350,如图 9.62 所示。

图 9.62　绘制长方形

(15)使用移动工具,将长方形移动到相应的位置,选择挤出命令,将数值设置为350,如图9.63所示。

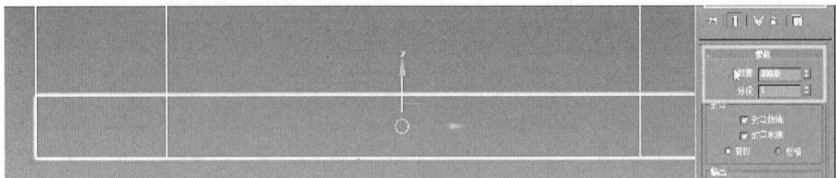

图9.63 挤出设置

(16)单击"编辑多边形",选择"顶点"子层级,在左下角预留一个窗帘盒位置。在Y轴中输入200,选择"边"→"连接",将数值设置为4,单击"√"按钮,如图9.64所示。

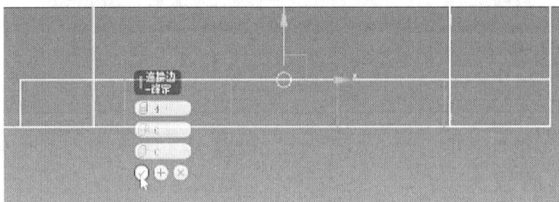

图9.64 连接边

(17)选择"面"子层级,把柜子的面选中,单击右键设置倒角,数值设置为−20,单击"√"按钮,如图9.65所示。

(18)单击鼠标右键,选择"挤出"前面的小方框,将数值设置为−345,单击"√"按钮,如图9.66所示。

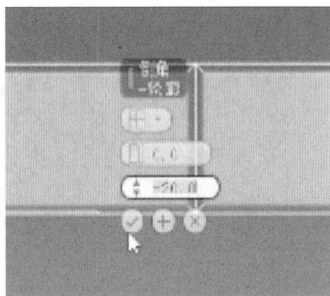

图9.65 倒角设置   图9.66 挤出设置

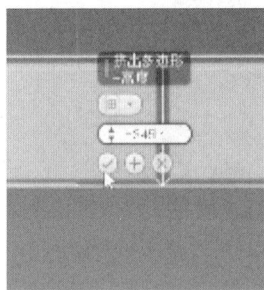

(19)使用矩形工具绘制一个柜子大小的矩形,挤出数值设置为340(见图9.67),预留5mm的边缝,切换至顶视图,调整位置。

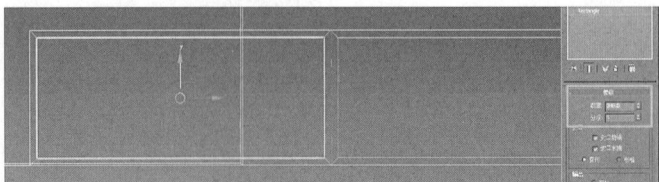

图9.67 挤出设置

(20)选择"编辑多边形"→"面",单击右键设置倒角,数值设置为-5。把抽屉和矮柜的5mm的缝隙填充进去,单击"√"按钮,然后复制5个抽屉,如图9.68所示。

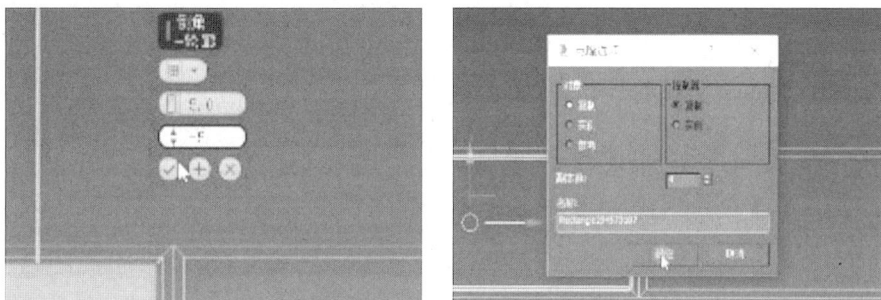

图 9.68　设置并复制倒角

(21)绘制一个矩形,单击"编辑样条线"→"点",将矩形向上移动,在 Y 轴中输入数值500。选择右边的线,打开绝对值工具 ,在 X 轴中输入-100。选择左边的线,打开绝对值工具 ,在 X 轴中输入100。效果如图9.69所示。

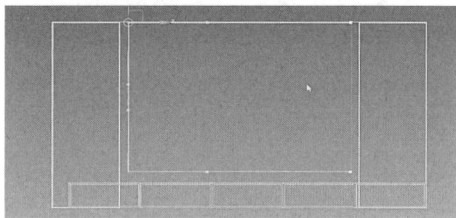

图 9.69　调整点的位置

(22)单击"编辑样条线",选择样条线,设置轮廓数值为20,如图9.70所示。

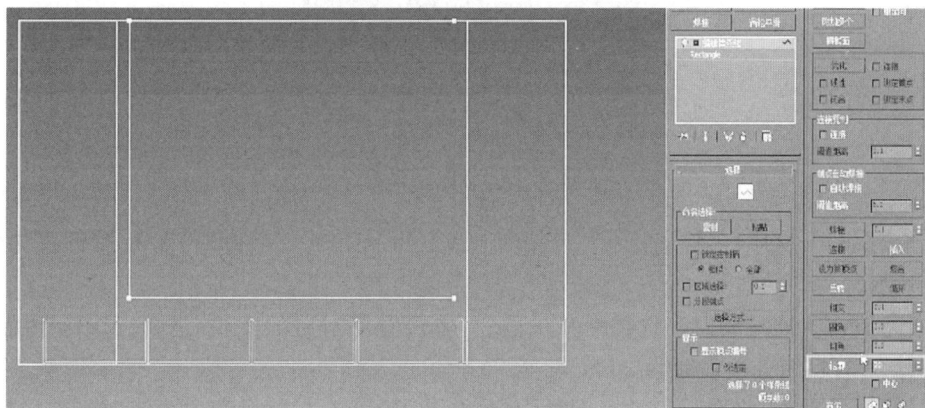

图 9.70　设置轮廓

(23)单击"挤出",数值设置为50,如图9.71所示。

(23)再绘制一个矩形,将其与前一个矩形成组,选择五个柜子成组,选择所有图形成组。

将成组后的图形移动到相应的位置,旋转180°,调整大小和位置,如图9.72所示,取消所有隐藏。

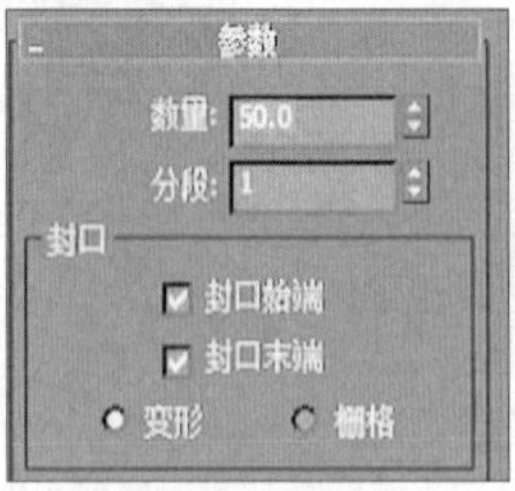

图 9.71　挤出

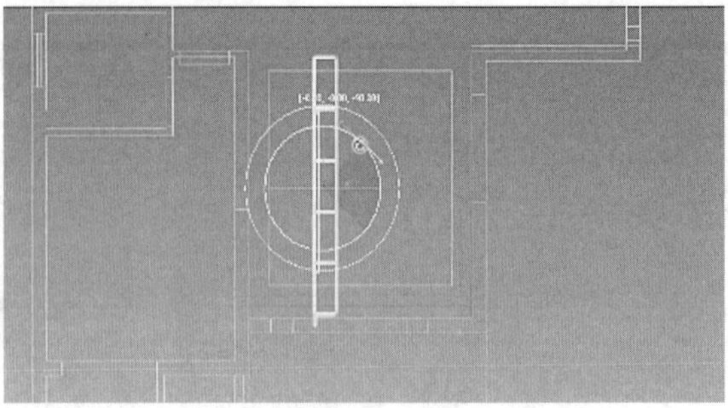

图 9.72　调整柜子大小和位置

四、调整材质

(1)将渲染器改成 VRay 渲染器,然后选择材质编辑器,如图9.73所示。

图 9.73　渲染器设置

(2)选择一个材质球,接着选择"VRayMtl"(见图9.74)。制作每一种材质都要先命名,方便之后的操作。

(3)先制作乳胶漆墙面。选择一个材质球,单击漫反射后的方块,选择"VRay 污垢",将半径设置为3,将细分值设置为20,如图9.75所示。

(4)转到父对象,将漫反射颜色设置为白色(见图9.76)。然后选中墙体,单击"将材质指定给选定对象",把整面墙和顶面都添加上乳胶漆材质。

(5)制作筒灯。通过克隆复制命令复制筒灯(见图9.77),并将其放到相应的位置。

(6)制作窗框的材质。单击"V-RayMtl",单击"漫反射"后的方块,选择"VRay 污垢",将半径设置为3,细分值设置为20,如图9.78所示。返回父对象后,将漫反射设置为黑色,将非阻光颜色也设置为黑色。

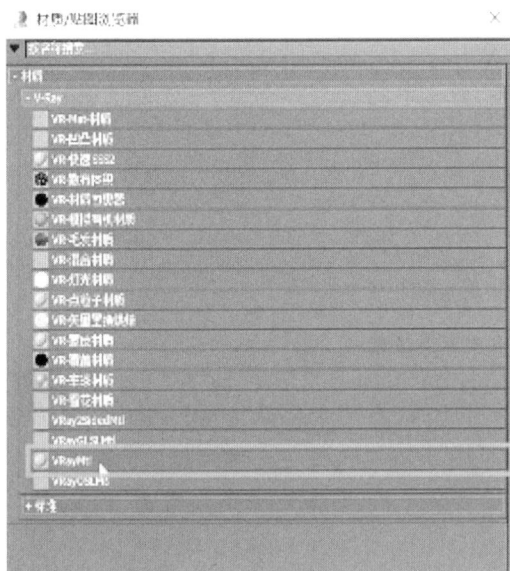

图 9.74　选择"VRayMtl"

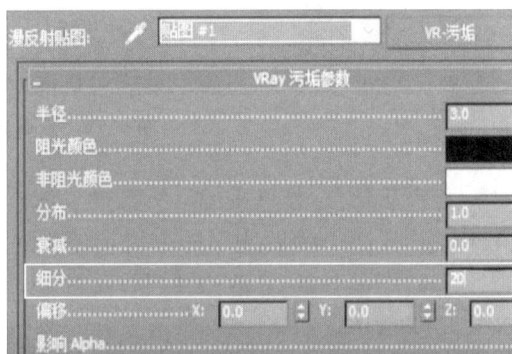

图 9.75　对乳胶漆墙面设置 VRay 污垢效果

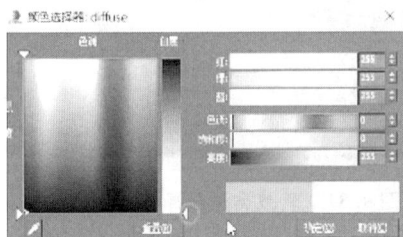

图 9.76　设置漫反射颜色

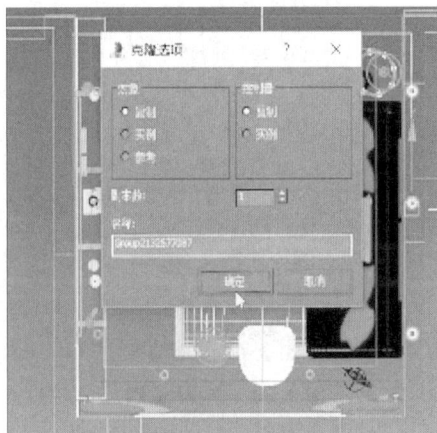

图 9.77　复制筒灯

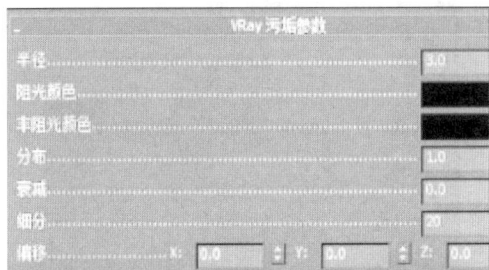

图 9.78　对窗框设置 VRay 污垢效果

(7)将反射设置为冷灰白色,光泽度设置为0.7,如图9.79所示。

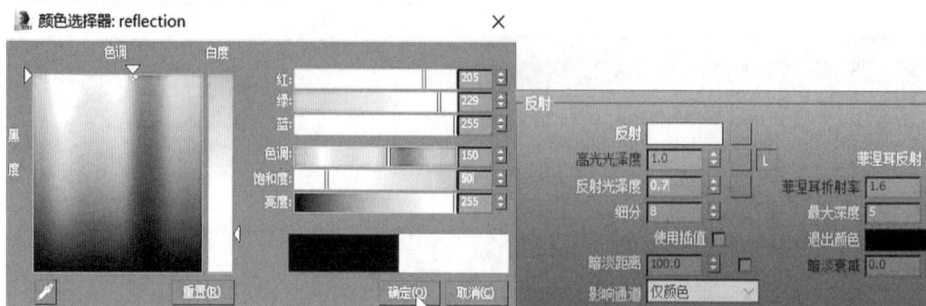

图9.79 反射颜色和光泽度设置

(8)单击窗框,将材质指定给窗框。选择一个材质球,将其命名为"护墙板木纹"。选择"V-RayMtl",单击漫反射后的方块,选择"位图"(见图9.80),选择一个木纹材质的贴图。

(9)转到父对象,单击"反射"后面的方块,设置衰减参数,衰减的类型设置为"Fresnel",如图9.81所示。

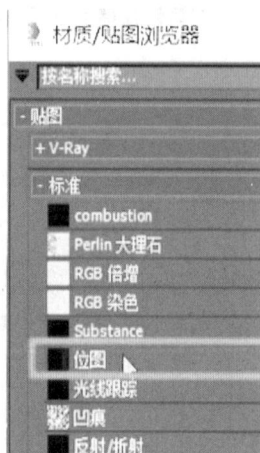

图9.80 选择"位图"

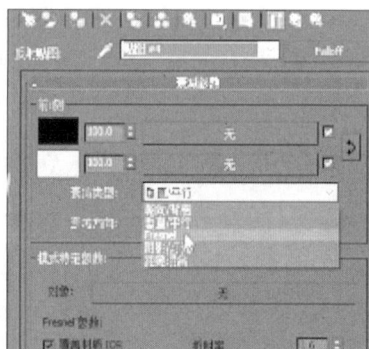

图9.81 衰减类型选择

(10)将反射光泽度设置为0.78,折射率设置为1.4,如图9.82所示。

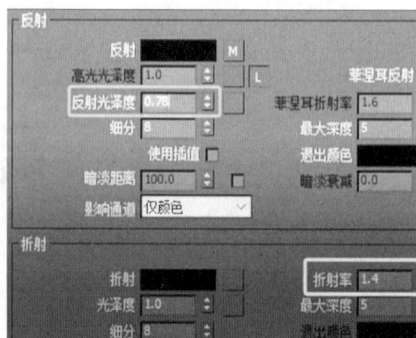

图9.82 反射光泽度、折射率设置

(11)打开"贴图"卷展栏,选择"漫反射"后的贴图。按住鼠标左键,将贴图拖动到"凹凸"选项中,选择"实例",单击"确定",将凹凸值设置为50,如图9.83所示。

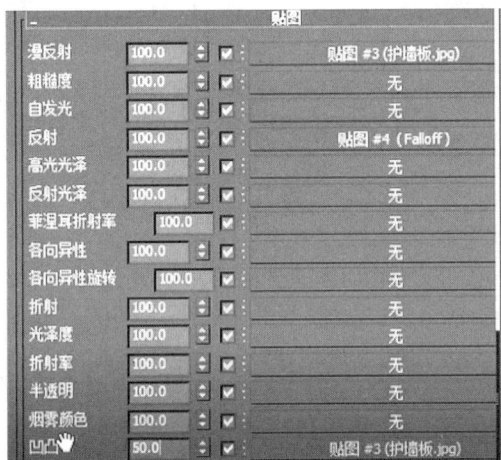

图 9.83 凹凸贴图设置

(12)选择沙发背景墙模型,解除成组。将材质赋予沙发背景墙,单击"在视口中显示明暗处理材质"。增加一个 UVW 贴图,选择长方体,将 UVW 贴图长度设置为800,宽度设置为800,高度设置为200,如图9.84所示。

(13)将电视背景墙组打开,赋予护墙板材质。添加 UVW 贴图,选择长方体,将长度设置为2600,宽度设置为1600,高度设置为25,如图9.85所示。

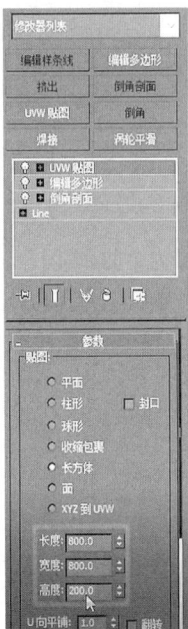

图 9.84 沙发背景墙 UVW 贴图设置

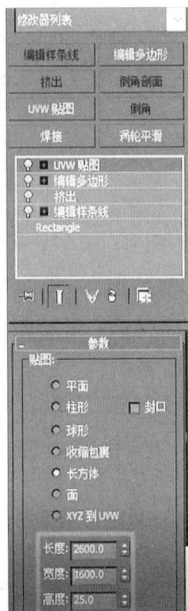

图 9.85 电视背景墙 UVW 贴图设置

(14)将门框孤立,选择"UVW 贴图",选择"Gizmo",把木纹旋转为竖纹,如图9.86所示。旋转之后,单击"UVW 贴图",将长、宽、高均设置为 800。

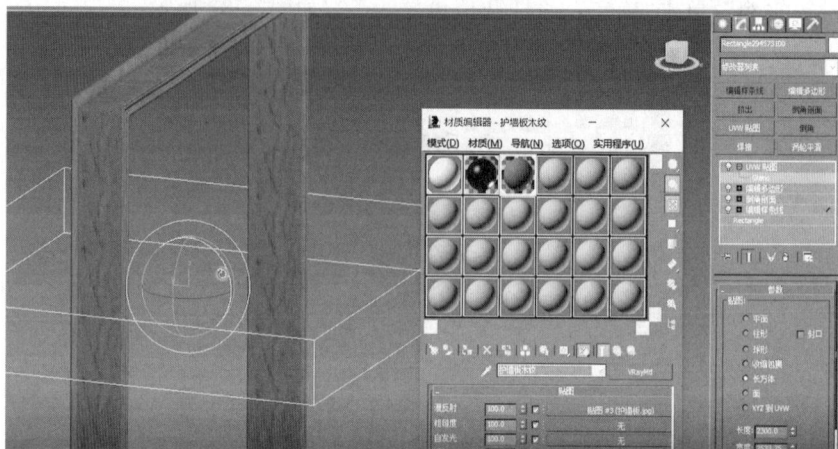

图 9.86　选择"Gizmo"

(15)对矮柜的操作方法与上面类似。单击"UVW 贴图",选择"长方体",并将其长、宽、高均设置为 800,如图 9.87 所示。

图 9.87　矮柜 UVW 贴图设置

(16)制作矮柜的抽屉门。选择一个材质球并命名为"抽屉门",将材质球设置为"VRayMtl",单击"漫反射"后的方块,选择"VRay 污垢",将半径设置为 3,细分值设置为 20。将它指定给抽屉门,反射色调设置为 150,饱和度设置为 50,颜色选择浅灰蓝色,光泽度设置为 0.45,如图 9.88 所示。

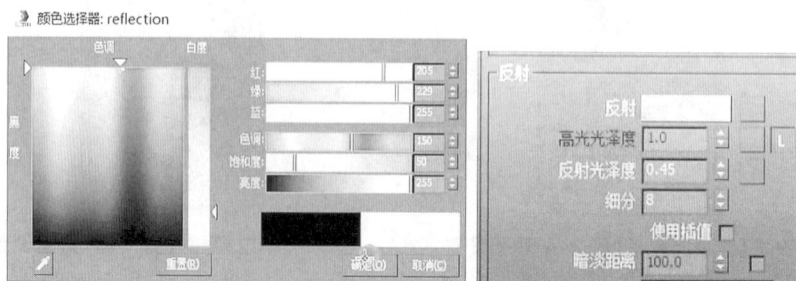

图 9.88　反射颜色及反射值设置

(17)制作硬包。选择一个材质球并命名为"硬包"。选择"VRayMtl",单击"漫反射"后的方块,选择"衰减"(见图9.89)。单击衰减参数下黑色的方框,选择"位图",将硬包材质导入。

(18)转到父对象,将衰减参数下黑色的位图往下拖动,进行实例复制,将黑色参数设置为10,如图9.90所示。

图9.89 衰减设置

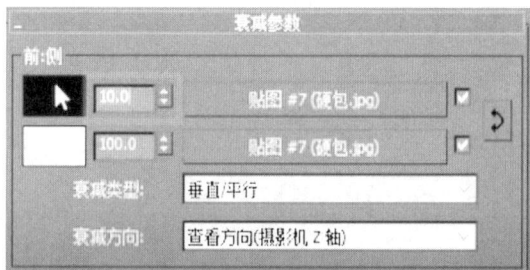

图9.90 衰减参数设置

(19)转到父对象,将材质指定给背景墙。单击"UVW贴图",选择长方体,将长、宽、高均设置为800,如图9.91所示。单击"在视口中显示明暗处理材质",将材质赋予沙发背景墙。

(20)设置地砖。地砖的设置方法与上面的方法类似。选择"VRayMtl",选择"标准"菜单中的"平铺"(见图9.92),单击"确定"。

图9.91 硬包UVW贴图设置

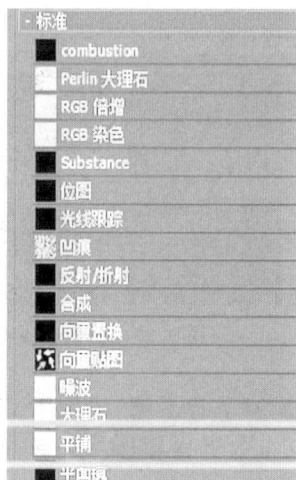

图9.92 选择"平铺"

(21)打开"高级控制"卷展栏,将水平数和垂直数设置为1,水平间距和垂直间距设置为0.1,如图9.93所示。

(22)单击"纹理"后的方块 None ,选择"位图"→"地板材质",然后转到父对象,将材质赋予地板。单击"在视口中显示明暗处理材质",添加UVW贴图,选择"长方体",将长、宽、高均设置为800,如图9.94所示。

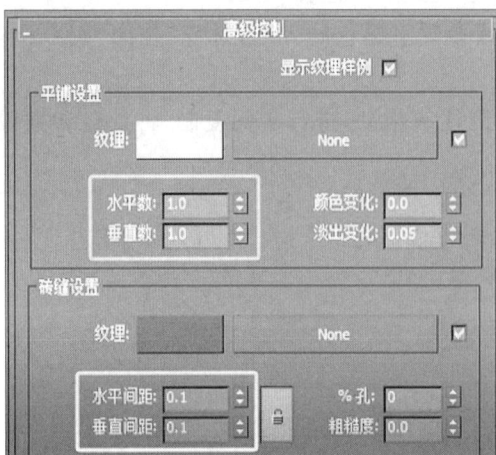

图 9.93 高级控制设置

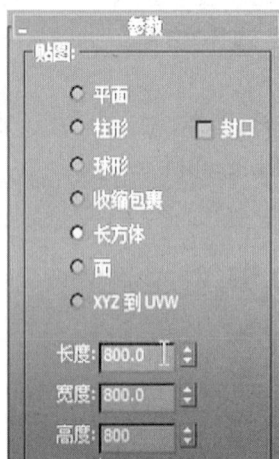

图 9.94 地砖 UVW 贴图设置

(23)将反射颜色设置成冷色调,高光光泽度设置为 0.97,反射光泽度设置为 0.98,如图 9.95 所示。

(24)制作大理石背景墙。选择一个材质球并命名为"大理石背景墙",切换到 VRayMtl 模式。选择"位图",选择"雅士白瓷"贴图,单击"打开",从而打开电视背景墙组合,如图 9.96 所示。

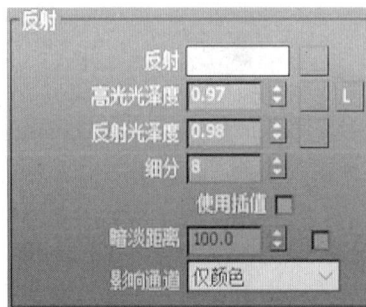

图 9.95 反射值设置

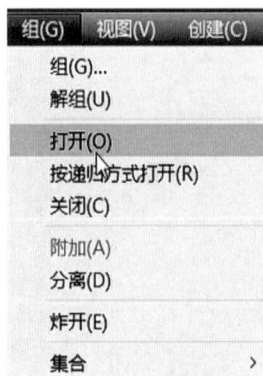

图 9.96 打开组合

(25)将材质赋予背景墙,添加 UVW 贴图,选择"长方体"即可,反射设置和地砖一样,颜色设置为冷灰蓝色。高光光泽度设置为 0.97,反射光泽度设置为 0.98,如图 9.97 所示。

(26)选择一个材质球,使用名称前的小吸管,吸取摆台模型材质,如图 9.98 所示。将材质指定给边框。

(27)使用矩形工具,沿沙发背景墙绘制一个矩形样条线。单击"样条线"子层级,将轮廓设置为 20,挤

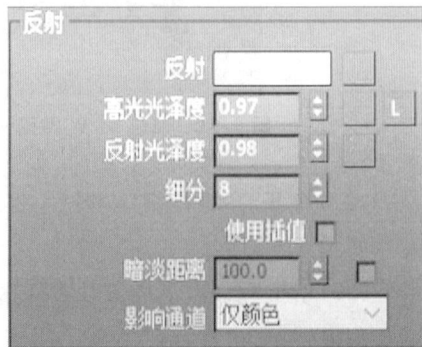

图 9.97 高光光泽度、反射光泽度调整

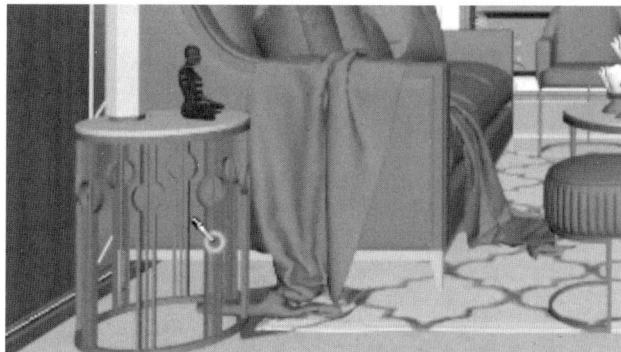

图 9.98　吸取模型材质

出数量设置为 25，如图 9.99 所示。

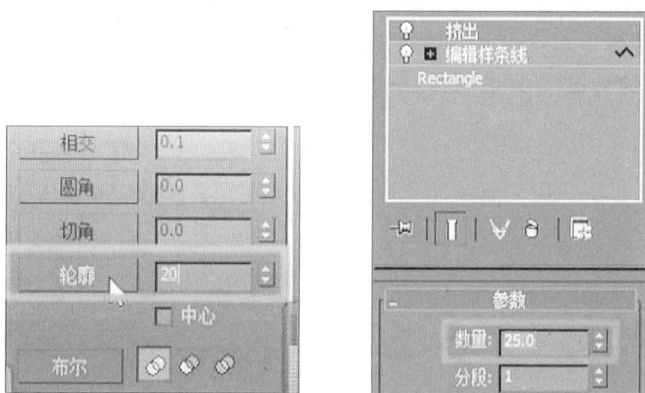

图 9.99　轮廓和挤出设置

　　(28)单击"编辑多边形"，选择"顶点"子层级，选中矩形框底部、左侧、右侧顶点，将选中的顶点沿各自轴向向矩形框内收缩 20mm，如图 9.100 所示。取消"孤立"选择，制作过门石。选择一个材质球并命名为过门石，选择"VRayMtl"，选择"漫反射"→"位图"，单击过门石，将位图指定给过门石，添加 UVW 贴图，选择"长方体"，将长、宽、高均设置为 800。

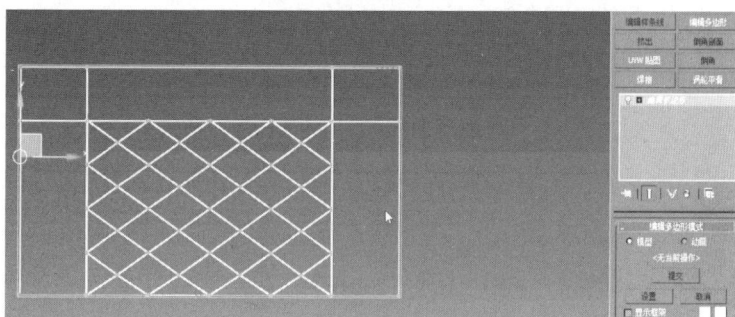

图 9.100　矩形边框设置

(29)将反射色调设置为 150,饱和度设置为 50,单击"确定"。将反射光泽度设置为
0.98,高光光泽度设置为 0.97,如图 9.101 所示。

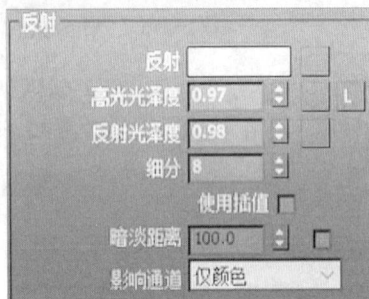

图 9.101　反射光泽度设置

(30)对窗台可以设置与过门石相同的材质。单击窗台,添加 UVW 贴图,单击对齐列表
下的"获取"选项,在弹出对话框中单击"获取相对值"(见图 9.102),单击"确定"。

(31)在窗台区域外画一个矩形,长度设置为 100,效果如图 9.103 所示。

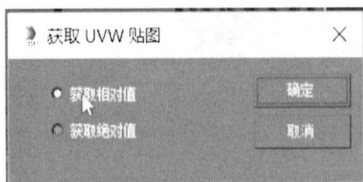

图 9.102　获取 UVW 贴图

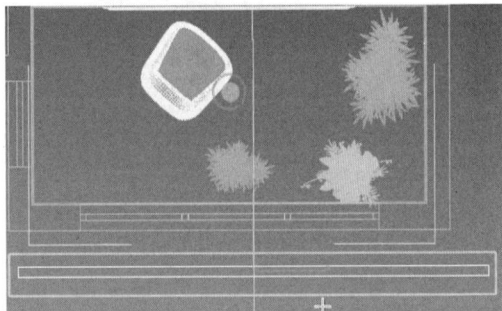

图 9.103　在窗台区域外画矩形

(32)打开挤出设置窗口,将矩形挤出值设置为 2800,如图 9.104 所示。

图 9.104　挤出设置

（33）打开材质编辑器，单击"VR-灯光材质"，如图 9.105 所示。

（34）单击"颜色"后的"无"方块，添加一张场景位图，然后将材质指定给矩形。单击"在视口中显示明暗处理材质"，添加 UVW 贴图，单击"长方体"。然后转到父对象，将颜色值设置为 1.3，如图 9.106 所示。

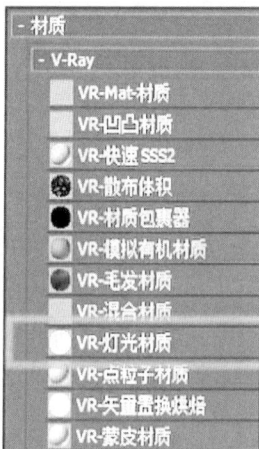

图 9.105　选择"VR-灯光材质"

图 9.106　颜色设置

五、放置摄影机

（1）选择目标摄影机，设置参数以创建一个具有透视效果的摄影机，如图 9.107 所示。

（2）将备用镜头设置为 24mm，调整好摄影机的位置，如图 9.108 所示。

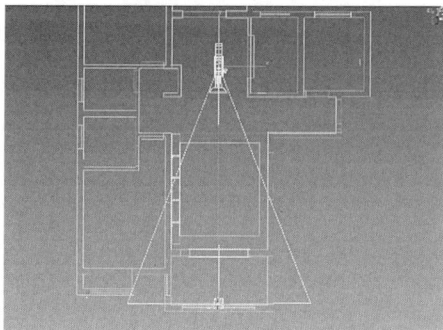

图 9.107　创建摄影机

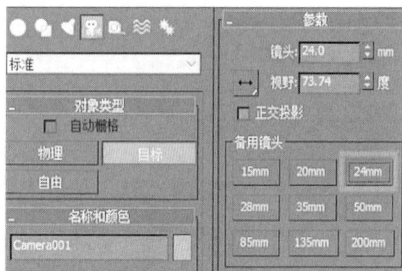

图 9.108　备用镜头设置

（3）单击摄影机的视角，向上拉以调整好摄影机的角度，然后选择"明暗处理"，如图 9.109所示。

（4）调入之前做好的过门石，隐藏选定对象以便操作，如图 9.110 所示。

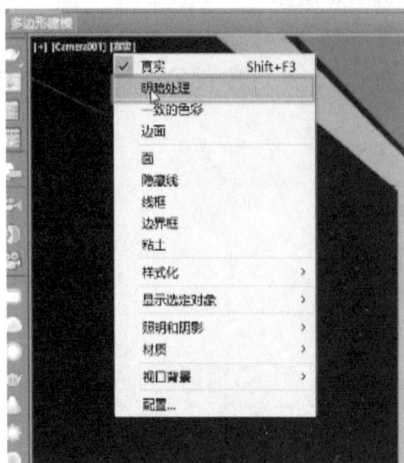

图 9.109　选择"明暗处理"

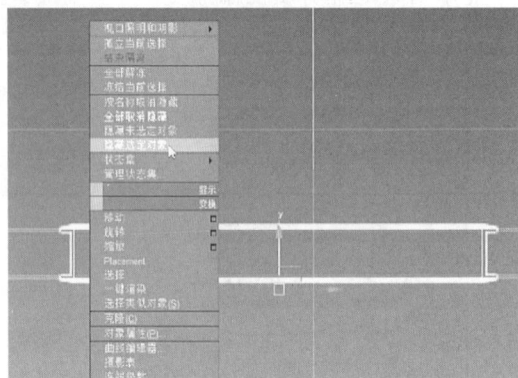

图 9.110　隐藏选定对象

（5）绘制一个矩形，挤出值设置为 10（见图 9.111），并取消全部隐藏。

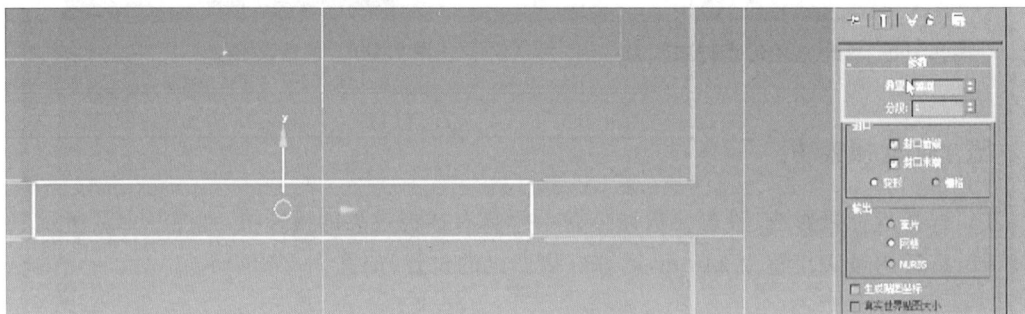

图 9.111　挤出值设置

六、调入模型

需调入的模型如图 9.112 所示。

图 9.112　调入模型

(1)打开需要调入的家具。选择家具，如图 9.113 所示。

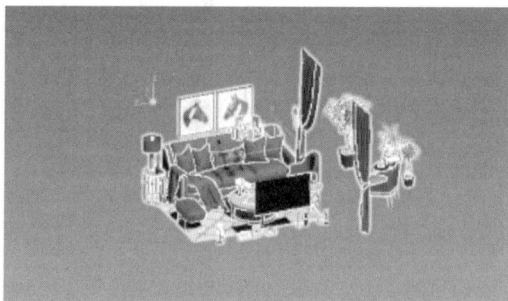

图 9.113　选择家具模型

(2)选取模型的文件，将其拖入并且选择第一个选项，如图 9.114 所示。

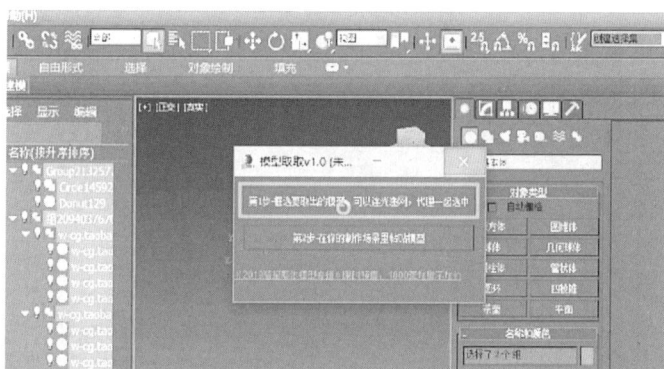

图 9.114　选择第一个选项

(3)打开刚刚做好的客厅，把模型拖进去，选择第二个选项，如图 9.115 所示。

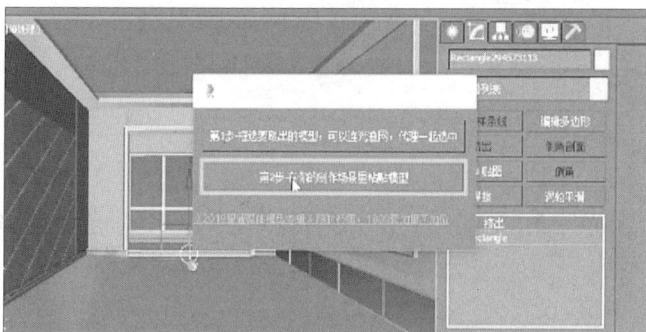

图 9.115　选择第二个选项

(4)勾选"应用于所有重复情况"，单击"合并"，如图 9.116 所示，关闭窗口。

(5)切换到顶视图，把导入的模型放到相应的位置，如图 9.117 所示。

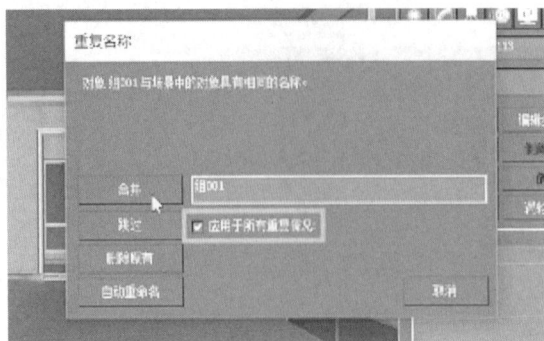

图 9.116　应用于所有重复情况

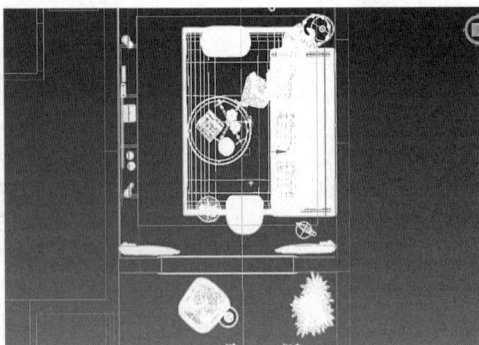

图 9.117　调整模型位置

（5）单击摄影机视图，结合空间再细微调整，如图 9.118 所示。

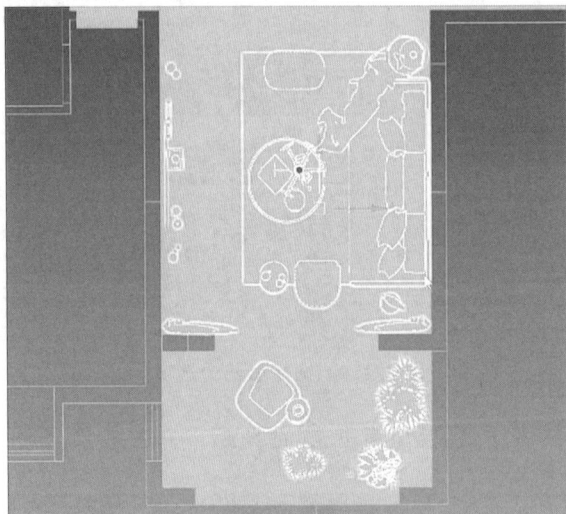

图 9.118　调整摄影机位置

七、设置灯光

（1）选择"灯光"菜单中的"VRay 灯光"，对着窗户创建一个灯光，然后将其移动到相应的位置，如图 9.119 所示。

（2）调整灯光倍增值，设置为 6，颜色设置为冷色调，如图 9.120 所示。

（3）勾选"不可见"和"储存发光图"，去掉"影响反射"的勾选，其他不变，如图 9.121所示。

（4）复制一个灯光，不要使用实例，以便修改，如图 9.122 所示。

（5）选择"L-灯光"，缩小第一个灯光。将第二个灯光倍增值修改为 5，如图 9.123 所示。

图 9.119 创建灯光

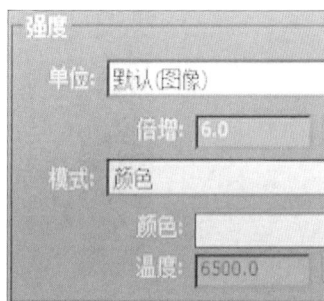

图 9.120 灯光颜色设置

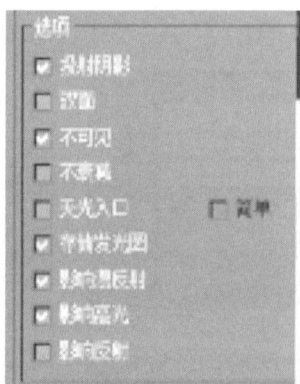

图 9.121 勾选设置

图 9.122 复制灯光

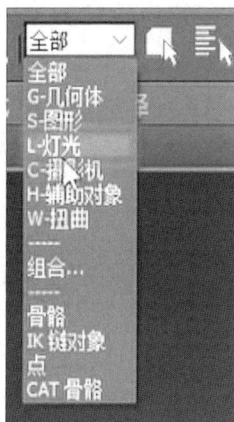

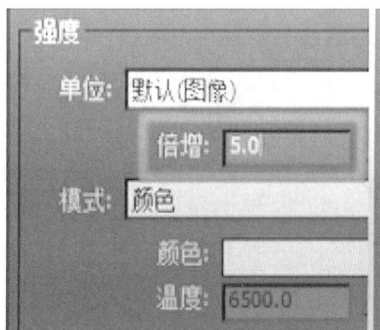

图 9.123 选择"L-灯光"并调整第二个灯光倍增值

（6）将第一个灯光放到客厅门口，单击"复制"，将灯光放到窗帘盒之外，调整形状，单击"旋转"，使灯光照到沙发上方的位置，但不要过高，如图 9.124 所示。

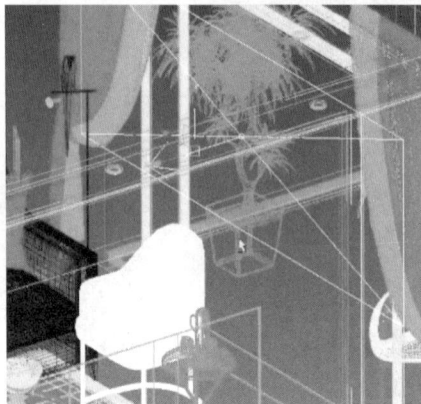

图 9.124　制作灯光

（7）将灯光倍增值设置为 3，颜色调整为暖色调，色调、饱和度分别设置为 21、50，如图 9.125 所示。

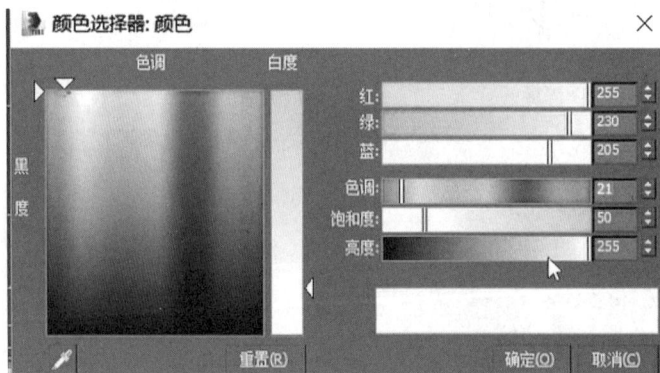

图 9.125　倍增值等参数调整

（8）单击"渲染"，将参数值调低，以便提高渲染的速度，输出大小选"800×600"，类型选择"固定"，对"图像过滤器"取消勾选，如图 9.126 所示。

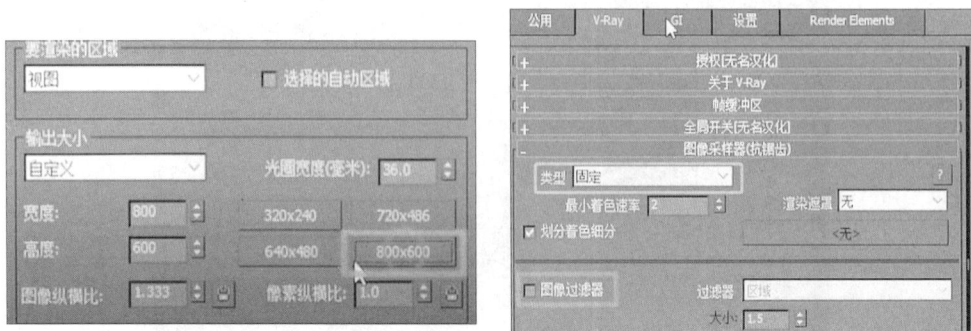

图 9.126　渲染参数设置

（9）初步的渲染结果如图 9.127 所示。

图 9.127　初步渲染结果

（10）绘制灯带。选择"VRay 灯光"，找到相应的位置绘制一个灯带，如图 9.128 所示。

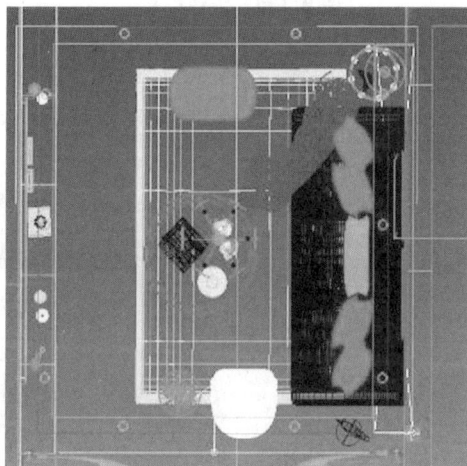

图 9.128　绘制灯带

（11）将长设置为 30，如图 9.129 所示。

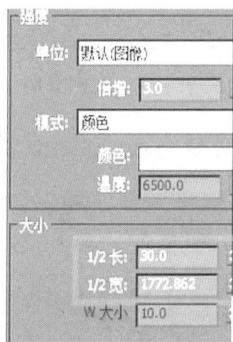

图 9.129　调整长、宽

(12)右键单击镜像工具,选择镜像轴"Y",单击"确定",如图 9.130 所示。将灯带向上移动到相应的位置。

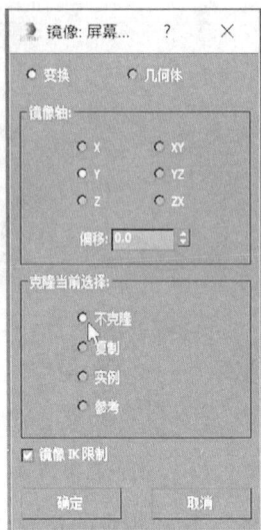

图 9.130　镜像设置

(13)选择灯带,对其移动并复制,选择"实例",如图 9.131 所示。

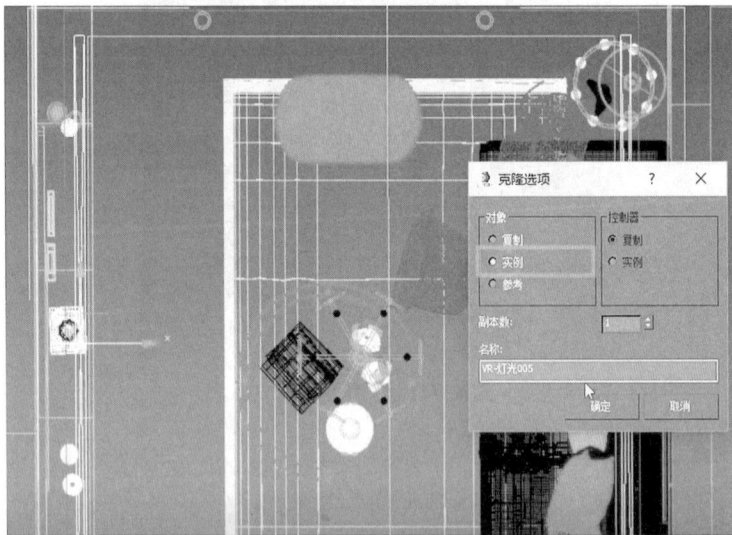

图 9.131　实例复制

(14)绘制一个横向的灯带,宽度设置为 30,如图 9.132 所示。

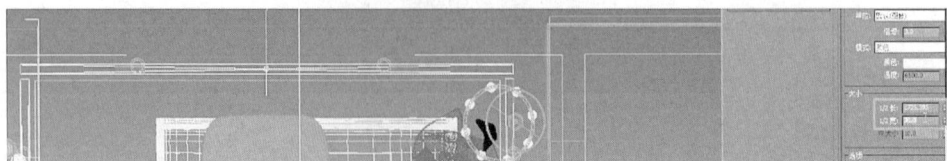

图 9.132　绘制灯带并设置

（15）将灯带向上移动到相应的位置，单击镜像工具，选择镜像轴"Y"，单击"确定"，如图9.133所示。

（16）使用同样的方法复制一个灯带，如图9.134所示。

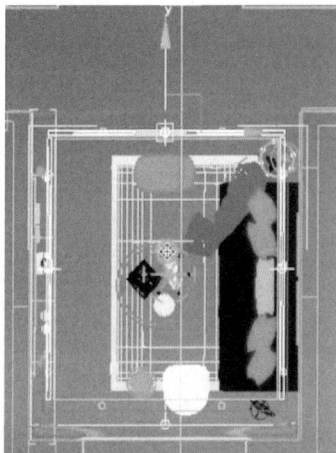

图9.133　镜像操作后灯带位置

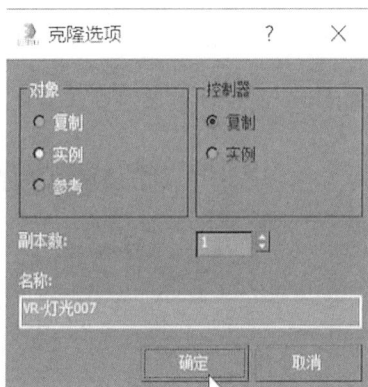

图9.134　复制灯带

（17）设置当前灯带参数，将倍增值设置为15，将颜色调整为暖黄色，如图9.135所示。

（18）单击右键复制刚才设置好的颜色，单击两边的灯带，将倍增值设置为15，如图9.136所示，然后将灯带粘贴到这个颜色上。

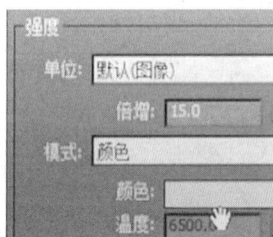

图9.135　调整倍增值和颜色

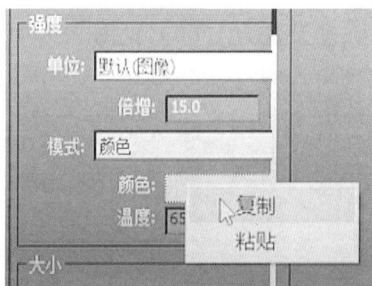

图9.136　设置倍增值并粘贴

（19）进行渲染测试，如图9.137所示。

图9.137　渲染测试

(20)制作筒灯,单击"灯光",选择目标灯光,按住鼠标左键,从上往下拉,选择"点光源",启用阴影,如图9.138所示。

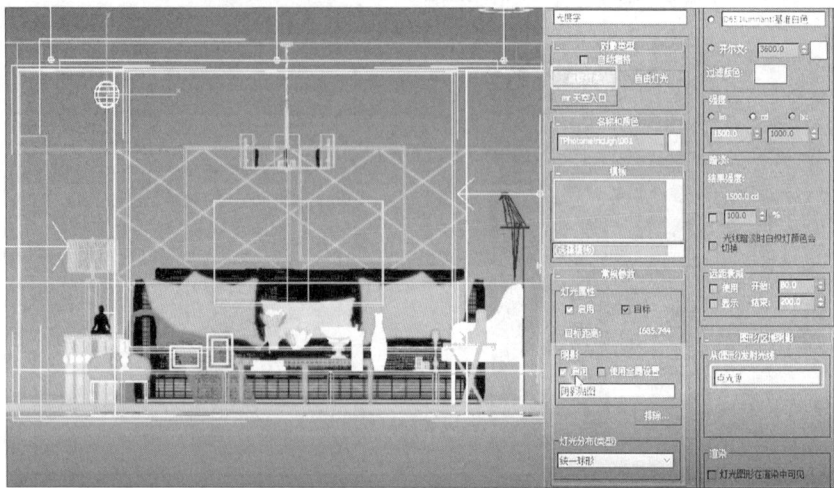

图9.138　创建目标灯光

(21)选择"VR-阴影贴图",灯光分布类型选择"光度学 Web",如图9.139所示。

(22)选择光度学文件,添加一个光域网,颜色设置为暖色调,将相应的数值设置为21、50、255即可。

(23)将强度设置为13000(见图9.140),然后选择射灯。

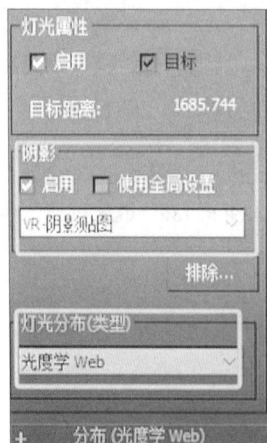

图9.139　VR-阴影贴图等参数设置

图9.140　强度调整

(24)通过实例克隆的方法复制出其他的射灯,并移动到相应的位置,如图9.141所示。

(25)进行渲染,如图9.142所示。

(26)渲染测试之后,切换到顶视图,对筒灯通过实例克隆的方法进行复制,并都安装到相应的位置,如图9.143所示。

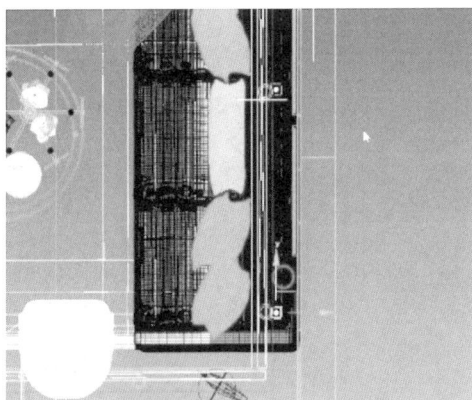

图 9.141　复制射灯并调整位置

图 9.142　渲染测试

图 9.143　复制筒灯

(27)选择"V-Ray"下的"VRay 灯光",灯光类型选择"球体"。绘制一个球体灯光,半径设置为40,如图 9.144 所示。

图 9.144　设置球体灯光参数

(28)把球体灯光放到台灯中央相应的位置,调整台灯中间灯光的颜色,颜色可以选择暖色调,如图 9.145 所示。

(29)因为灯比较小,将倍增值设置为 250,如图 9.146 所示。

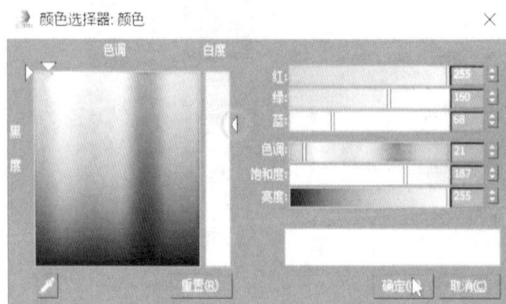

图 9.145　台灯灯光颜色调整

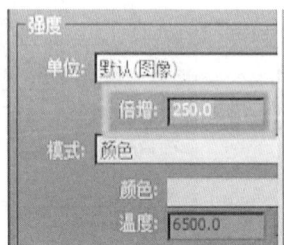

图 9.146　倍增值调整

(30)设置主灯灯光。在主灯位置绘制一个圆形灯光,因为灯比较小,倍增值设置为 100,效果如图 9.147 所示。

(31)利用实例进行复制。复制灯光到每一个灯泡内的相应的位置,如图 9.148 所示。

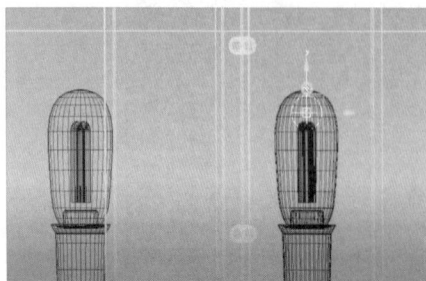

图 9.147　调整主灯灯光位置

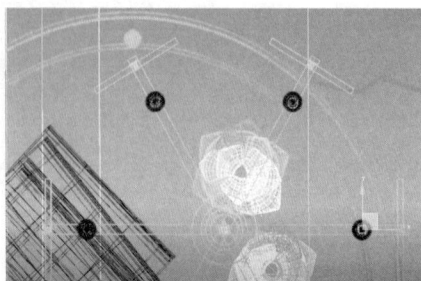

图 9.148　实例复制

(32)因为灯太小,所以要添加补光。单击"VRay 灯光",单击"平面",绘制一个 VRay 平面灯光,并将其移动到吊灯吊索的下方,如图 9.149 所示。将倍增值设置为 4,如图 9.150 所示,颜色设置为暖色调。

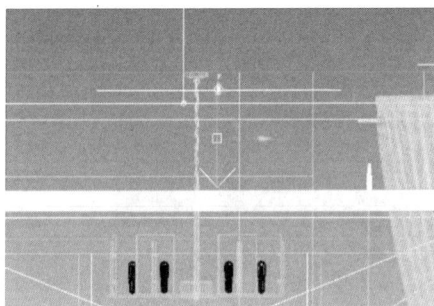

图 9.149　调整平面灯光位置

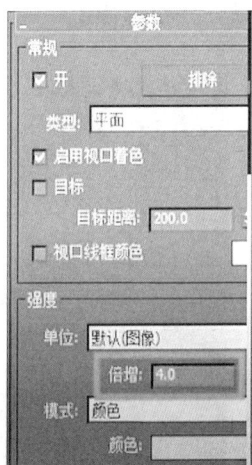

图 9.150　平面灯光参数设置

(33)用克隆方法,往下复制一个平面灯光,如图 9.151 所示,并将倍增值设置为 2。

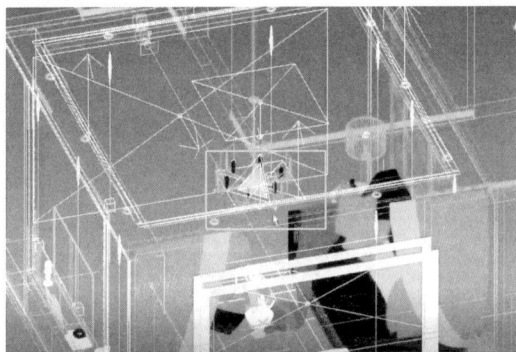

图 9.151　向下复制灯光

(34)渲染并查看台灯和客厅中间区域的效果,如图 9.152 所示。

图 9.152　渲染测试

八、使用 Photoshop 进行后期处理

处理过的效果如图 9.153 所示。

图 9.153　处理后的效果

当小图测试结果令人满意时,就可以渲染高清大图了。渲染大图后,可使用 Photoshop 软件调整图片,也就是后期制作。

(1)单击背景图层,将背景图层拖动到"新建图层",如图9.154所示。

图 9.154　新建图层

(2)复制一个背景图层副本,然后选择"叠加"模式,如图 9.155 所示。

(3)设置完成之后,可以看到图片色调变得更温馨。结合实际情况将图像不透明度调整为合适的数值,这里不透明度设置为 19%,如图 9.156 所示。

(4)按住 Ctrl 键,选择这两个图层,单击右键,选择"合并图层",如图 9.157 所示。

(5)选择"滤镜"→"锐化"→"USM 锐化",如图 9.158 所示。单击"确定",最后单击"保存"。

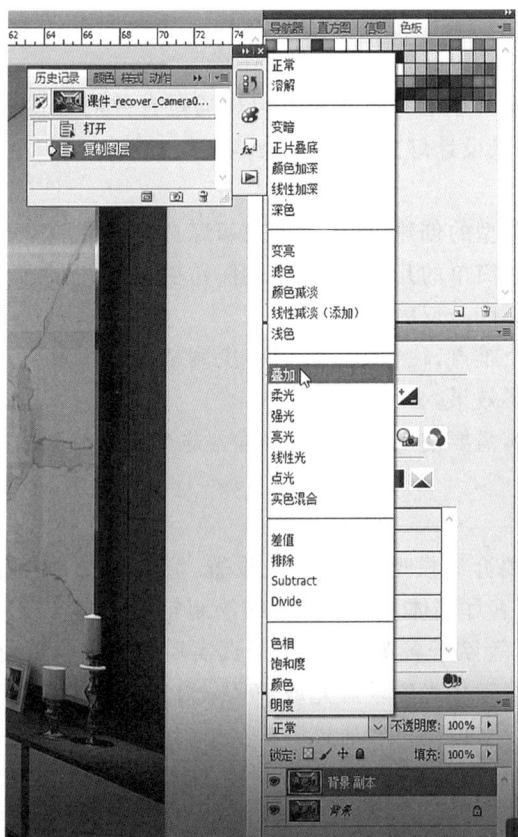

图 9.155 选择"叠加"模式

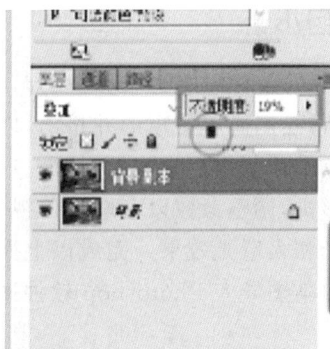

图 9.156 设置不透明度

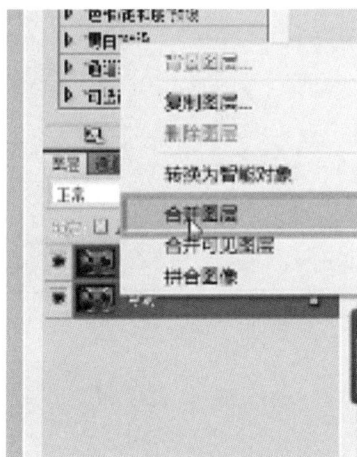

图 9.157 合并图层

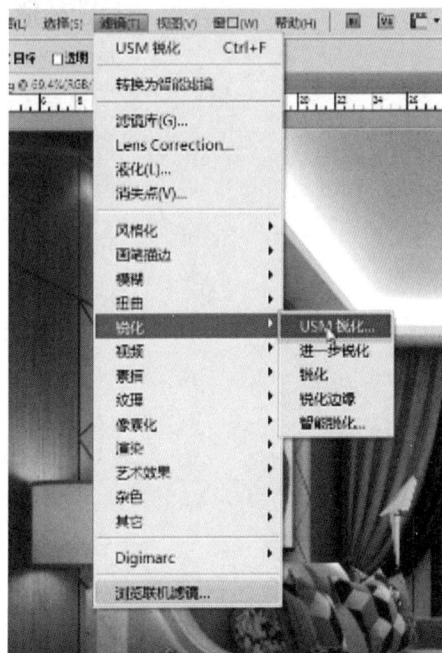

图 9.158 锐化

⚙ 课后练习 **制作卧室效果图**

首先搭建空间中的基本模型框架,空间中的家具等模型可以通过合并的方式从模型库中调入,这样可节省制作时间,然后为场景设计灯光,最终渲染输出。

在制作本效果图时应注意以下几点:

(1)室内效果图制作的要点是房间模型的创建、材质的表现和灯光的布置。

(2)在创建模型过程中尽量使用一些简单的几何体,可以使操作更方便,提高工作效率。材质的表现重点在于设置材质高光、光泽度与反射效果。

(3)灯光的布置是效果图制作的一个难点,往往需要经过多次调整才能达到令人满意的效果,灯光设置中主要考虑其亮度与阴影效果。

(4)在模型、材质和灯光创建好之后,需要使用 VRay 渲染器对场景进行渲染输出。

⚙ **项目小结**

本项目围绕客厅场景创建展开,主要介绍模型创建、灯光设置、渲染输出等内容。具体操作包括:绘制简单的矩形并挤出,创建客厅墙体。利用样条线绘制轮廓,通过挤出、倒角等操作完成吊顶制作。为墙面、地面、家具等赋予各类材质,模拟真实质感。在合适位置设置目标摄影机,调整参数以获取最佳视角。运用光度学灯光或 VRay 灯光系统布置灯光,以模拟自然光和人造光效果。完成以上操作后进行渲染,通过调整渲染器参数得到高质量图像。最后将渲染图导入 Photoshop 软件进行后期处理,调整色彩、对比度等。

项目九考核

参考文献

［1］高传雨,满昌勇,李奇.3ds Max 2011 基础与应用.北京:航空工业出版社,2015.

［2］何柳青,邓飞.用微课学 3ds Max 2019 中文版基础案例教程.北京:电子工业出版社,2020.

［3］刘志珍.3ds Max/VRay 室内设计实战课堂实录.北京:清华大学出版社,2014.

［4］宋丽萍,刘海龙,王晓雅.3ds Max 2016＋VRay 建筑室内外效果图设计案例教程.上海:上海交通大学出版社,2017.

［5］吴智勇,胡泽华,刘涛.3ds Max/VRay 室内外效果图表现实训.南昌:江西美术出版社,2015.

［6］张燕,孟范立.3ds Max 2015 动画制作实例教程.北京:人民邮电出版社,2016.

［7］朱荣,胡垂立.3ds Max 2015 中文版基础案例教程.北京:电子工业出版社,2015.